DEUTSCHE DEMOKRATISCHE REPUBLIK
DEUTSCHE AKADEMIE DER LANDWIRTSCHAFTSWISSENSCHAFTEN ZU BERLIN
INSTITUT FÜR LANDWIRTSCHAFTLICHE INFORMATION UND DOKUMENTATION

Landwirtschaftliches Zentralblatt

ABTEILUNG I

LANDTECHNIK

14. JAHRGANG
1968

AKADEMIE-VERLAG · BERLIN

LZ. I. LANDTECHNIK · JG. 1968 · NR. 7 · SEITE 1033—1170 · BERLIN · AUGUST 1968

LANDWIRTSCHAFTLICHES ZENTRALBLATT

ABTEILUNG LANDTECHNIK

LANDWIRTSCHAFTLICHES ZENTRALBLATT
ABTEILUNG LANDTECHNIK

1968 NR. 7 AUGUST

I. A L L G E M E I N E S

A. ALLGEMEINE FRAGEN DER LANDTECHNIK

1-68/07-0001 K o n o n e n k o, A. Naučno-techničeskoe sotrudničestvo s zarubežnymi stranami rasširjaetsja. (Ausweitung der wissenschaftlich-technischen Zusammenarbeit mit dem Ausland.) - Technika v sel'skom chozjajstve, Moskva 27 (1967) Nr. 12. S. 81-83.

Im Juli 1967 fand in Genf die Sitzung der Arbeitsgruppe für Mechanisierung der Landwirtschaft der ECE statt. Die Arbeitsgruppe empfahl folgende Berichte zur Veröffentlichung: Mechanisierung der Verladearbeiten in der Landwirtschaft; Methoden und Ausrüstungen für die Bekämpfung von Unkräutern und landwirtsch. Schädlingen; Methoden und Ausrüstungen für die Einbringung von Düngemitteln. Im einzelnen wird auf folgenue Berichte näher eingegangen: 1) Transport, Be- und Entladen von Agrarerzeugnissen (Ungarn). 2) Methoden und Ausrüstungen für die Bekämpfung von Unkräutern und Schädlingen (Frankreich). 3) Methoden und Ausrüstungen für die Einbringung von Düngemitteln und Kalk (England). 4) Lagerung von Getreide mit erhöhtem Wassergehalt in luftundurchlässigen Lagerräumen (England, Frankreich, USA). Die Berichte der Arbeitsgruppe der ECE liegen zur Einsichtnahme beim Unions-Forschungsinstitut für Agrarinformation vor. E.Kahn. 1005.

1-68/07-0002 A n o n y m. The Green Book - Main Edition 1968. (Das Grüne Buch - Winter-Ausgabe 1968.) - Brit. Tractors Farm Machinery 17 (1968) Nr. 36. S. 1-272.

Die Winterausgabe 1968 hält sich in der Anordnung des Stoffes und im dargebotenen Umfang an die der Jahre 1967 und 1966. Durch die Art der Stoffauswahl ist sichergestellt, daß das bekannte übersichtlich angeordnete Nachschlagewerk in bequemer Weise wieder über den neuesten technischen Stand der in der Industrie Großbritanniens gefertigten Traktoren, Landmaschinen und Geräte orientiert. In den ersten 3 allgemeinen Kapiteln sind enthalten: eine 5-Sprachentabelle von landtechn. Fachausdrücken (engl., franz., span., dtsch., russ.), ein alphabetisch geordnetes Herstellerverzeichnis mit Hinweisen auf die einzelnen Branchen, eine Zusammenstellung der landtechnischen Institutionen, Vereinigungen und Ausbildungsmöglichkeiten und ein Verzeichnis der N.I.A.E.-Prüfberichte. Der gesamte landtechn. Stoff ist in 14 Kapiteln angeordnet. Die Traktoren sind wieder unterteilt in Rad-, Ketten- und Gartenbautraktoren, es folgen die landtechn. wichtigen Motoren. Der Stoffumfang der nach dem Verwendungszweck angeordneten Landmaschinen und Geräte ist erheblich. Die Orientierung wird dem landtechnisch interessierten Fachmann durch tabellarische Zusammenstellungen der technischen Daten, Abb. und durch alphabetisch geordnete Hersteller- und Bezieherverzeichnisse bei den einzelnen Maschinengattungen erleichtert. W.Gerlach. 1005.

1-68/07-0003 H e y d e, Heinrich. Landmaschinenlehre Bd. II - Leitfaden für Studierende der Landwirtschaft. Berlin: VEB Verlag Technik 1965. (568 S. m. 460 Abb. u. 25 Tafeln.) Kunstleder 32,40 M.

Auch im II. Band ist die Bearbeitung auf funktionalle Zusammenhänge, Baugrundlagen und Bewertungsmaßstäbe ausgerichtet. Statt einer ausschließlich beschreibenden Art werden die Prinzipien und Ordnungssysteme sowie die vom Arbeitszweck beeinflußte Entwicklung der Maschinen, ihrer Werkzeuge und Bauformen in den Vordergrund gestellt. Der Band behandelt die Maschinen für die Ernte (Halmfutter, Druschfrucht, Kartoffeln, Rüben) und für die Ernteaufbereitung (Trennen von Schüttgut, Reinigen und Sichten von Körnerfrüchten, Kartoffelaufbereitung, Getreidetrocknung, Belüftungstrocknung.) In 3 Kapiteln werden Sondergebiete behandelt: Traktoren und Landmaschinen am Hang, Flugzeuge in der Landwirtschaft und landtechnische Instandhaltung. Ein weiteres, sehr umfangreiches Kapitel enthält die Maschinen für die Viehwirtschaft (Futterbereitung und Fütterung, Stallentmistung, Milchgewinnung und Milchbehandlung). Das an den Universitäten und Hochschulen der DDR zugelassene Hochschullehrbuch wendet sich in der Hauptsache an Studenten der Landwirtschaft, die sich im Direkt- und Fernstudium die notwendigen landtechn. Kenntnisse und Erkenntnisse über die Anwendungsmöglichkeiten von techn. Verfahren in der Landwirtschaft aneignen wollen. Die benutzte und zur Vertiefung des Studiums empfohlene Lit. wird zu jedem in sich abgeschlossenen Kapitel oder Unterkapitel angegeben. Ein 9seitiges Sachwörterverzeichnis ist beigegeben. W.Gerlach. 1005.

1-68/07-0004 D e n c k e r, C.H. Landwirtschaftliche Stoff- und Maschinenkunde. - 20. völlig neubearb. Aufl. Berlin; Hamburg: Parey Verl. 1968 (221 S. m. 206 Abb.) 15 x 22 cm. DM 12,80

Auch in der 20. Auflage blieb der Grundaufbau des für Landwirtschaftsschulen, Wirtschaftsberatung und für den praktischen Landwirt gedachten Lehrbuches erhalten, wie die Verbindung der physikal. Grundlagen und der Werkstoffkunde mit der eigentlichen Landtechnik sowie die Behandlung der Maschinen in zusammenhängenden Arbeitsketten. Entsprechend der schnellen techn. Entwicklung auf allen Gebieten der Landtechnik und der veränderten Einstellung des Menschen zur Technik wurden Auswahl und Darstellung des Stoffes zum Teil völlig verändert und stark gestrafft. In dem in 3 Teile gegliederten Inhalt werden behandelt: 1) Von den Eigenschaften der Stoffe: Maßeinheiten, feste, flüssige und gasförmige Werkstoffe, 2) Von der Energie und ihren verschiedenen Formen: Mech. Wärme- und elektrische Energie. 3) Von den Maschinen und Geräten: Traktoren, Bodenbearbeitung, Düngung, Pflanzenschutz, Wirtschaftsfahrzeuge, Grünfutterernte, Getreidebau und -verarbeitung, Maisbau, Kartoffelbau, Zuckerrüben- und Futterrübenbau, Futterbereitung, Milchgewinnung und Kosten des Maschineneinsatzes. Den Schluß des Lehrbuches bildet ein Sachwortverzeichnis. W.Gerlach. 1005.

D. FORSCHUNG

1-68/07-0008 E g y e d, I. Néhány megjegyzés a mezőgazdasági tudományos kutatás szervezéséhez. (Bemerkungen zur Organisierung der landwirtschaftlichen Forschung.) - Tudomány és Mezőgazdaság /Wiss. u. Landwirtsch./ 5 (1967) Nr. 5. S. 87-89. - Aus: Ung. Agrar-Rdsch. 1968 Nr. 2.

In Ungarn beträgt der Anteil der Agrarwissenschaft an den gesamten Aufwendungen für Forschung 12...13 %. Innerhalb der landwirtsch. Forschung gestalten sich die Aufwendungen nach verschiedenen Sparten folgendermaßen:

	1964 %	1965 %	Anteilveränderung 1965
Bodenkunde	3,2	3,8	+ 0,6
Pflanzenbau	45,4	43,2	- 2,2
Gartenbau	25,4	22,9	- 2,5
Betriebswirtschaft	0,7	0,6	- 0,1
Mechanisierung	10,1	11,8	+ 1,7
Forstwirtschaft	6,2	6,5	+ 0,3
Viehzucht	6,5	7,8	+ 1,3
Veterinärwesen	2,2	3,1	+ 0,9
Sonstiges	0,3	0,3	+ 0,0
Insgesamt:	100,0	100,0	

Die Zahl der Agrarforscher betrug 757 im Jahre 1961 und 886 im Jahre 1965.
1305.

II. TECHNISCHE GRUNDLAGEN

A. ALLGEMEINES

1-68/07-0009 B a t e l, Wilhelm. Grundsätzliche Überlegungen zur Automatisierung der landwirtschaftlichen Produktion. - Grundlagen d. Landtechn. 18 (1968) Nr. 1. S. 14-20. - 18 Abb., 26 Lit.

Die Automatisierungsaufgaben in der Landwirtschaft werden systematisiert: 1) Automatisierung der Bewegungslenkung bei fahrenden Produktionsmaschinen, 2) Automatisierung physikalisch-technologischer Prozesse. 3) Automatisierung biologisch-technologischer Prozesse. Zu 1) Auf allg. Gesichtspunkte der Lenkung von Maschinen und der Nachführung von Arbeitselementen und auf Unterschiede gegenüber der allg. Technik (höhere Stellgeschwindigkeiten, geringere Genauigkeit) wird hingewiesen. Beispiele: Pflugregelungssysteme, automatische Pflugmaschinen. - Zu 2) Diese Prozesse finden sich vor allem bei der Verarbeitung landwirtsch. Produkte (Trocknen, Ernten, Sortieren, Zerkleinern). Beispiele: Trockner, Salaterntemaschinen, Butterungsanlagen. - Zu 3) Die Automatisierung der pflanzlichen Produktion steht noch in den Anfängen, da die notwendigen biologischen Grundlagen ungenügend bekannt sind. Die Automatisierung der tierischen Produktion bietet durch Ortsbeständigkeit und Konzentration günstigere Voraussetzungen. Beispiele: Fütterungseinrichtungen, Käfigbatterien. K.Baganz/Bornim. 2005.

1-68/07-0010 Z a b e l t i t z, Chr. von. Meß- und Übertragungsprobleme bei der Automatisierung in der Landtechnik. - Grundlagen d. Landtechn. 18 (1968) Nr. 1. S. 21-27. - 10 Abb., 26 Lit.

Grundlagen für den Aufbau von Regelsystemen sind geeignete Fühler-Systeme für die Erfassung der Regelgrößen unter landwirtsch. Bedingungen. Für mechanische Größen können Fühler und Signalübertragung mechanisch wirken oder die Signalübertragungen elektr. vorgenommen werden. Beispiele für Nachführung (Pflanzenreihen), Abtasten (Salatkopfabtastung) und Lagestabilisierung werden angeführt. Direkte elektrische Meßwerterfassung findet u.a. bei Nachführungs- und Abtastproblemen (Leitfähigkeitsmessung) und kontinuierlicher Feuchtemessung (Kapazitätsmessung) Verwendung. Für optische Fühler werden Beispiele zur Mähwerkführung, Zählung, Schichtdickenmessung, Farbsortierung (Kartoffel-Steinentfernung) und Ortung (Rübenpflanzen) angeführt. Ultraschall-Meßgeber empfehlen sich für viele Aufgaben optischer Fühler, wobei geringere Erschütterungs- und Verschmutzungsempfindlichkeit vorliegt. K.Baganz/Bornim. 2005.

1-68/07-0011 H e s s e, Horst. Aufbau und Wirkungsweise elektro-hydraulischer Regelsysteme. - Grundlagen d. Landtechn. 18 (1968) Nr. 1. S. 27-34. - 14 Abb., 17 Lit.

Die Einzelglieder eines elektro-hydraulischen Regelkreises werden nach Aufbau und Funktion erläutert. Gleichspannungsverstärker für stetige Stellglieder übernehmen mit Vorhalt- und Integralteilen u.a. Reglerfunktionen im Regelkreis. Für unstetige (Magnetventile) und stetige Stellglieder (Servoventile) werden die konstruktiven Besonderheiten und der Frequenzgang der Verzögerungsglieder diskutiert. Für die Ölversorgung sind Konstantdruckpumpen bei Servoventilen bes. günstig. Für sprungförmige und regellose Eingangsgrößen wird das Verhalten eines stetigen und unstetigen Regelsystems versuchsmäßig und am Analogrechner untersucht. Bei regellosen Eingangsgrößen (z.B. Pflugtiefe) kann durch Einführung einer Totzone die Ansprechhäufigkeit wesentlich vermindert werden. K.Baganz/Bornim. 2005.

B. GRUNDLAGENWISSENSCHAFTEN, ERFINDUNGEN, KONSTRUKTIONEN

1-68/07-0012 P a d e l t, Erna und L a p o r t e, Hansgeorg. Einheiten und Größenarten der Naturwissenschaften. - 2. verb. und erweit. Aufl. Leipzig: VEB Fachbuchverlag 1967. (382 S. m. 53 Abb., 11 Tab. u. 61 Tafeln.) Plasteinband 10,80 M.

Die 2. Auflage des bequem zu handhabenden Taschenbuches enthält im Abschnitt 7 als wesentlichen Teil das sehr ausführliche alphabetische Verzeichnis der Einheiten und Größen der Naturwissenschaften (194 Seiten) und im Abschnitt 8 die notwendigen Umrechnungstafeln (61 Tafeln). In den vorangestellten 6 Abschnitten wird ein Überblick gegeben über die historische Entstehung und Entwicklung des Meßwesens bis zum metrischen System, über die Darstellbarkeit der wichtigsten Einheiten des metrischen Systems, über Symbole, Einheiten und Dimensionen und über die Benutzung der Einheiten des Internationalen Systems und ihrer Kurzzeichen. Ein der 2. Auflage neu eingefügter Abschnitt behandelt die Einheiten des angelsächsischen Systems. Da die 2. Auflage auch die seit Erscheinen der 1. Auflage erzielten Fortschritte berücksichtigt, wird das Taschenbuch dem Leserkreis (Ingenieure,

Studierende an Hoch- und Fachschulen, Autoren von techn. Schrifttum, Dokumentalisten und technische Übersetzer) eine unentbehrliche Hilfe sein. Ein Literaturverzeichnis (102 Lit., 1893...1966) und ein Sachwortverzeichnis (13 Seiten) sind dem Taschenbuch beigegeben. W.Gerlach. 2105.

1-68/07-0013 M o l n á r, I. und N é m e t h, I. A mezőgazdasági gépek kardántengelyének szabványositásához. (Standardisierung der Gelenkwelle von landwirtschaftlichen Geräten.) - Szabványügyi Közlemények /Mitt. Standardwes./ 19 (1967) Nr. 5. S. 215-223. - Aus: Ung. Agrar-Rdsch. 1968 Nr. 2. 2130.

C. FERTIGUNG, INSTANDSETZUNG, PFLEGE

1-68/07-0014 G u t o r o v č, M.S. und C h o c h l o v, A.A. Vybor sredstv mechanizacii dlja remontnych predprijatij. (Wahl der Mechanisierungsmittel für Instandsetzungsbetriebe.) - Mechanizacija i ėlektrifikacija socialističeskogo sel'skogo chozjajstva, Moskva 26 (1968) Nr. 3. S. 29-31. - 1 Diagr., 4 Tab.

Vff. ermitteln die für Demontage und Montage des Fahrgestells des Traktors "DT-54" erforderliche optimale Zusammensetzung der Werkzeuge in Abhängigkeit vom Instandsetzungsprogramm. Dabei zergliedern sie die Demontage und Montage in einzelne Arbeitsvorgänge, für die sie die entsprechenden Werkzeuge wählen. Wenn mehrere Werkzeugvarianten möglich sind, werden die Kosten für alle durchgerechnet und die billigste Variante gewählt. Danach werden die Kosten für den gesamten Arbeitsvorgang bestimmt. Der ermittelte Aufwand an AKh und Geld sowie die empfehlenswerten Werkzeuge werden für alle Arbeitsgänge in Tab. angegeben. Ferner bringen Vff. ein Diagr. für die Abhängigkeit der Kosten vom Instandsetzungsumfang. Die Berechnungen ergeben, daß die Anwendung des gesamten angeführten Werkzeugkomplexes nur bei mindestens 400 Instandsetzungen/Jahr rentabel ist, während es bei einem geringeren Programm zweckmäßig ist, nur einen Teil davon zu verwenden. W.Balkin. 2215.

1-68/07-0015 N o v a k, V. Nabor sintetičeskich materialov dlja remonta. (Kunststoffe für Reparaturarbeiten.) - Technika v sel'skom chozjajstve, Moskva 27 (1967) Nr. 12. S. 52-53. - 1 Tab.

Zu dem Kunststoff-Komplex "NSM-GOSNITI" für Reparaturen gehören 2,4 kg Epoxydharz "ED-6", 0,5 kg Weichmacher (Dibutylphthalat), 0,2 kg Härter (Polyäthylenpolyamin) und 0,2 kg Klebstoff "WS-10T". Vom Staatl. Technol. Unions-Forsch.-Inst. für Instandsetzung und Betrieb von Traktoren und Landmaschinen (GOSNITI) wird empfohlen, vor der Verwendung des synthetischen Materials das entsprechende Einzelteil auf 60...80 °C zu erhitzen, um seine Haftung mit der metallischen Unterlage zu verbessern. Im Bedarfsfall werden die reparierten Teile nach Verfestigung einer mechanischen Bearbeitung unterworfen (Drehgeschwindigkeit 85 m/min, Vorgabe 0,1 mm je Umdrehung). E.Kahn. 2215.

1-68/07-0016 N i t s c h e, K. Zur Überarbeitung des Standards über die Grundbegriffe der landtechnischen Instandhaltung (Teil I). - Dtsch. Agrartechn. 18 (1968) Nr. 5. S. 242. 2215.

1-68/07-0017 P e p č u k, P. Novye ėlektrolity dlja remonta detalej chromirovaniem. (Neue Elektrolyte zur Reparatur von Maschinenteilen mittels Verchromung.) - Technika v sel'skom chozjajstve, Moskva 28 (1968) Nr. 4. S. 73-74. - 1 Tab. 2215.

1-68/07-0018 W a g n e r, K. Die Anwendung von Radionukliden für Verschleiß- und Schmierungsuntersuchungen. - Isotopenpraxis, Berlin 4 (1968) Nr. 3. S. 85-94. - 4 Abb., 1 Tab., 341 Lit. 2215.

D. TECHNISCHE BETRIEBSANGELEGENHEITEN

1-68/07-0019 F r i t z s c h e. Die Durchführung des Sprengens führt zu höherer Arbeitsproduktivität. - Erfahr., Erkenntnisse, Anwend. für d. sozialist. Landwirtsch. Bezirkes Gera 4 (1967) Nr. 6. S. 13-14. - nach Zus.
Erste Erfahrungen führen zu folgenden Schlußfolgerungen: Durch Sprengen von Stalldung ist eine höhere Arbeitsproduktivität gegenüber den herkömmlichen Methoden vorhanden. Das Kalksprengen ist die beste Methode des Kalkausbringens auf nichttraktorengängigen Flächen oder für Kalk, der infolge seines hohen H_2O-Gehaltes nicht mit Kalkstreuern streubar ist. Das Grabensprengen ist auch dann durchführbar, wenn eine starke Uferbewachsung durch Bäume vorhanden ist und sollte zweckmäßigerweise im Herbst nach Aberntung der Flächen erfolgen. In jedem Kreis müssen Sprengmeister für die Durchführung des landwirtsch. Sprengens qualifiziert werden. Planung, Vorbereitung und Durchführung des landwirtsch. Sprengens erfolgt durch die agrochemischen Zentren der BHG auf vertraglicher Grundlage mit den LPG. 2315.

1-68/07-0020 T r a j č e v a, G. Izpolzuvane na rabotnoto vreme pri mechaniziranite polski raboti. (Ausnutzung der Arbeitszeit bei den mechanisierten Feldarbeiten.) - Mechanizacija i elektrifikacija na selskoto stopanstvo, Sofija 17 (1967) Nr. 11. S. 12-13.
Die Analyse der Arbeitszeitstruktur auf Grund von Zeitbeobachtungen an Maschinen der LPG und Staatsgüter, der staatl. Saatzuchtbetriebe und MTS ergab 1966 eine durchschnittliche Dauer des Arbeitstages von 8 Std. und 49 Min. Die Dauer der reinen Arbeitszeit ist immer noch niedrig. Bei mechanisierten Feldarbeiten schwankt sie zwischen 43 % und 72 % der Arbeitszeit. Vom gesamten unproduktiven Zeitaufwand entfällt der größte Teil auf die Standzeiten infolge techn. Schäden an den Traktoren und Anhängegeräten und zwar durchschnittlich 24 Min. je Schicht. Bei der Getreideernte mit Mähdreschern betrugen die Standzeiten infolge des Fehlens von Transportmitteln für das Abfahren des Getreides 30 Min. je Schicht, bei der Körnermaisernte 40 Min. und der Silomaisernte 70 Min. Bei mechanisierten Pflanzenschutzarbeiten beträgt die reine Arbeitszeit insgesamt nur 43 % der Schichtzeit und die Zeit für die Fahrt zum Füllplatz und für das Auffüllen der Brühebehälter 33 %. NRB/CSNTI. 2320.

1-68/07-0021 S e r g e e v a, Z. Rol' naučnogo normirovanija v povyšenii proizvoditel'nosti mašin. (Bedeutung der wissenschaftlichen Normung für die Erhöhung der Maschinenproduktivität.) - Technika v sel'skom chozjajstve, Moskva 28 (1968) Nr. 3. S. 50-52. - 3 Tab.
Als praktische Hilfe für die Sowchosen und Kolchosen schuf das Landwirtschaftsministerium der RSFSR 1960 ein aus 59 Normungspunkten, 10 zonalen Normungs-Forschungsstationen und der Zentralen Landwirtschaftlicheh Normungs- und Forschungsstation der RSFSR bestehendes Netz, das eine Reihe von Sammelwerken mit Arbeits- und Kraftstoffverbrauchsnormen für Transport und Verladen, Normen für stationäre Arbeiten, Arbeitsnormen für diverse Viehwirtschaften, Normen für Feldarbeiten u.a. herausgegeben hat. Mit Hilfe dieser Werke ist es den Betrieben möglich, die Normen für alle Arbeiten und

Arbeitsbedingungen wissenschaftlich begründet zu bestimmen. Normen werden unter völlig gleichen Bedingungen mit großen Unterschieden erfüllt, was auf die Tatsache hinweist, daß sie in vielen Betrieben falsch festgelegt werden. Vf. berichtet über die Ergebnisse langjähriger Untersuchungen der Zentralen Normungsforschungsstationauf dem Gebiet der Arbeitsnormenerfüllung, bringt Daten über verschiedene Arten und Ursachen von Arbeitsunterbrechungen bei der Ausführung von Feldarbeiten, die bei der Normung zu berücksichtigen sind und führt als Beispiel für Maßnahmen zum Untersuchen der Normenerfüllung ein von den Traktoristen und Arbeitern täglich auszufüllendes Berichtsblatt an, aus dem die Ursachen der Nichterfüllung der Normen zu ersehen sind, so daß ein Überblick über die Arbeitsverhältnisse gefunden und Maßnahmen für die Normenerfüllung und Steigerung der Arbeitsproduktivität getroffen werden können. W.Balkin. 2320.

1-68/07-0022 T h u r m, R. Die Entwicklung der Technologie bei der weiteren Spezialisierung und Konzentration der Produktion. - Inform. Landwirtsch. u. Nahrungsgüterwirtsch. Bez. Schwerin 1967 Nr. 6. Sonderbeil. S. 15-23. - 9 Abb., 3 Tab., 15 Lit. 2325.

E. MESS- UND PRÜFWESEN

1-68/07-0023 R a b, Gy. A mezőgazdasági gépek vizsgálatának célja és végrehajtása. (Zweck der Landmaschinenprüfung und deren Durchführung.) - Mezőgazdasági Gépészet és Építészet, Budapest 2 (1967) Nr. 3. S. 1-6. - Aus: Ung. Agrar-Rdsch. 1968 Nr. 2.

Alle neuen Landmaschinen müssen geprüft werden. Diese Prüfung besteht aus 2 Phasen: Meßprüfung und Dauerbetriebsprüfung. Im Laufe der Meßprüfung werden die Parameter des Geräts bezüglich der Qualitätsarbeit, der techn. Leistung und des Energiebedarfs bestimmt. Die Dauerprüfung dient der Ermittlung der Betriebssicherheit, des Instandhaltungsbedürfnisses und der Wirtschaftlichkeit der Maschine. Im Laboratorium finden folgende Prüfungen statt: Bestimmung der Festigkeit, des Abnutzungsgrades und des Wartungsbedarfes der Maschine. Zum Dauerversuch der fahrenden Geräte sind bes. Prüfstände und Dauerversuchsbahnen erforderlich. 2405.

1-68/07-0024 A n o n y m. Portable dynamometer tests tractors and engines. (Transportables Dynamometer zur Prüfung von Traktoren und Motoren.) - Power Farming & better Farming Digest, Sydney 77 (1968) Nr. 2. S. 17. - 1 Abb.

Das von der austral. Fa. Ateco Pty. Ltd. Sydney, entwickelte mobile Dynamometer arbeitet nach dem Prinzip eines Hydraulikmotors. Es ist auf einer Achse mit 2 Rädern aufgebaut. Zur Leistungsbestimmung wird das Meßgerät entweder über die Zapfwelle oder über eine andere Kupplung mit dem zu prüfenden Motor verbunden. Die Bremsleistung beträgt in Abhängigkeit von der Zapfwellenleistung: 125 h.p. bei 535 U/min., 150 h.p. bei 620 U/min und 236 h.p. bei 1000 U/min. Der prüfbare Motordrehzahlbereich liegt zwischen 100 und 1400 U/min. Motoren mit Drehzahlen außerhalb dieses Bereiches müssen über ein Getriebe angekuppelt werden. Neben der Leistung kann zur gleichen Zeit der Kraftstoffverbrauch in Litern gemessen werden. Er erstreckt sich von 1...10 gal. (E) (4,546...45,459 l). Für Dieselöl und Benzin sind getrennte Meßvorrichtungen vorhanden. Die zu ermittelnde Leistung ergibt sich aus dem Öldruck und dem Ölvolumen im Hydraulikmotor.
W.Bohrisch/Bornim. 2410.

1-68/07-0025 Ü n a l a, N. Die Bestimmung des Leistungsbedarfs an zapfwellenangetriebenen Anbaugeräten. - Traktor u. Landmaschine, Brugg 30 (1968) Nr. 5. S. 267-271. - 3 Abb., 2 Zeichn., 1 Lit.

Um den Leistungsbedarf der wichtigsten Landmaschinen unter praktischen Einsatzbedingungen feststellen zu können, ist eine Meßanlage, bestehend aus Meßwertaufnehmer, Stromversorgungsteil, Anpaßglied, Trägerfrequenzverstärker und Registriergerät, gebaut worden. Als Meßwertgeber wird ein Zapfwellen-Drehmomentgeber verwendet, der elektrische Impulse für das Drehmoment liefert und elektrische Impulse für die Drehzahl abgibt. Neben dem mittleren Drehmoment und dem mittleren Leistungsbedarf können mit der Anlage auch Angaben über Spitzenwerte und die Belastungsart gemacht werden.

G.Wünsche/Bornim. 2410.

1-68/07-0026 I v a n č e n k o, A. Ja., S a v i n, N.A. und S o l o m o n o v i č, E.M. Mechaničeskie ustrojstva dlja izmerenija puti. (Mechanische Vorrichtungen für das Messen von Wegstrecken.) - Mechanizacija i elektrifikacija socialističeskogo sel'skogo chozjajstva, Moskva 26 (1968) Nr. 3. S. 46-48. - 2 Diagr., 9 Schemata.

Vf. betrachtet kritisch folgende Vorrichtungen zum Messen von Wegstrecken: 1) Normales mitlaufendes "5. Rad", das schlüpfen und mit Erde verkleben kann sowie das Bodenfeinprofil nachfährt. 2) "5. Rad" mit fest an der Radfelge angebrachten Bodengreifern; Verringerung der Schlupfmöglichkeit, Auftreten von Meßfehlern durch das Einwirken der Greifer auf den Boden. 3) "5. Rad" mit Greifern, die durch einen Mechanismus immer senkrecht gehalten werden; einige Verringerung der Nachteile der 2. Vorrichtung. 4) Vieleck, z.B. 6-Eck mit automatisch senkrecht stehenden Greifern; Einfluß der Greifer beseitigt, neue Fehlerquelle ist das Kippen der Vieleckseiten über Bodenunebenheiten. 5) Stern (Speichen ohne Felge) mit automatisch senkrecht stehenden Greifern; Fehler, wenn ein Greifer auf Kamm, der nächste auf Furche trifft. 6) 2 gekoppelte schreitende Gelenkvierecke; sperrig und unzuverlässig. 7) Stern mit automatisch horizontal gehaltenen, greiferbestückten Platten, deren Länge größer ist, als der Abstand zwischen benachbarten Bodenkämmen; nur noch geringer Fehler bei ungleich hohen Kämmen. Vf. bestimmt den dabei auftretenden Fehler und leitet eine Gleichung ab für die Mindestabstände zwischen den Sternarm-Enden bei vorgegebenem zulässigem Meßfehler und bekannten Kammhöhenunterschieden.W.Balkin. 2410.

1-68/07-0027 L a n d s m a n, M.I. und K o r s u n, A.I. Statističeskie charakteristiki mikroprofilja chlopkovogo polja. (Statistische Kenngrößen des Feinprofils eines Baumwollfeldes.) - Mechanizacija i elektrifikacija socialističeskogo sel'skogo chozjajstva, Moskva 26 (1968) Nr. 3. S. 41-43. - 3 Diagr., 4 Tab.

Für die optimale Konstruktion des Fahrersitzes und des Traktor-Fahrgestells ist die Kenntnis des Acker-Feinprofils erforderlich. Es wurden Großzahl-Messungen des Quer- und Längsprofils von Baumwollfeldern mit einem Aussaatschema von 60 x 45 und 60 x 60 cm durchgeführt, die oberen und unteren Umhüllenden aller Profile, die Wahrscheinlichkeitsgrenzen von 90 % der Profile, das mittlere und das modale Profil mit einer Genauigkeit von 2,5 % ermittelt sowie Dichte- und Summenkurven der Meßwertverteilung gezeichnet. Ferner wurden Erwartungswert, Dispersion, mittlere quadratische Abweichung, empirische und normierte Korrelationsfunktionen bestimmt, für die experimentell ermittelten Korrelationsfunktionen Näherungsgleichungen gefunden und die Verbindung zwischen der Korrelationsfunktion und der spektralen Dichte mittels der Fourierschen Cosinustransformation festgestellt. Vff. bringen Kurven der Verteilungs- und Korrelationsfunktionen, eine Reihe von theoretisch und experimentell ermittelten statistischen Gleichungen und gewähren mit ihren Ausführungen einen Einblick in die Anwendung der mathemat. Statistik für agrotechn. Untersuchungen. W.Balkin. 2415.

F. EIGENSCHAFTEN, VERHALTEN UND NATURWISSENSCHAFTLICHE GRUNDLAGEN DES BODENS, DER LANDWIRTSCHAFTLICHEN PRODUKTE UND DER HILFSSTOFFE

1-68/07-0028 B i a r e z, Jean. Feldgerät zum gleichzeitigen Messen des Reibungswinkels und der Kohäsion. - VDI-Z., Düsseldorf 110 (1967) Nr. 12. S. 484. - 4 Zeichn. 2510.

1-68/07-0029 R ö s s e l, D. Zu einigen Fragen der Verringerung des Reibwertes an der Wirkpaarung: feste Unterlage - Futtermittel. - Dtsch. Agrartechn. 18 (1968) Nr. 5. S. 230-233. - 5 Diagr., 1 Tab., 1 Zeichn., 5 Lit. - nach Zus.

Es wird gezeigt, wie sich der Reibwert von Saftfuttermitteln auf festen Unterlagen verringern läßt. In den einzelnen Reibungsphasen (Verdichtungs-, Reibungs-, Adhäsions- und Schmierphase) der landwirtsch. Güter sind unterschiedliche Maßnahmen zur Reibwertverringerung notwendig. Für die richtige Wahl der Parameter ist stets, wie man am unterschiedlichen Verhalten in den einzelnen Reibphasen erkennen kann, eine exakte Untersuchung des Ausgangszustands der Materialien der Wirkpaarung notwendig. 2520.

G. ALLGEMEINES ZU TECHNOLOGISCHEN PROZESSEN FÜR ZWECKE DER LANDTECHNIK

1-68/07-0030 S a b l i k o v, M.V. Zaščemlenie i zatjagivanie tel. (Klemmen und Einziehen von Körpern.) - Mechanizacija i ėlektrifikacija socialističeskogo sel'skogo chozjajstva, Moskva 26 (1968) Nr. 3. S. 6-8. - 6 Schemata, 4 Lit.

Nach einem Hinweis auf Untersuchungen des Klemmens und Einziehens landwirtsch. Güter zwischen Schneiden oder Walzen von Gorjačkin und nach Definition der Begriffe Klemmen und Einziehen bespricht Vf. das Klemmen und Einziehen von Körpern mit rundem und unrundem Querschnitt zwischen 2 zueinander winklig angeordneten Flächen mit und ohne äußerer auf den eingeklemmten Körper wirkenden Kraft, zwischen Fläche und rotierender Walze und zwischen 2 rotierenden Walzen. Er bestimmt für alle genannten Fälle die Winkel, bei deren Überschreitung die Körper nicht mehr klemmen oder nicht mehr eingezogen werden. Im allgemeinen Fall ist der kritische Klemmwinkel der Summe der Reibungswinkel und beim Einklemmen eines Körpers mit rundem Querschnitt dem doppelten kleineren Reibungswinkel gleich. Beim Einklemmen eines nicht rollfähigen Körpers zwischen ebener Fläche und rotierender Walze ist der kritische Klemmwinkel der Summe der Reibungswinkel und der kritische Einzugswinkel der Differenz der Reibungswinkel gleich.

W.Balkin. 2670.

III. ENERGIE, KRAFTMASCHINEN UND TRAKTOREN

A. ALLGEMEINES

1-68/07-0031 P e l v a, A. A mezőgazdaság vonóerő-állományának pótlása és bővítése. (Ersatz und Entwicklung der Zugkraft in der Landwirtschaft.) - Statiszt. Szemle /Statist. Rdsch./ 45 (1967) Nr. 10. S. 947-965. - Aus: Ung. Agrar-Rdsch. 1968 Nr. 2. 3005.

B. ENERGIE UND KRAFTMASCHINEN

1-68/0032 A n o n y m. Self-monitoring engine watcher protects against costly failure. (Selbsttätig arbeitendes Warngerät schützt gegen Schäden.) - Power Farming & better Farming Digest, Sydney 77 (1968) Nr. 2. S. 15. - 1 Abb.

Für Traktoren mit Diesel- oder Ottomotoren wurde ein auf elektrischer Basis arbeitendes Warn- und Schaltgerät entwickelt. Dieses als "Fail Proof" bezeichnete Gerät wird an einer möglichst vibrationsfreien Stelle des Traktors angebaut. Es wird in 2 Typen für 12 oder 24 V geliefert. Als Meßwertgeber fungieren Schalter, die entweder auf Temperatur- oder Druckänderungen reagieren. Sie treten bei folgenden Vorkommnissen in Aktion: Abfall des Öldruckes, Anstieg der Öl-, der Kühlluft- und der Kühlwassertemperatur, Bruch einer Kühlleitung, Anstieg oder Abfall des Kühlwasserdruckes, Ausfall des Generators, Bruch oder Abfall des Kühlgebläseriemens. Das luftdichte und korrosionsfeste Gerät besitzt keine hin- und hergehenden oder rotierenden Teile. An einer Tafel werden die Stellen angezeigt, wo die Störungen aufgetreten sind, so daß die Störungssuche weitgehend eingeengt ist. Das auch als transportables Gerät verwendbare Instrument wird von der Fa. Monitor Industries Pty. Ltd., Pacific Highway Tareo NSW 2430 geliefert.

W.Bohrisch/Bornim. 3135a.

1-68/07-0033 N a s s o n o v, V.S. und S v i s t k o v, L.A. Rabota soprjaženija kolenčatyj valpodšipnik pri kompenzacii padenija davlenija v sisteme smazki. (Arbeit der Paarung Kurbelwelle-Lager bei Kompensation des Druckabfalls im Schmiersystem.) - Mechanizacija i élektrifikacija socialističeskogo sel'skogo chozjajstva, Moskva 26 (1968) Nr. 3. S. 38-39. - 3 Diagr., 2 Lit.

In dem Maße, wie die Kurbelwellenzapfen verschleißen, fällt auch der Druck im Schmiersystem des Verbrennungsmotors. Im Permer Landwirtschaftsinst. wurde die Verlagerung der Zapfwellenachse gegenüber der Lagerschalenachse mit 2 Blattfeder-Fühlern ermittelt, die an die Zapfen angedrückt wurden. Auf die Fühler waren Dehnmeßstreifen aufgeklebt, die über eine Brückenschaltung, einen Verstärker und einen Oszillographen die Lage der Kurbelzapfenachse in Abhängigkeit von der Kolbenstellung angaben. Die so bei verschiedenen Öldrücken ermittelte Bahn der Zapfenachse wurde unter entsprechender Vergrößerung in Kreisdiagr. eingetragen, aus denen zu ersehen ist, daß jedem Lagerspiel ein bestimmter Mindestdruck entspricht, bei dem sich Zapfen und Lagerschale nicht berühren. Vff. bringen Gleichungen für den Mindestdruck und das Lagerspiel, bei denen keine Berührung stattfindet, sowie ein Nomogramm, dem die Stärke des Ölumlaufs entnommen werden kann, die erforderlich ist, damit keine Berührung stattfindet. Von Vff. ist eine zweiteilige Ölpumpe entwickelt worden, mit der der Ölumlauf verstärkt werden kann, wenn der Druck unter 1 kp/cm^2 fällt. W.Balkin. 3135c.

1-68/07-0034 Z u b i e t o v a, M.P. und P u s t o v a l o v, I.V. Vlijanie uslovij raboty dvigatelja D-50 na iznosostojkost' ego detalej. (Einfluß der Arbeitsbedingungen des Motors "D-50" auf die Verschleißfestigkeit seiner Teile.) - Traktory i sel'chozmašiny, Moskva 1968 Nr. 3. S. 6-8. - 5 Diagr., 1 Tab., 1 Lit.

Es wurde gleichzeitig die Geschwindigkeit des Verschleißes der Kolbenringe und Pleuel-Lagerschalen des Traktors "D-50" mit radioaktiven Isotopen gemessen. Für die Kolbenringe wurde das Isotop ^{60}Co und für die Lagerschalen das Isotop ^{124}Sb verwendet. Vff. beschreiben anhand eines Schemas Aufbau und Wirkungsweise der Gammaspektrometer-Anlage, in der mit Hilfe eines NaJ(Tl)-Szintillationskristalls, des Fotoelektronen-Vervielfachers "FEU-13", eines Katodenverstärkers, des Differential-Analysators "AADO-1" und der Umrechner "PST-100" die vom Kristall ausgehenden Signale nach ihren Amplituden getrennt und gezählt wurden. Durch die mit den Umrechnern ermittelten Versuchspunkte wurden Gerade gezogen, von deren Neigungswinkel der Tangens errechnet wurde, der die Verschleißgeschwindigkeit angibt. Vff. bringen Kurven für die Abhängigkeit der Verschleißgeschwindigkeit in µm/h vom mittleren Effektivdruck, von der Drehzahl und der Temp. sowie ein Diagr. mit den Meßpunkten der Umrechner. An den Kurven sind merkliche Unterschiede in den Gesetzmäßigkeiten des Verschleißes der Kolbenringe und der Lagerschalen zu erkennen. W.Balkin. 3135e.

1-68/07-0035 K o r b a, N.Ja., P o l j a k o v s k i j, G.M., S a c h a r e v i č, V.D. und C h a r č e n k o, A.I. O vlijanii razreženija na vpuske i protivodavlenija na vypuske na pokazateli dizelja SMD-14 s turbonadduvom. (Über den Einfluß des Unterdrucks beim Ansaugen und des Gegendrucks beim Auslassen auf die Kenngrößen des Diesels "SMD-14" mit Turboaufladung.) - Traktory i sel'chozmašiny, Moskva 1968 Nr. 1. S. 16-17. - 1 Abb., 2 Diagr. 3 Lit. 3135e.

1-68/07-0036 M i č k i n, I.A. K opredeleniju diametra soplovych otverstij raspylitelja forsunki zakrytogo tipa. (Bestimmung des Düsendurchmessers von geschlossenen Einspritzdüsenkörpern.) - Traktory i sel'chozmašiny, Moskva 1968 Nr. 1. S. 18-19. - 1 Abb., 1 Diagr., 1 Tab., 4 Lit. 3135e.

1-68/07-0037 K u p e r š m i d t, V.L. und Ė f r o s, V.V. Vlijanie stepeni sžatija na puskovye charakteristiki dizelja s nerazdelennoj kameroj sgoranija. (Einfluß der Verdichtung auf die Anlaßeigenschaften eines Diesels mit ungeteilter Brennkammer.) - Traktory i sel'chozmašiny, Moskva 1968 Nr. 1. S. 26-28. - 4 Diagr., 5 Lit. 3135e.

C. TRAKTOREN MIT AUSRÜSTUNG UND ZUBEHÖR

1-68/07-0038 Z e h e t n e r und S i e g. Einachstraktor AEBI "AM-80" - Prüfbericht Wieselburg, N.Ö. - Bundesversuchs- u. Prüf.-Anst. landwirtsch. Maschinen Geräte, Wieselburg/N.Ö., Prüfber. Nr.066/67. Gr. 1 d. (1967) 8 S. - 7 Abb., 2 Diagr.

Hersteller: AEBI & Co. AG., Maschinenfabrik, Burgdorf/Schweiz. 3210.

1-68/07-0039 Z e h e t n e r und S i e g. Motoreinachser Bucher "K 4" - Prüfbericht Wieselburg, N.Ö. - Bundesversuchs- u. Prüf.-Anst. landwirtsch. Maschinen Geräte, Wieselburg/N.Ö., Prüfber. Nr.067/67. Gr. 1 c. (1967) 6 S. - 3 Abb., 1 Diagr.

Hersteller: Bucher-Guyer SA, Niederwenigen-Zürich, Schweiz. 3210.

1-68/07-0040 D e m a y, J. Evolution de la construction des tracteurs. (Entwicklung in der Konstruktion von Traktoren.) - Génie rural 61 (1968) Nr. 2. S. 85-87. - 3 Abb.

Allg. haben die Traktoren eine größere Leistung, sind betriebssicherer und weisen einen größeren Fahrerkomfort auf. Die meisten Traktoren sind mit Dieselmotoren ausgerüstet, deren Zylinder in Reihe angeordnet sind. Man findet Motoren mit 3...5 Zylindern vor, die eine Direkteinspritzung besitzen und je nach Wunsch Luft- oder Wasserkühlung aufweisen. Die Erhöhung der Traktorleistung erfolgt entweder durch Vergrößerung der Zylinderzahl oder durch Erhöhung der Motordrehzahl. In Zukunft werden viele Traktoren mit 2 wählbaren Zapfwellendrehzahlbereichen ausgerüstet sein (540 U/min und 1000 U/min). Obwohl bereits seit langem erwartet, ist eine stufenlose Drehzahlregelung noch nicht realisiert. Allerdings wird das Getriebe zum Zwecke einer günstigeren Kraftübertragung durch Einrichtungen wie Drehmomentwandler, automatische Getriebevorwahl und ähnliche Maßnahmen verbessert. Gleichfalls verbessert ist die Hydraulikanlage, um den Einsatz bei dem Aufbau von Arbeitsgeräten und Einrichtungen zu erleichtern. Größeren Einsatzbereich wird in Frankreich wahrscheinlich der Vierradantrieb bei Traktoren erhalten. W.Bohrisch/Bornim. 3215.

1-68/07-0041 S p e i s e r, Heinz. Der Schlepper von heute und seine zukünftige Entwicklung. - Landtechn. Forsch. 17 (1967) Nr. 6. S. 201-202. - 27 Lit.

Die Ablösung des Dieselmotors durch andere Kraftmaschinen (Brennstoffzellen, Gasturbine, Diesel-Kreis≥kolbenmotor) ist in absehbarer Zeit nicht zu erwarten. Die Entwicklung im Traktorenbau wird im wesentlichen durch die Gesichtspunkte der Bedienungserleichterung und der größeren Bequemlichkeit für den Fahrer gekennzeichnet sein, wobei Kühlungsfragen, die Einführung von Schalthilfen und Probleme des Gerätekoppelns vorrangig zu lösen sein werden. Auch die Frontladerbedienung, bei der eine Reihe von Funktionen wie Schalten, Fahren, Lenken, Steuern und die Werkzeugbetätigung kurzfristig oder zeitlich überlagert durchzuführen sind, bedarf entscheidender Erleichterungen. Weitere Schwerpunkte aus physiolog. Sicht sind die günstige Anordnung von Bedienungselementen und zweckmäßigere Fahrersitze hinsichtlich Ausbildung, Durchfederung und Schwingungsdämpfung. Auch im Bereich des Unfallschutzes sind noch erhebliche Verbesserungen notwendig (Unfallschutzverdeck). Neben der Erhöhung des Fahrkomforts wird die stetige Verbesserung des Betriebes charakteristisch für die zukünftige Traktorenentwicklung sein, während die 50 Jahre alte Standardform des Traktors keine einschneidenden Veränderungen erfahren dürfte. H.-J.Graef/Bornim. 3215.

1-68/07-0042 K u g e l ', R.V., V e l i č k i n, I.K., N i s n e v i č, A.I. und Č u c h č i n, N.F. Osnovnye pokazateli nadežnosti traktorov i ich ėlementov. (Hauptkenngrößen der Zuverlässigkeit von Traktoren und ihrer Elemente.) - Traktory i sel'chozmašiny, Moskva 1968 Nr. 3. S. 1-4. - 1 Tab., 3 Lit.

Vff. definieren zunächst die Begriffe Zuverlässigkeit, Nutzungsdauer, Störfreiheit (ständige Arbeitsfähigkeit während des Verrichtens eines gewissen Arbeitsumfanges), Instandsetzungsreife und Lagerfähigkeit (Einhalten der vorgegebenen Betriebskennwerte während und nach der in der techn. Dokumentation angegebenen Lagerungs- und Transportfrist) und besprechen anschließend das Ermitteln der aufgezählten Kennwerte. Beim Bestimmen der Zuverlässigkeit ist zu unterscheiden der übliche Betrieb, der vorschriftsmäßige Betrieb und das Schnellprüfen im Versuchsstand und Gelände. Die Wahl der Zuverlässigkeitskennwerte, die man in Hauptkennwerte und zusätzliche Kennwerte einteilt, hängt von den Besonderheiten der Objekte ab, die man in folgende Klassen teilt: A. Teile und Baugruppen, die nach dem 1. Versagen ausgewechselt werden; B. Teile, Baugruppen und Geräte, die während ihrer Nutzungsdauer mehr als einmal versagen können; C. Traktoren, Geräte- und Maschinenträger als ganzes. Vff. besprechen das nach diesen Klassen aufgeschlüsselte Bestimmen der eingangs aufgezählten Kennwerte und behandeln anschließend noch folgende von der Nutzungsdauer, der Störfreiheit und der Instandsetzungsreife abhängende komplexe Kennwerte: Beiwert der Einsatzbereitschaft, spez. Arbeitsaufwand für das Beseitigen von Störungen, mittlerer Arbeitsaufwand für Generalüberholungen, spez. Kosten der Pflege, Wartung, Störungsbeseitigung und Generalüberholung. W.Balkin. 3215.

1-68/07-0043 M i c h n a i, S. Terhelhetőség, üzembiztonság, élettartam a traktorüzemben. (Belastungsmöglichkeit, Betriebssicherheit und Lebensdauer von Traktoren.) - Mezőgazdasági Gépészet és Építészet, Budapest 2 (1967) Nr. 3. S. 15-25. - Aus: Ung. Agrar-Rdsch. 1968 Nr. 2.

Der in der Entwicklung befindliche ung. Allradtraktor "UE-50" hat folg. Parameter. Zugkraft 1918 kp, Masse 2798 kg, Zugleistung bei 0,6 Zugwirkungsgrad und einer Geschwindigkeit von 6 km/h 74 PS. Bei einer Arbeitsgeschwindigkeit von 8...9 km/h ist eine Motorleistung von 111 PS notwendig. Der Gesamtwirkungsgrad des "UE-50" beträgt bei einer Fahrgeschwindigkeit von 7,7 km/h 63 %. Beim Pflügen mit dem Anbaupflug "FE-3" auf mittelschwerem Boden betrug bei einer Arbeitsgeschwindigkeit von 5,6 km/h die max. Zugkraft 1340 kp. Dieser Wert kann in der Zugkraftklasse 1,4 Mp als ausgezeichnetes Resultat betrachtet werden. - Die Gesamtmasse des ung. Traktors "D4K-B" beträgt 5600 kg, die Nennzugkraft 3300 kp (Fahrgeschwindigkeit 3,4 km/h, Schlupf 15 %). Eine Prüfung brachte folg. Ergebnisse: Zugkraft in der ersten Stufe 1420 kp, in der zweiten Stufe 1550 kp. Der Betriebssicherheitsfaktor lag bei 91 % und der techn. Bedienungsfaktor bei 10 %. 3215.

1-68/07-0044 A n o n y m. Eight medium tractors compared. (Vergleich von 8 Traktoren der Mittelklasse.) - Farm Mechanizat. & Buildings, London 20 (1968) Nr. 223. S. 44.47-48. - 1 Diagr., 4 Tab.

Folgende 8 Traktoren der leichten Mittelklasse werden auf Grund einer austral. Traktorenprüfung miteinander verglichen. Es handelt sich um folgende Fabrikate: International "A 414", Ford "Dexta 2000", Fiat "415", Massey-Ferguson "135", John Deere "1010 RS", David Brown "880 A", Ford "Super Dexta 3000" und Nuffield "10/42". Der Vergleich bezieht sich auf folgende Faktoren: Kraftstoffverbrauch, Zugkraft, Getriebe, Lage der Zapfwelle, 3-Punkt-Hydraulik, Bedienungs- und Regelungskomfort und Preis. Alle Traktoren sind mit Dieselmotoren ausgerüstet, die unterteilt wurden in Motoren mit Wirbelkammer und mit Direkteinspritzung. Die Motoren mit Wirbelkammer haben einen durchschnittlichen spez. Kraftstoffverbrauch von 0,45 lb./h.p. hr. (204 g/PSh), die Motoren mit Direkteinspritzung von

0,39 lb./h.p. hr. (177 g/PSh) (80 % Vollast). Die max. Zugkraft betrug bei dem David-Brown-Traktor im ersten Gang 5500 lb. (2445 kp). Bei einer Geschwindigkeit von 4,0 m.p.h. (6,44 km/h) werden vom gleichen Traktor im 3. Gang noch 3550 lb. (1610 kp) aufgebracht und eine Leistung von 38 h.p. entwickelt. Die Anzahl der Gänge schwankt zwischen 4 und 8. Hinsichtlich des Preises ist der Traktor von Fiat der billigste, und der von John Deere der teuerste. W.Bohrisch/Bornim. 3215.

1-68/07-0045 A n o n y m. Neue Deutz-Schlepperserie "06" von 22 bis 66 PS. - Schlepper u. Landmaschine 19 (1968) Nr. 3. S. 72-74.76.78. - 9 Abb., 5 Tab., 1 Zeichn.

Die neuen Deutz-Traktoren sind ausgestattet mit großem Kraftstofftank, gummigelagerten Scheinwerfern, einem übersichtlichen, mit sämtlichen Kontrollinstrumenten versehenen Armaturenbrett und einer ansprechenden Form. Die luftgekühlten Dieselmotore der Baureihe "FL 912" mit Direkteinspritzung zeichnen sich durch eine bes. Laufruhe aus. Traktoren der Mittelklasse haben 8, die großen Typen 16 Gänge. Synchronisierte Getriebe gibt es bei Traktoren ab 35 PS. Neu ist die unabhängige Zapfwelle, die als Duo-Zapfwelle für 540 und 1000 U/min ausgelegt ist und unter Last geschaltet werden kann. Das Deutz-Transfermatic-System wurde verbessert, so daß bis fünf verschiedene Zusatzgeräte angebaut werden können. Die 4 großen Traktoren werden auch mit Allradantrieb geliefert. Außerdem wird ein umfangreiches Sonderzubehör angeboten. Die techn. Daten der 5 Typen von 22/23 PS bis 62/66 PS sind angegeben. G.Wünsche. 3215.

1-68/07-0046 S t i e g l i t z, E. Die Einsatzprüfung des neuen Radtraktors "ZT 300". - Dtsch. Agrartechn. 18 (1968) Nr. 4. S. 152-154.155. - 4 Tab.

Der "ZT 300" mit einer Motorleistung von 90 PS bringt bei Fahrgeschwindigkeiten von 7...9 km/h eine Zugkraft von 1400 kp auf. Der Radtraktor eignet sich für die mittelschwere bis schwere Bodenbearbeitung mit 3- bis 5furchigen Anbau-, Aufsattel- und Anhängepflügen; für die Saatbettvorbereitung mit Scheibenegge, Kombinator, Grubber und Feingrubber bei Arbeitsbreiten von 2,5...5 m sowie für Transportarbeiten mit druckluftgebremsten Anhängern bis 22 t Anhängelast. Mit dem Feldhäcksler "E 066" war der "ZT 300" nicht einsetzbar und mit dem Kartoffelsammelroder ist der Einsatz unökonomisch. Wenn die Motorleistung ausgelastet wird und die richtigen Geräte zugeordnet werden, liegt die Produktivität des "ZT 300" im Durchschnitt um 70 bis 90 % höher als bei Radtraktoren mit 45...55 PS Motorleistung. Die Einsatzkosten sind bei 70 % Auslastung von NE mit 0,20 M/PSh kalkuliert worden. Hinsichtlich Sicherheitstechnik und Betriebshygiene nimmt der "ZT 300" eine Spitzenstellung in der DDR ein. G.Wünsche. 3215.

1-68/07-0047 A n o n y m. Der Traktor "K-700" und seine Geräte. - Dtsch. Agrartechn. 18 (1968) Nr. 4. S. 167-168. - 6 Abb., 2 Tab.

Der "K-700" ist ein Traktor der 5-Mp-Nennzugkraftklasse mit einer Eigenmasse von 12000 kg. Der 8-Zylinder-Dieselmotor mit Turbokompressor und Wasserkühlung leistet 220 PS. 16 Vorwärtsgänge ermöglichen Geschwindigkeiten von 2,8...30,8 km/h; 8 Rückwärtsgänge von 5,0...27,8 km/h. Der allradgetriebene Traktor mit gleich großen Rädern ist ausgestattet mit hydraulischem Kraftheber, Dreipunktaufhängung und Zapfwelle. Er kann mit Anbau-, Aufsattel- und Anhängegeräten eingesetzt werden. Die Flächenleistungen betragen: beim Pflügen (Arbeitsbreite 2,8...3,5 m) 1,75...2,5 ha/h; beim Scheibeneggen (Arbeitsbreite 7...20 m) 5...18 ha/h; beim Tiefenlockern 1,7...6,0 ha/h; beim Grubbern oder Drillen mit Vierer-Kopplung 12...16 ha/h. Für den Transport werden Anhänger mit 9 und 12 Mp Tragfähigkeit entwickelt.

G.Wünsche. 3215.

1-68/07-0048 S o u t h w e l l, P.H. An investigation of four-wheel-drive and tandem-tractor arrangement. (Eine Untersuchung des Vierradantriebs und Tandemtraktors.) - Trans. ASAE 10 (1967) Nr. 2. S. 284-288. - 4 Abb., 12 Diagr., 9 Tab. - Aus: Dok.-Dienst ILT 1967.

Untersuchung der Leistung verschiedener Typen von mehrachsig angetriebenen Traktoren in Beziehung zur Leistung einer angetriebenen Achse. Eine Serie von Prüfungen wurde unter 3 verschiedenen Bodenbedingungen durchgeführt. Verwendung von Traktoren mit der gleichen Hinterreifengröße und der gleichen Getriebekonstruktion. Verwendung einer einfachen Kupplung für die Tandemanordnung. Die Leistung des einachsigen Antriebs wurde bestimmt, indem das Vorderteil eines Traktors mit Zweiradantrieb so unterstützt wurde, daß die vertikalen Kräfte ohne Beeinflussung der horizontalen Kräfte übertragen werden. Das wurde durch eine Gleitvorrichtung erreicht, die auf ein anderes Fahrzeug montiert wurde, das sich mit gleicher Geschwindigkeit bewegt. Die Leistung des Einachsantriebs war der des üblichen Traktors mit nicht angetriebenen Vorderrädern gleich plus dem Rollwiderstand der Vorderräder. Der Tandemtraktor benötigt einen Motor für die Triebachse. Der Traktor mit Allradantrieb kann als 2 einzeln von einem Motor angetriebene Achsen betrachtet werden; die Konstruktion hat nur ein Differential, und die Vorder- und Hinterräder auf jeder Seite wurden mechanisch verbunden, Tab. der relativen Werte der max. Zugleistung und der max. Zug-PS-Zahlen sowie des Zug/Gewichtsverhältnisses. 3230.

1-68/07-0049 T e r s k i c h, I.P. Gidrosistema traktora kak sredstvo dogruzki pri bestormoznych ispytanijach dvigatelja. (Hydrauliksystem des Traktors als Mittel der Motorbelastung bei Motorprüfungen ohne Abbremsen.) - Mechanizacija i ėlektrifikacija socialističeskogo sel'skogo chozjajstva, Moskva 26 (1968) Nr. 3. S. 45-46. - 2 Diagr.

Es wurden der Einfluß der Öldrosselung im Hydrauliksystem auf die Arbeit des Motors und die Stabilität der Belastung nach Indikatordiagr. und den Anzeigen des Arbeitszählers "RBT" ermittelt. Die Belastung erfolgte durch Abbremsen des Motors und durch Belastung des nur mit 2 Zylindern arbeitenden Motors mit dem gedrosselten Hydrauliksystem des Traktors. Vf. bringt eine Gleichung zur Ermittlung der Leistung nach dem 2. Verfahren und für eine Reihe von Motoren Werte für 2 in die Gleichung eingehende Größen. Der Bereich der hierbei möglichen stufenlosen Belastungsregelung ist für das Bestimmen der max. möglichen Motorleistung ausreichend. Die Mehrzahl der geprüften Motoren arbeitete außerhalb der Reglerlinie. Vergleiche von Indikatordiagr. und Oszillogrammen ergaben keine Unterschiede zwischen beiden Belastungsarten. Konstanz der Drehzahl trat bei Erwärmung des Öls auf 30...35 °C ein. Die Drosselung kann fortgesetzt werden, bis die Öltemperatur 70...75 °C erreicht. Ihre Dauer läßt sich durch Einschalten eines Kühlers bis auf 18...20 min verlängern. W.Balkin. 3235.

1-68/07-0050 B u j a n k o v, L. Novye skorosti traktorov T-40 i T-40A. (Neue Geschwindigkeiten der Traktoren "T-40" und "T-40A".) - Technika v sel'skom chozjajstve, Moskva 28 (1968) Nr. 3. S. 43-44. - 1 Schema, 1 Tab.
Das Lipezker Traktorenwerk hat ein Kriechganggetriebe mit Rückwärtsschaltung entwickelt, das anstelle der Reversierwelle in das Traktorgetriebe eingesetzt wird und mit einer Zwillingskupplung für das Umschalten in 3 Schaltstellungen (Vorwärts-, Rückwärts- und Kriechgang) versehen ist. Der Kriechgang hat ein Untersetzungsverhältnis von 2,75, von vorwärts wird auf rückwärts mit Kegelrädern umgeschaltet. Vf. beschreibt das Getriebe anhand eines detaillierten Schemas, bringt in einer Tab. die alten und die zusätzlichen Geschwindigkeiten der Traktoren und macht einige Angaben über den Einbau des Getriebes und die Fahreigenschaften der mit ihm ausgerüsteten Traktoren. W.Balkin. 3240.

1-68/07-0051 Š i r k o v, A.S., B u g a k o v, Ju.S. und T r o n d i n, V.P. Rabota silovoj peredači i chodovoj sistemy traktora DT-75 zimoj. (Arbeit der Getriebe und des Fahrwerkes des Traktors "DT-75" im Winter.) - Mechanizacija i ėlektrifikacija socialističeskogo sel'skogo chozjajstva, Moskva 26 (1968) Nr. 3. S. 36-38. - 2 Diagr., 1 Tab.
In der Neulandfiliale des Staatl. Technolog. Unionsforschungsinst. GOSNITI wurden die Temp. geschmierter Baugruppen des Traktors "DT-75" bei Arbeiten während strenger Fröste mit Thermoelementen gemessen und mit einem elektron. Potentiometer registriert. Verwendet wurden verschiedene Schmieröle, gearbeitet wurde bei verschiedenen Temp. und Windstärken. In Diagr. wird die Abhängigkeit der Temp. in verschiedenen Baugruppen von der Arbeitsdauer dargestellt. In allen Fällen betrug die Viskosität des Öls im Schaltgetriebe und der Hinterachse 0,4...0,5 Stokes, was 3...3,5mal höher ist als verschleißmäßig optimal. Ferner wurde der Traktor mit einem anderen ihn schleppenden Traktor über einen Feder-Kraftmesser verbunden, um die in Abhängigkeit von der Außentemp. für das Schleppen erforderliche Leistung zu bestimmen. Die Ergebnisse werden in einer Tab. wiedergegeben, aus der zu ersehen ist, daß die für das Durchdrehen der Getriebe und das Rollen des Traktors aufzuwendende Arbeit bei -15 °C 2,5...2,7mal so hoch ist wie bei + 5 °C. Die Energieverluste lassen sich senken, wenn man das Getriebeöl mit Dieselkraftstoff vermischt oder das Getriebeöl in Leerlauf vorerwärmt.
W.Balkin. 3240.

1-68/07-0052 B a r s k i j, I.B., K o l o d i j, Ju.K., Ė g l i t, I.M. und B o r i s o v, S.G. Ocenka dolgovečnosti frikcionnych ėlementov traktornych muft sceplenija po dannym stendovych ispytanij. (Bestimmung der Nutzungsdauer der Kupplungsbeläge von Traktorenkupplungen nach Ergebnissen von Prüfstandsuntersuchungen.) - Traktory i sel'chozmašiny, Moskva 1968 Nr. 3. S. 15-17. - 3 Abb.,
Prüfstandversuche bei erhöhter Beanspruchung benötigen zwar gegenüber Feldversuchen eine wesentlich geringere Zeit, ergeben aber hauptsächlich nur Vergleichsmöglichkeiten, so daß qualitative und quantitative Beziehungen zwischen beiden Versuchsarten hergestellt werden müssen. Vff. nennen die Versuchsbedingungen von Prüfstanduntersuchungen der Kupplung des Traktors "T-40", bei denen der lineare Verschleiß der Kupplungsbeläge durch

Messen der Verlagerung Δ h des Drucktellers bestimmt wurde und bringen Diagr. für Δ h , die Sicherheitszahl β und die Temp. t in Abhängigkeit von der Kupplungsspiel-Anzahl N. Für N wird eine Gleichung gegeben, in die Beiwerte der rel. Verschleißfestigkeit und rel. Stabilität der Greiffähigkeit eingehen. Zum Überprüfen der mit den Prüfstand-versuchen ermittelten Nutzungsdauer der Kupplungsbeläge wurden mit dem Traktor "T-40" Feldversuche durchgeführt, bei denen gegenüber den Prüfstand-versuchen Gleichheit der Erwärmungs- und Verschleißgesetzmäßigkeiten, jedoch Unterschiede in den absoluten Temperaturwerten festgestellt wurden. Vff. betrachten die festgestellten Gesetzmäßigkeiten und Beziehungen zwischen den beiden Versuchsarten, bringen für das Berechnen der Nutzungsdauer T nach Prüfstandversuchen eine Gleichung, in die die Anzahl der Kupplungsvorgänge je h eingeht. und geben für Anfahren im 5. Gang eine errechnete Nutzungsdauer von 780 h und für Anfahren im 1. Gang von 2000 h an. W.Balkin. 3240.

1-68/07-0053 D m i t r i č e n k o, S.S., E r e m i n, V.V., Č e r k a š i n, A.S. und Š a r o v, M.A. Konstruirovanie svarnych ram traktorov. (Konstruktion geschweißter Traktorenrahmen.) - Traktory i sel'chozmašiny, Moskva 1968 Nr. 3. S. 11-13. - 3 Abb., 1 Diagr., 2 Tab., 8 Lit.
Beim Entwerfen geschweißter Traktorenrahmen wurden oft die für das Konstruieren von Schweißteilen geltenden Grundregeln vernachlässigt. Es ist falsch, Nietverbindungen einfach durch Schweißverbindungen zu ersetzen, ohne die Konstruktion entsprechend zu ändern. Bei der Entwicklung des Traktors "DT-75" wurde als Ziel gesetzt, einen geschweißten Rahmen zu konstruieren, dessen Nutzungsdauer wesentlich länger ist als die Nutzungsdauer des bisherigen genieteten Rahmens. Vff. berichten über die 1961...1965 durchgeführten Prüfungen des Traktors auf dem Prüfgelände und unter Praxisbedingungen sowie die im Anschluß an die Prüfungen vorgenommenen Konstruktionsänderungen. Ferner stellen sie eine Prognose für die Nutzungsdauer des Rahmens unter Anwendung eines Beiwertes für das Umrechnen von Prüfgelände-Prüfungen auf den praktischen Betrieb auf, wobei sie auf die möglichen Fehler ihrer Berechnung infolge der kleinen Anzahl der geprüften Traktoren hinweisen. Aus einer Tab. und einem Diagr. ist zu ersehen, daß die Entwicklungsarbeiten am Traktor 1961...1964 die Nutzungsdauer seines Rahmens wesentlich erhöhte. W.Balkin. 3245.

1-68/07-0054 T a v l y b a e v, F.N. Opredelenie optimal'nogo sroka služby šin. (Bestimmung der optimalen Nutzungsdauer von Kfz-Reifen.) - Mechanizacija i ėlektrifikacija socialističeskogo sel'skogo chozjajstva, Moskva 26 (1968) Nr. 3. S. 39-41. - 1 Diagr., 1 Tab.,
Vf. behandelt die Nutzungsdauer von Kfz.-Reifen unter Berücksichtigung ihrer Wiederherstellung durch Reparaturen von örtlichen Schäden der Reifendecke und Runderneuerung und bringt Gleichungen für die spez. Ausgaben je Einheit der Laufstrecke, die spez. Kosten örtlicher Reifendeckenreparaturen, die Intensität der Deckenabnutzung, -beschädigung und Wiederherstellung auf noch nicht oder bereits wiederhergestellten Bereichen der Decke, die spez. Gesamtkosten in Abhängigkeit von der Laufzeit, die optimale Laufzeit u.a. Anschließend wendet er das dargelegte Rechnungsverfahren zur Berechnung der optimalen Laufzeit der Traktorreifen 12-38 (Ja-166) an, wobei er die Reifenabnützung als Kennwert der Laufstrecke verwendet und ermittelt

eine optimale Abnützung von 31,8 mm. Legt man eine jährliche Abnützung von 4,2 mm zugrunde, so ergibt das eine Nutzungsdauer von 7,5 Jahren.

W.Balkin. 3245.

1-68/07-0055 P u t i n, V. Aročnye šiny povyšajut prochodimost'. (Terra-Reifen erhöhen die Geländegängigkeit.) - Technika v sel'skom chozjajstve, Moskva 28 (1968) Nr. 3. S. 64-66. - 2 Abb., 1 Schema, 1 Zeichn.

Terra-Reifen haben ein 2...2,5mal so breites Profil wie normale Luftreifen und hohe, mit größeren Abständen angeordnete Stollen auf der Lauffläche. Sie sind schlauchlos und ihr Luftdruck beträgt nur 0,6...2,5 kp/cm^2. Man braucht sie nur einmal im Monat aufzupumpen und kann sie vielfach ausbessern. Der Fahrwiderstand beträgt bei ihnen nur 65...50 % des Fahrwiderstandes normaler Reifen und die Bodenhaftung ist 1,5mal höher. Auf feuchtem Lehm oder Schwarzerde fährt der LKW "ZIL-164" mit Terrareifen 18 km/h und auf 50...70 cm tiefem Schlamm 12 km/h. Der Schlupf eines mit Terrareifen ausgerüstetem Traktors "Belaruś " ist auf Sandboden 20...48 % geringer und die Fahrspur ist auf kultivierter Sandbodenbrache 2...3 cm tief gegenüber 7...9 cm bei gewöhnlichen Reifen. Ihre Laufzeit erreicht auf Straßen (2/3 unbefestigt und 1/3 befestigt) 35000...40000 km. Nach Aufzählung weiterer Vorteile und Eigenschaften der Terrareifen beschreibt Vf. ihre Montage und Demontage. Sie sind zunächst noch teuer, ihre Weiterentwicklung wird von der Industrie in Verbindung mit Forschungsinstituten betrieben.

W.Balkin. 3245.

1-68/07-0056 G o e r i n g, G.E. und B u c h e l e, W.F. Computer simulation of an unsprung vehicle. (Simulation eines ungefederten Fahrzeuges mit Hilfe des Computers.) - Trans. ASAE 10 (1967) Nr. 2. S. 272-280. - 13 Abb., 11 Diagr. - Aus: Dok.-Dienst ILT 1967.

Festlegung eines mathematischen Modells, das Schwingungen mit großer Amplitude oder rückwärtiges Überschlagen des Traktors voraussehen läßt. Aufstellung nichtlinearer Gleichungen zur Prüfung des Genauigkeitsgrades der Voraussage des Überschlagens bei a) unbelasteter Zugschiene, aber plötzlichem Einlegen der Kupplung, b) starker Belastung der Zugschiene, aber langsamem Einlegen der Kupplung; in beiden Fällen auf ebener Betonstraße. Programmierung durch DIAN-Technik, d.h. Programmierung eines Digitalrechners unter Verwendung der Programmierungstechnik eines Analogrechners. Bei schnellem Einlegen der Kupplung läßt das Modell ein Aufbäumen um 16,9° und ein Zurückfallen voraussehen; im Fall b) ist kein Überschlagen zu befürchten, jedoch heben sich die Vorderräder für einige Zeit. Schlußfolgerungen: Das DIAN-Rechensystem ergibt brauchbare Ergebnisse, arbeitet jedoch langsam. Bei schnellem Einlegen der Kupplung ändert sich die Fahrgeschwindigkeitsverzögerung (Zugkoeffizient) fast linear mit dem Drehmoment der Hinterachse, außer wenn vertikale Schwingungen der Hinterachse Schwingungen in der Fahrgeschwindigkeits-Verzögerungskurve verursachen. 3250.

1-68/07-0057 Z o l o t a r e v s k a j a, D.I. O trenii kačenija pri dviženii koles po uplotnjajuščemusja gruntu. (Rollreibung bei der Bewegung eines Rades auf verdichtbarem Boden.) - Doklady TSChA. Moskovskaja ordena Lenina sel'skochozjajstvennaja akademija imeni K.A.Timirjazeva 1968 Nr. 136. S. 153-160. - 1 Oszillogr., 2 Schemata, 4 Lit.

Vf. untersucht die Bewegung eines angetriebenen und eines treibenden starren breiten Rades auf verdichtbarem Boden, bringt eine diesen Boden beschreibende Gleichung sowie Gleichungen für die relative Bodenverformung, die Berührungsdruck-Spannungen, die nachbleibende Bodenverformung und die Horizontalkomponente des Bodenwiderstandes bzw. die Zugkraft. Zur Überprüfung der theoretischen Abhängigkeiten und zur Ermittlung von Beiwerten der den Boden beschreibenden Gleichung wurden Versuche durchgeführt, bei denen ein Kraftmeßwagen mit Reifen von 37 cm Durchmesser und 9 cm Breite mit Hilfe eines Traktors über gepflügten Boden mit Geschwindigkeiten von 4,8; 5,9; 7,7 und 12,45 km/h und Radbelastungen von 18,3; 268 und 353 kp gezogen wurde. Vf. bringt einen Abschnitt eines dabei aufgenommenen Oszillogramms, das eine Zugkraftkurve und eine Kurve der Berührungsspannung enthält, die mit einem in die Radfelge eingebauten Normaldruckmesser aufgenommen worden war und bespricht die Versuche und das Oszillogramm. W.Balkin. 3250.

1-68/07-0058 B u j a n k o v, L.I. Ob ugle povorota napravljajuščich koles traktora pri otključenii blokirovki differenciala. (Einschlagwinkel der Traktorvorderräder beim Ausschalten der Ausgleichsgetriebesperrung.) - Traktory i sel'chozmašiny, Moskva 1968 Nr. 3. S. 18-20. - 3 Diagr., 1 Schema, 4 Lit.

Wenn die Ausgleichsgetriebesperrung bei zu geringem Einschlagwinkel α ausgeschaltet wird, so erfolgt sie zu häufig. Da gewöhnlich mit um $\alpha = 3...5^{\circ}$ gegen die Furchenwand eingeschlagenen Vorderrädern gepflügt wird, darf die Sperrung nicht bei Winkeln ausgeschaltet werden, die unter diesen Werten liegen. Vf. entwickelt Gleichungen für den Traktorwirkungsgrad und die nützliche Zugleistung beim Arbeiten mit ein- und ausgeschalteter Sperrung, untersucht die dabei auftretenden Vorgänge und bringt Diagr. für die Abhängigkeit des Traktorwirkungsgrades, der Zugkraft, des spez. Kraftstoffverbrauchs und des Schlupfes von α beim Fahren des Traktors "T-40" in der Furche und auf Saatbett mit und ohne Ausgleichsgetriebesperrung. Ferner bringt er ein Diagr. für die Differenz der Traktorwirkungsgrade mit und ohne Sperrung in Abhängigkeit von α bei Spurweiten von 1200 und 1800 mm und Arbeiten in der Furche und auf Saatbett. Er diskutiert dieses Diagr. und stellt fest, daß die Sperrung bei $\alpha = 7^{\circ}$ ausgeschaltet werden muß. Versuche mit einem Traktor "T-40", der mit zwischen $- 7^{\circ}$ und $+ 7^{\circ}$ gesperrtem Getriebe arbeitete, ergaben, daß hierbei keine Störungen der Traktorfortbewegung eintreten. W.Balkin. 3250.

1-68/07-0059 V o d j a n i k, I.I. Raspredelenie kasatel'nych reakcij grunta po dline gusenic. (Verteilung der tangentialen Boden-Reaktionskräfte über die Gleiskettenlänge.) - Mechanizacija i ėlektrifikacija socialističeskogo sel'skogo chozjajstva, Moskva 26 (1968) Nr. 3. S. 35-36. - 6 Oszillogr., 2 Schemata, 3 Lit.

Vf. betrachtet die auf die Gleisketten und ihre Glieder wirkenden Bodenkräfte und ermittelt die theoretischen Verteilungsflächen der horizontalen Bodenkräfte, denen er ein längs der Kette aufgenommenes Oszillogramm der horizontalen Bodenkraft gegenüberstellt. Aus dem Vergleich ergibt sich, daß die theoretische Kräftefläche der Wirklichkeit entspricht, die reale Kräfteverteilung jedoch durch Vorgänge in dan Kettengliedern verzerrt wird, bei denen eine wesentliche Rolle die gegenseitige Verdrehung der Kettenglieder um die sie verbindenden Bolzen und die dabei auftretenden Momente spielen. Vf. geht diesen Vorgängen nach und zeigt in Oszillogrammen für verschiedene Zughakenbelastungen die Verteilung der tangentialen Bodenkräfte über die Kettengliedlänge. Versuche am Traktor "T-75" mit normalen Kettengliedern und Kettengliedern, die sich gegenseitig nur so verdrehen ließen, daß die Ketten um die Trieb- und Leiträder umlaufen konnten, ergaben, daß die letztgenannte Begrenzung der Kettengliederbeweglichkeit die Zugeigenschaften des Traktors verbessert. W.Balkin. 3250.

1-68/07-0060 K o m á n d i, Gy. A talaj mechanikai tulajdonságait jellemző tényezők számítása a vontatási jelleggörből, továbbá a kerületi erő meghatározása a talaj-jellemzők és a járószerkezet szerkezeti méretei alapján. (Errechnung der charakteristischen Faktoren der bodenmechanischen Eigenschaften aus der Zug-Kennlinie. Bestimmung der Umfangskraft auf Grund der Bodencharakteristik und der Konstruktionsabmessungen des Laufwerkes.) - Diss. Budapest 1966 (183 S.) - Aus: Ung. Agrar-Rdsch. 1968 Nr. 2. 3250.

1-68/07-0061 C s u k á s, L. Traktorra szerelt szakaszos üzemü rakodók. (Traktoranbau-Ladegeräte mit periodischem Betrieb.) - Járművek, mezőgazdasági Gépek [Fahrzeuge, landwirtsch. Maschinen] 14 (1967) Nr. 10. S. 383-390. - Aus: Ung. Agrar-Rdsch. 1968 Nr. 2.

Das Entwicklungsinst. für Landmaschinen und Mühlenbau in Budapest hat den Frontlader vom Typ "TUR" entwickelt. Techn. Daten: Masse 350 kg, max. Hubkraft 900 kp, Hubhöhe 3,5 m, Hub- und Senkgeschwindigkeit 0,4...0,6 m/s. Die Ladeleistung beträgt 15...30 dt/h. Der Frontlader "TUR" kann an den Traktor "MTZ" angebaut werden. 3255.

1-68/07-0062 F e k e t e, A. Traktorhidraulikák fejlesztése. (Entwicklung der Traktorhydraulik.) - Mezőgazdasági Techn. [Landtechnik] 7 (1967) Nr. 6. S. 6-7. - Aus: Ung. Agrar-Rdsch. 1968 Nr. 2. 3255.

E. FLUGZEUG MIT AUSRÜSTUNG UND ZUBEHÖR

1-68/07-0063 M a a n, W.J. Some observations of the agricultural aviation scene in Japan April 1967. (Einige Bemerkungen zum Agrarflug in Japan April 1967.) - Agric. Aviation, The Hague 10 (1968) Nr. 2. S. 46-48.

Koordinierendes Organ für den Agrarflug in Japan ist der "Japanische Agrarluftverband". Die Pilotenausbildung erfolgt je 110 Std. auf einem Hubschrauber oder Starrflügler. Die ersten 2 Jahre danach müssen die Piloten unter Aufsicht arbeiten. Auf Grund der topographischen Verhältnisse werden zu mehr als 99 % aller Arbeiten Hubschrauber eingesetzt (ca. 120 Kawasaki-Bell-Hubschrauber). Vorgeführt wurde eine Granulat-Streueinrichtung, die mit einer elektrisch getriebenen, rotierenden Verteilerscheibe arbeitet und mit der bei 30 kg/ha Aufwandmenge eine wirksame Arbeitsbreite von 23 m erzielt wurde. Eine Sprüheinrichtung befindet sich in Entwicklung.
A.Jeske. 3405.

1-68/07-0064 A n o n y m. Twin otter water bomber flight trials successfully completed. ("Twin Otter Water Bomber" Versuchsflüge erfolgreich abgeschlossen.) - Agric. Aviation, The Hague 10 (1968) Nr. 2. S. 53-54. - 1 Abb.

Dieser "Wasserbomber" kann 2275 l Wasser aufnehmen, die je zur Hälfte in den beiden Schwimmkufen in gesonderten Behältern untergebracht werden. Die Wasseraufnahme kann auch auf kleinen Gewässern erfolgen, da hierfür nur 120 m Schwimmstrecke erforderlich sind. Bei der Bekämpfung von Bränden ist das ein wesentlicher Vorteil. Bei der Verwendung des Flugzeuges zu den verschiedenen Zwecken braucht die Vorrichtung zum Wassertransport nicht entfernt zu werden. A.Jeske. 3405.

1-68/07-0065 A n o n y m. The pilatus turbo-porter. ("Pilatus Turbo-Porter".) - Agric. Aviation, The Hague 10 (1968) Nr. 2. S. 56.
Das Landwirtschaftsflugzeug "Turbo-Porter PC-6/B" wird in der Schweiz hergestellt. Techn. Daten: Flügelspannweite 15,2 m; Leermasse 1125 kg; Gesamtmasse für Agrarflug 2760 kg; Zuladung 1150 kg (Behälter); Startstrecke bis 15 m Höhe 400 m, Landestrecke 150 m; Motorleistung 550 PS. A.Jeske. 3405.

1-68/07-0066 A n o n y m. Airspray technique for dust control demonstrated by Agavenco. (Spritztechnik zur Staubbekämpfung, vorgeführt von "Agavenco".) - Agric. Aviation, The Hague 10 (1968) Nr. 2. S. 54-55. - 2 Abb.
Die zum Hubschrauber "Bell (UH-1B)" geschaffene Sprengvorrichtung dient dem Zweck, eine Fläche so zu präparieren, daß Hubschrauber darauf landen oder Bodenfahrzeuge fahren können, ohne eine Staubwolke hervorzurufen. Dabei werden sowohl Polyesterharz als auch ein Aushärter getrennt zu Mischdüsen gefördert, in denen die Mischung des schnell härtenden Materials erfolgt. Voraussetzung ist eine leistungsfähige Pumpe, um das hochviskose Material in großer Menge auszubringen. A.Jeske. 3405.

1-68/07-0067 O s i p o v, V. Zagruzka samoletov udobrenijami. (Beladung von Flugzeugen mit Düngemitteln.) - Zemledelie, Moskva 30 (1968) Nr. 3. S. 20-24. - 7 Abb., 2 Tab.
Für die Mechanisierung der Beladung von Flugzeugen des Typs "AN-2" mit Dünge- und Pflanzenschutzmitteln steht zur Zeit das Beladegerät "PSM-30" zur Verfügung. Neu entwickelt wurden die Geräte "PS-3", "ZUN-1,5" und "D-452". Alle Geräte arbeiten mit einem Schrägförderband. Bei Verwendung des "D-452" dauert das Beladen der "AN-2" 1...1,5 min bei Einmannbedienung. Auch der Selbstlader "4000 M" ist zum Beladen von Flugzeugen geeignet. Darüber hinaus wurden verschiedene Beladegeräte unter Nutzung von LKW geschaffen. I.Giesecke. 3405.

IV. T R A N S P O R T U N D F Ö R D E R U N G

A. ALLGEMEINES

1-68/07-0068 L e h e l, A. und S z a l a y, E. Az anyagmozgatás gépesitése a mezőgazdaságban. (Mechanisierung des Materialtransportes in der Landwirtschaft.) - Mezőgazdasági Gépészet és Épitészet, Budapest 2 (1967) Nr. 3. S. 7-14. - Aus: Ung. Agrar-Rdsch. 1968 Nr. 2.
In der ungar. Landwirtschaft besteht ein jährlicher Transportbedarf von nahezu 80 Mill. t. Wenn man in Betracht zieht, daß Produkte auch mehrfach transportiert werden, steigt dieser Bedarf auf 140...150 Mill. t. Z.Z. betragen die Transportarbeiten 40...50 % des gesamten maschinellen Arbeitsaufwandes. Der vorhandene Traktoren- und Anhänger-Bestand bewältigt 60...65 % des Transportaufwandes. Die Ladegeräte decken 10...15 %. Auf Grund von Beobachtungen nehmen die Transporte über lange Strecken zu. Daher scheint es zweckmäßig, die Anzahl der geländegängigen LKW mit 5...8 Mp Nutzlast

zu erhöhen. Die Lösung des Transportproblems wird erschwert, weil die Produktionstechnologie in Ungarn noch nicht einheitlich ist. Es muß ein Transportgrundgerät entwickelt werden, das mit auswechselbaren Adapterausrüstungen zur Spezialmaschine umgerüstet werden kann. Von den Spezialanhängern sind in der Entwicklung: Futterverteiler, Einachsanhänger für Obsttransport mit 6...8 t Nutzlast und Jauchesaugwagen. Die Anwendung von selbstfahrenden Lademaschinen mit einer Stundenleistung von 30...60 t ist gleichfalls begründet. 4005.

B. FAHRZEUGE

1-68/07-0069 A n o n y m. Ladewagen weiter aktuell. - Landmaschinen-Rdsch. 20 (1968) Nr. 3. S. 68-70. - 6 Abb., 4 Zeichn.
Der Ladewagen hat sich für die Bewältigung der in Westdeutschland vorherrschenden Halmfutterarten als bes. geeignet erwiesen. Ausgehend vom 1- oder 2achsigen Universalfahrzeug mit am Heck angesetztem Ladeorgan führte die Entwicklung zum Spezial-Ladewagen. Er wird als Hoch- und Tieflader gebaut. Als weitere Verbesserungen sind zu nennen: leichteres An- und Abbauen des Ladegatters, einfacheres Öffnen und Schließen der Rückwand, zusätzliche Vorrichtung zum Ein- und Ausschalten des Kratzbodens, Ausheben der Pick-up-Trommel sowie Ein- und Ausschalten zusammen mit dem Fördermechanismus unabhängig von der Kratzerkette vom Fahrersitz aus, Einbaumöglichkeit von Schneidmessern. Es sind Anzeichen vorhanden, daß sich auch Großbetriebe für den Ladewagen interessieren. G.Wünsche. 4111.

F. PUMPEN

1-68/07-0070 Z e h e t n e r und H a m m e r s c h m i d. Hochdruckmembranpumpe Typ "MEC 45" - Prüfbericht Wieselburg, N.Ö. - Bundesversuchs- u. Prüf.-Anst. landwirtsch. Maschinen Geräte, Wieselburg/N.Ö., Prüfber. Nr.078/67. Gr. 4 c. (1967) 4 S. - 1 Abb., 3 Tab. - nach Zus.
Die Hochdruckmembranpumpe Typ "MEC 45" der Fa. Annovi & Reverberi, Modena, Italien, ist fertigungs- und materialmäßig gut ausgeführt. Die Pumpe fördert bei einer Drehzahl von 540 U/min rd. 2700 l/h bis zu einem Überdruck von 30 at. Durch einen 200stündigen Dauerlauf wurde keine Leistungseinbuße verursacht. Der Zapfwellenleistungsbedarf ist gering, er liegt zwischen 1 und 4 PS. Bedienung und Wartung sind einfach durchführbar. Auf Grund der Versuchsergebnisse kann die genannte Pumpe mit dem Prüfzeichen der Anstalt versehen werden. 4505.

V. P F L A N Z L I C H E P R O D U K T I O N

A. ALLGEMEINES

1-68/07-0071 L ö h r, Ludwig. Mechanisierungseffekt und Einkommensinversion in Hang- und Bergbauernbetrieben der österreichischen Alpenländer. - Landtechn. Forsch. 17 (1967) Nr. 6. S. 181-190. - 8 Abb., 10 Tab.
Der Traktoreneinsatz endet bei der Ackerbearbeitung bei 25 % Hangneigung. Darüber hinaus führen bei horizontaler Fahrt Spurversetzungen zu Ertrags-

minderungen. Hack- und Häufelgeräte, Kartoffellegegeräte und -Vollernter sind bis 15 %, Mähdrescher bis 22 %, Beiwagen-Feldhäcksler bis 24 %, Mähbinder, Futterlader, Sammelwagen und Stallmiststreuer bis 25 % Hangneigung einsetzbar. Beim Einsatz in der Fallinie begrenzt die Traktorenleistung die Hangtauglichkeit. Mehr als 25 % geneigte Flächen dienen als Grünland. Traktoren mit Mähbalken, Anbauzetter, Heuraupe und Schiebesammler leisten bis 40 % Hangneigung einwandfreie Arbeit. Die Traktoren-Einsatzgrenze liegt bei 40 % Hangneigung. Stärker geneigte Flächen bleiben dem Bodenseilzug vorbehalten. G.Wünsche/Bornim. 5005.

1-68/07-0072 R o b i n s k i, H. Neue Landtechnik aus Holland. - Dtsch. Agrartechn. 18 (1968) Nr. 3. S. 123. - 7 Abb.

Der Pendelstreuer, dessen Streuorgan Streubreiten bis zu 10 m erzielt, streut direkt flach zur Erde. Eine schrägliegende Zahnleiste kombiniert mit 3 Öffnungen am Boden des Trichters garantiert präzise Mengeneinstellungen von 10...2500 kg/ha. Der Pendelstreuer kann auch zur Düngung von Reihenkulturen sowie zum Säen von Getreide- und Futtersamen eingesetzt werden. Der Spatenpflug "Rotaspa A-87", Arbeitsbreite 2,10 m, Arbeitstiefe bis 35 cm, erforderliche Zugkraft ab 35 PS, mittlere Arbeitsgeschwindigkeit 1,5 m, hat eine Masse von 750 kg. Ein gespateter Acker ist gut gelockert und in optimaler Struktur. Die Schwingegge mit Zapfwellenantrieb, Arbeitsbreite 3 m, Arbeitstiefe bis 20 cm, Arbeitsgeschwindigkeit 3...7 km/h, Leistungsbedarf 35 PS, Stundenleistung 1...2 ha, ist ein ideales Gerät zur Saat- und Pflanzbettvorbereitung in einem Arbeitsgang. Die selbstfahrende Rübenvollerntemaschine köpft und rodet 2 Reihen in einem Arbeitsgang. Die Maschine von einem 73-PS-Dieselmotor angetrieben, von 1 AK bedient, hat eine Leistung von 0,5 ha/h. Die Rüben werden in einem Bunker mit 3 t Fassungsvermögen gesammelt. G.Wünsche. 5005.

1-68/07-0073 N i e l e b o c k, W. Zur Rationalisierung der Trockengrünproduktion. - Dtsch. Agrartechn. 18 (1968) Nr. 5. S. 219-221. - 4 Tab., 7 Lit. - nach Zus.

Die Errichtung von Zwillingstrocknern ist als eine wichtige Rationalisierungsmaßnahme anzusehen. Vor allem bei Bewässerungsmöglichkeit lassen sich so der Arbeitskräfte- und Investitionsbedarf sowie die Transportkosten erheblich senken. Die Anwendung des Vorwelkverfahrens ist mit einer wesentlichen Verringerung des Arbeitszeitbedarfs und bes. der Selbstkosten verbunden. Es schafft die Voraussetzungen, um mit der gleichen Trockenkapazität die Produktion zu steigern oder bei gleichem Produktionsumfang Investitionen einzusparen. 5005a.

1-68/07-0074 W i l l i a m s, C. Tilth, yields and harvesting. (Bodenbearbeitung, Erträge und Ernten.) - Power Farming 40 (1968) Nr. 2. S. 10-11. 13. - 9 Abb.

Die sogenannte "Holländische Methode" im Kartoffelanbau wird in England kaum noch direkt angewandt, gab aber viele Anregungen. Als Beispiel wird Anbau auf einer Farm in Bedfordshire mit Geschiebelehm (1) und Cambrigdeshire mit Moorboden (Black Fen 2) angeführt. In (1) werden nach amer. Erfahrungen Kartoffeln nach einjähriger Brache im Juli 30 cm tief gepflügt, 3 x geeggt, Dünger je zur Hälfte vor und beim Pflanzen (90 cm Reihe),

Pflege mit Federzahngrubber ohne Herbizide, Ernte im Schwadroden. In (2) wird auf ebener Winterfurche mit breitwürfig gestreutem Dünger 12...17 cm tiefes Pflanzbett mit Rüttelegge u.a. erzeugt. Pflanztiefe 5 cm bei 75 cm Weite, Pflegegänge mit Werkzeugen mit Lockerungszinken oder Fräshäufler; Ernte mit Verladeroder und stationärem Erdabscheider. Zu feine Bodenzerteilung begünstigt bei beiden Systemen Klutenbildung durch Verschlämmen.

K.Baganz/Bornim. 5005c.

1-68/07-0075 H a h n, K. Kluten und Knollenbeschädigungen - immer noch ein Problem bei der Kartoffel-Sammelernte. - Kartoffelbau 19 (1968) Nr. 4. S. 110.

In mehrjährigen Versuchen stellte die Bayrische Landesanstalt fest: Bei der Saatbettvorbereitung zerkleinerten der Feingrubber und der Kombikrümler den Boden am besten. Bei 2...3 cm Legetiefe traten z.Z. der Ernte weniger Kluten und weniger Beschädigungen auf als bei tieferem Legen. Die Zahl der ergrünten Knollen stieg allerdings an. Zusätzliche Kalk- und Superphosphatdüngung wirkte sich klutenvermindernd aus. Beim Einsatz von 11"-Reifen soll die Reihenweite 75 cm betragen bei 30 cm Legeabstand in der Reihe. Zum Häufeln wurden flach und schnell arbeitende Geräte verwendet.

L.Kunath/Bornim. 5005c.

1-68/07-0076 A n o n y m. Rund um die Hackfrüchte. - Landtechnik 23 (1968) Nr. 9. S. 275-276. 278-280. - 5 Abb., 4 Lit.

Zum Kartoffellegen werden in der DBR überwiegend Geräte mit Handeinlage verwendet. Vollautomatische Maschinen haben Becherketten und benötigen 2reihig 25 PS für Zug- und Hubleistung. Trotz chem. Unkrautbekämpfung werden für die Pflege Striegel und Schnellhäufler gebraucht. Das Sammelroden wird auf noch nicht 50 % der Anbaufläche durchgeführt, häufig werden Siebkettenroder verwendet. Ca. 12 Sammelrodertypen werden in der DBR gebaut. Bis auf die Steintrenneinrichtungen sind alle Baugruppen gut durchkonstruiert. Für Sortierung, Lagerung in Gemeinschaftslagerhäusern und Aufbereitung sind zahlreiche Maschinen vorhanden. - Zuckerrüben werden wegen der größeren "Wettersicherheit" dieses Verfahrens mit Bunkerköpfrodern geerntet. Vorteil: einmaliges Befahren des Ackers. Der Längsschwadköpfroder dominiert. Einkeimige, kalibrierte Saat wird mit Einzelkornsägeräten ausgebracht. Das Handvereinzeln wird immer mehr zurückgedrängt. Die Unkrautbekämpfung wird chem und zwischen den Reihen mit Hackgeräten durchgeführt. Fronthackgeräte setzten sich nicht durch. L.Kunath/Bornim. 5005c.

1-68/07-0077 F e u e r l e i n, Walter. Die Rübenbestellung kann Kosten sparen. - Landtechnik 23 (1968) Nr. 5. S. 127-131. - 8 Abb., 1 Tab., 1 Zeichn.

Die Rübe beansprucht eine gleichmäßige Bodenstruktur mit einem Hohlraumgehalt von 45...48 %. Bei den Bestellarbeiten sind Traktorspuren, die Mindererträge von 3,8...23,2 % zur Folge haben, zu vermeiden. Das läßt sich durch "Ackerbahnen" (Bestellung, Aussaat, Düngerstreuen und Spritzen in der gleichen Radspur) oder durch Gerätekombinationen "Trockeneggen" erreichen. Kein Arbeitswerkzeug soll tiefer greifen als die Saatlage: 3 cm im eingeebneten, 6 cm im gefurchten und 10...12 cm im frisch gepflügten Zustand des Bodens. Eine spurenunschädliche Flachbestellung ermöglicht den vereinzelungsfreien Rübenanbau mit 15 cm Endablage, der gegenüber einer Endablage von 6 cm und Handvereinzeln nicht mit Mindererträgen verbunden war und zu einer Einsparung von 316 DM/ha führte. G.Wünsche/Bornim. 5005d.

1-68/07-0078 S m i r n o w, I.I. Universalmaschinen für Aussaat, Pflanzenpflege und Bodenoberflächenbearbeitung. - Dtsch. Agrartechn. 18 (1968) Nr. 3. S. 103-106. - 1 Tab., 3 Zeichn.

Universale Landmaschinen gewinnen immer größere Bedeutung. Am wirksamsten scheint der Bau von einfach umzurüstenden Landmaschinen zu sein, die verschiedene, zeitlich nicht zusammenfallende Arbeiten wie Bodenbearbeitung, Aussaat, Unkrautbekämpfung und Kopfdüngung ausführen können. Am Beispiel des Universalgrubbers "KAUS-4,2" weist Vf. eine Senkung des Bilanzwertes um 38 % und eine Senkung des spez. Materialverbrauchs um 35 % nach. Die jährlichen Einsparungen bei Anwendung des Universalgrubbers betragen etwa 0,97 Rbl./ha. Neben der genannten Richtung wäre noch die Entwicklung von Maschinen möglich, die in einem technologischen Vorgang mehrere Arbeitsgänge vereinigen, und der Bau von Maschinen, die sich mit Traktoren verschiedener Klassen koppeln lassen. G.Wünsche. 5010.

B. FELDARBEITEN AUSSCHLIESSLICH ERNTE

1-68/07-0079 C e r n y, J. de. Matériels et chantiers de Génie Rural. (Neue Arbeitsgeräte im Einsatz.) - Génie rural 61 (1968) Nr. 2. S. 117-122. - 5 Abb.

Es werden folgende Geräte unter Angabe der techn. Daten vorgestellt und in ihrer Arbeitsweise beschrieben: 1) Der Front-Hecklader "Backhoe-Loader Case 550 ck" besitzt einen 4-Zylinder-Dieselmotor von 57 PS bei einer Drehzahl von 2100 U/min. Die Bedienung der Ladegeräte (Schaufeln verschiedener Art) erfolgt hydraulisch. Das Gerät ist zum Beladen von Hängern und zum Ausheben von Gräben geeignet. 2) Kettentraktor "International TD-25 B" mit Schiebeschild. 6-Zylinder-4-Takt-Dieselmotor, Motordrehzahl 1600 U/min, 230 PS, 4 Vorwärts- und 4 Rückwärtsgänge, max. Zugkraft 50 Mp. 3) Das hydraulisch arbeitende Grabenbaugerät "Poclain GC-S" ist auf einem Kettenfahrgestell aufgebaut. Es besitzt einen 54 PS starken Dieselmotor, wodurch Arbeitsgeschwindigkeiten von 2 km/h vor- und rückwärts möglich sind. Zum Betrieb der auswechselbaren Schaufeln stehen 2 Hydraulikkolbenpumpen mit je 3 Kolben zur Verfügung, die mit einer Geschwindigkeit von 2000 U/min und 1450 U/min arbeiten. W.Bohrisch/Bornim. 5110b.

1-68/07-0080 B o g a t o v, E.A. und G o r j a č e v a, G.A. Optimal'naja skorost' drenažnoj mašiny s vintovoj frezoj. (Optimale Geschwindigkeit einer Dränmaschine mit Schneckenfräse.) - Mechanizacija i ėlektrifikacija socialističeskogo sel'skogo chozjajstva, Moskva 26 (1968) Nr. 3. S. 43-44. - 1 Abb., 1 Diagr., 3 Lit.

Vff. bringen die Gleichungen für den Querschnitt und das Volumen eines von einer Schneckenwindung bei einer Umdrehung abgeschnittenen Bissens, das von der ganzen Schnecke bei einer Umdrehung abgeschnittene Bodenvolumen sowie einen Ausdruck für den optimalen Betriebszustand der Fräse und leiten daraus eine Gleichung für die optimale Geschwindigkeit der Vorwärtsbewegung der Maschine ab. In einem Diagr. geben sie für die Maschine "MĖD-1" die Abhängigkeit der Grabentiefe und der erforderlichen mech. Fräsleistung von der Fahrgeschwindigkeit an. Ferner untersuchen Vff. die Arbeitsbedingungen der Maschine, betrachten die Folgen des Verstopfens der Schneckenwindungen mit Torf bei zu großer Geschwindigkeit (Auseinanderpressen des Bodens statt Fräsen mit Ausheben) und nennen die optimalen Betriebsdaten der mit dem Traktor "S-100B" gekoppelten Grabenfräsmaschine "MĖD-1".

W.Balkin. 5110b.

1-68/07-0081 F ü l ö p, G. Gyepes területek meliorációs munkainak gépesitése. (Mechanisierung der Meliorationsarbeiten auf Grünlandflächen.) - Mezőgazdasági Gépészet és Építészet, Budapest 2 (1967) Nr. 3. S. 26-32. - Aus: Ung. Agrar-Rdsch. 1968 Nr. 2.

Zum Ziehen offener Sauggräben ist der jugoslawische Grabenpflug "Proletar" sehr geeignet (40...50 cm Tiefe, 35 cm Sohlenbreite, Böschungsverhältnis von 1:1). Der Grabenziehpflug läßt sich an den "D4K-B" oder den "DT-54" anbauen. Der selbstständige Tieflockerer ist nur zum Ausziehen der Lüftungsdränröhre geeignet. Wasserabführungsgräben können mit diesem Gerät nicht hergestellt werden. Das Institut Mezőgép és Malomfejlesztési Intézet hat mit der Typenbezeichnung "FVD" ein neuartiges Maulwurfdrängerät entwickelt, bei welchem ein flügelartig ausgebildetes Leitgerät für die Führung sorgt. Auf das Gerät "FVD" kann ein Adapter zum Tieflockern bzw. Dränen angebaut werden.

5110c.

1-68/07-0082 B e j l i n, D.Ch. Gidravličeskie ustrojstva dlja podderžanija trebuemoj glubiny drenažnoj transei. (Hydraulische Drängefällesteuerung.) - Gidrotechnika i melioracija, Moskva 20 (1968) Nr. 1. S. 93-98. - 7 Abb., 2 Lit.

Das bisher für die Drängrabenbagger "ETN-142" und "ETN-171" verwendete elektro-hydraulische Gefällesteuerungssystem war bes. im elektrischen Teil sehr störanfällig, so daß in der Lett. SSR schließlich alle "ETN-171" mit der Hand gesteuert wurden. 1962...1966 wurden vom Lett. Forschungsinst. für Hydrotechn. und Melioration Versuche mit einem vollhydraulischen, nach dem Leitdrahtprinzip arbeitenden Gefällesteuerungssystem durchgeführt. Das hydraul. System ist einfach und zuverlässig. Von 1963...1967 wurden mit einem "ETN-142" mit diesem Sxstem in der Praxis 428 km Dräne gezogen. Seit 1964 wird eine einfachere Variante erprobt, mit der der auf der Grabensohle laufende Stütz- und Glättungsschuh hydraulisch verstellt wird. Die Leistung der "ETN-142" und "ETN-171" wird um 40...70 % gesteigert bei einer Steuergenauigkeit von ± 2 cm. Wenn auf 5 m Grabenstrang 15...20 Steine bis zu 20 cm Dmr. auftreten, hat das keinen Einfluß auf die Leistung. Die Steuerung des "ETN-171" kann in 3 Varianten erfolgen: Abstützung auf den Hydraulikzylinder (HZ) des Stützschuhs, während beide Seiten-HZ in Schwimmstellung sind, Abstützung auf alle 3 HZ und Abstützung nur auf die beiden Seiten-HZ. Z.Z. werden weitere Praxiserprobungen mit 3 Baggern auch auf steinigen Böden durchgeführt.

R.Teipel. 5110c.

1-68/07-0083 N o r t h, J.J. Irrigation water planning and control. (Projektierung und Regelung von Beregnungsanlagen.) - Power Farming 40 (1968) Nr. 2. S. 39-43. - 1 Abb., 7 Tab., 3 Zeichn.

Vf. stellt einen Kostenvergleich auf, bei dem die verschiedenen Boden- und Bewässerungssysteme mit und ohne Wasserspeicheranlagen variiert werden. Ausführlich behandelt werden die Platzwahl, Anlage und eventuell erforderliche Auskleidung der Wasserspeicheranlagen, die zur Abdeckung des Spitzenbedarfes in Trockenperioden dienen. Bes. zu erwähnen ist die Aufstellung einer programmierten Darstellung, aus deren Fragen und Antworten sich die logischen Folgerungen hinsichtlich der Bewässerung ableiten lassen.

W.Bohrisch/Bornim. 5110e.

1-68/07-0084 V o e g e l i n, D. Die Zukunft der Wasserwirtschaft hat in Israel schon begonnen. - Mitt. dtsch. Landwirtsch.-Ges. 83 (1968) Nr. 13. S. 440-443. - 4 Abb.

150000 ha (1/3 der LN) werden bewässert. 90 % des verfügbaren Wasservorkommens sind in Gebrauch. Für 1 ha Bewässerungsfläche benötigt man 30...50 ha Einzugsgebiet. Es wurden Gerstenerträge bis zu 100 dt/ha erzielt. 1975 wird ein Wasserbedarf von 1,6 Mrd. m^3 erwartet. Die Transpiration der Pflanzen soll durch Bespritzen mit viskosen Silikonölen um 50 % gesenkt werden. Durch die Entwicklung der Bewässerungstechnik und Übergang zur Beregnung konnte der Wasserbedarf je ha seit 1958 um 22 % gesenkt werden. An den Anfang der Regnerleitungen werden Automaten eingebaut, die mit einem Uhrwerk ausgestattet sind und nach Ablauf einer bestimmten Zeit die Regner abstellen. Bei der Tröpfelbewässerung wird das Wasser aus Plastschläuchen direkt an die einzelnen Pflanzen gebracht. D.Voigt/Bornim. 5110e.

1-68/07-0085 R a b i n o v i č, N.I. Mašiny, pokazannye na meždunarodnom simpoziume "Mechanizacija i avtomatizacija poliva s.-ch. kul'tur". (Maschinen auf dem Internationalen Symposium "Mechanisierung und Automatisierung der Bewässerung von landwirtschaftlichen Kulturen".) - Traktory i sel'chozmašiny, Moskva 1968 Nr. 3. S. 31-32. - 4 Abb.

Vf. bespricht folgende Maschinen und Anlagen, die im Juli 1967 in Tiraspol (Moldaurepublik) gezeigt worden sind: Bewässerungssatz "KPU" (UdSSR), bestehend aus einem Traktor "Belarus'", einer Anbauvorrichtung zum Auslegen und Aufnehmen von 1000 m Schlauch, einer Vorrichtung zum Ziehen einer Furche für die Aufnahme des Schlauches und einer Pumpe für 200 l/s; eine ähnliche Bewässerungsvorrichtung "PŠN-165" (UdSSR) mit 1200 m Schlauch für das gleichzeitige Bewässern von 10 ha; fahrbare Diesel-Wasserpumpe (Ungarische Volksrepublik), 85 PS, 400...600 l/s bei 8...10 m Druckhöhe; fahrbare Diesel-Wasserpumpen "SNP-500/10", "SNP-50/80", "SNP-250/18" und "SNP-50/40" (UdSSR) mit Förderleistungen von 50...600 l/s und Antriebsleistungen von 60...110 PS; Wasserpumpe "Marica-45" (Bulgarien) auf Einachs-Anhänger, 44 PS und 44 l/s; Weitstrahlregner "DDN-70" (UdSSR) und "Marica-31" (Bulgarien); Mittelstrahlregner "UDS-25" (UdSSR) mit Positionsabständen von 30 m; fahrbare Rohranlage "KDT-25M" mit Mittelstrahlregner "SDA-2M" (UdSSR); Regner "DDA-100M" mit Beregnungsrohr-Tragfachwerk, 100...130 l/s, Fahrgeschwindigkeit 800...900 m/h; programmgesteuerte Beregnungsanlage für 50 ha des Instituts "Giprovodchoz" (UdSSR). W.Balkin. 5110e.

1-68/07-0086 B e r e n š t e j n, I.B. und F r i z e n, I.I. Polustacionarja doždeval'naja ustanovka PDU-50. (Halbstationäre Beregnungsanlage "PDU-50".) - Gidrotechnika i melioracija, Moskva 20 (1968) Nr. 2. S. 41-44. - 3 Abb.

Stationäre Beregnungsanlagen (nur für hochintensive Obstkulturen von 15 bis 20 ha) benötigen mit Mittelstrahlregnern 600 lfm Rohre je ha, bei Unterkronenberegnung mit Kurzstrahlregnern 1200...1400 lfm/ha. Für größere Anlagen sind halbstationäre Ausführungen besser. Vom Allunionsforsch.-Inst.

für Landwirtsch. (VISChOM) wurde die halbstationäre Beregnungsanlage "PDU-50" für Obstkulturen entwickelt. Sie besteht aus der Pumpstation, 2...3 Hauptleitungen und 4...6 Regnerflügeln mit 12...18 Regnern. Die Hauptleitungen werden in 5...600 m Abstand quer zu den Reihen frostfrei verlegt. Die Hydranten werden in 65...75 m Abstand angeordnet. Die Regnerflügel bestehen aus 3 bzw. 4 72 m langen PE-Schläuchen 110 mal 10 mm (Masse mit Muffe 25...26 kg, zugfeste Spezialverbindungen). Jeder Flügel trägt 2...3 2düsige Regner (Düsendmr. 28 mm, Strahlerhebungswinkel 35°, Wurfweite bei 6,5 at 52 m, Wasserverbrauch 25...30 l/s, Regendichte 0,23 mm/min, Kreisbewegung reaktiv, Drehgeschwindigkeit wird durch 2 ölhydraulische Bremszylinder geregelt, 0,75 ha/Regner ohne, 0,5 ha/Regner mit Überschneidung auf Teleskopstativ 3,5...5 m hoch). Der Abstand der Regnerflügel beträgt 60...70 m. Sie werden mit Traktor jeweils in die nächste Stellung gezogen (1200...1800 kp Zugkraft). Auf jedem Flügel ist von 3 aufgesetzten Regnern einer im Betrieb. Bei einer Norm von 600 m^3/ha dauert eine Aufstellung 18 h, die Leistung beträgt mit 1 AK 7...8 ha/Tag. Der Traktor wird in 18 h 2...3mal zum Umsetzen gebraucht. Wenn auf jedem Flügel 2 Regner arbeiten sollen, wird er in der Mitte an die Hauptleitung angeschlossen, so daß auf jeder Seite ein Regner arbeitet. Die Flügelleitung kann dann bis auf 350 m verlängert werden. Alle 6 h zieht der Traktor den Flügel um 72 m vor. Mit diesem System verringert sich der Regnerbedarf auf 1/3, die Leistung beträgt aber nur 6...7 ha/Tag, kann aber bei höherer Pumpenleistung ansteigen. Die Anlage kann bei einem optimalen Seitenverhältnis von 1:3 bis zu 75 ha jährlich beregnen, der Rohrbedarf beträgt 55...60 m/ha.

R.Teipel. 5110e.

1-68/07-0087 U s e j n a š v i l i, D. und V a š a k i d z e, O. Doždeval'nyj agregat DDA-58. (Das Beregnungsaggregat Typ "DDA-58".) - Technika v sel'skom chozjajstve, Moskva 27 (1967) Nr. 12. S. 72-73. - 2 Abb.

Das Grusinische Forschungsinst. für Mechanisierung und Elektrifizierung der Landwirtschaft konstruierte das Weitstrahlberegnungsaggregat Typ "DDA-58", das auf einem Kettentraktor mit erhöhter Bodenfreiheit montiert wird, so daß Teeplantagen befahren werden können. Der Wasserverbrauch des Weitstrahlers beträgt 32 l/s, der Druck 65 l/s, der Tropfen-Dmr. 0,9 mm. Bei einer Bewässerungsnorm von 300 m^3/ha liegt die Leistung bei 0,3 ha/h, die erforderliche Motorleistung bei 50 PS.

E.Kahn. 5110e.

1-68/07-0088 S i n j a k o v, V.K. und A g a m i r j a n, Ė.G. Stekloplastikovaja armatura v predvaritel'no naprjažennych lotkach. (Armierung mit vorgespannten Glasfaserplastdrähten für Betonhalbschalen.) - Gidrotechnika i melioracija, Moskva 20 (1968) Nr. 3. S. 44-48. - 4 Abb., 2 Tab.

Die dünnwandigen Halbschalen (HS) aus vorgespanntem Eisenbeton finden wegen ihrer größeren Länge (weniger Stützen und Fugenverbindungen) in der Bewässerungspraxis immer weitere Verbreitung. Um die teuren Stahldrähte zu ersetzen, wurden von VNIIGiM Versuche mit Glasfaserplastdrähten (SPA) von 4 und 6 mm Dmr. als Armierung durchgeführt. Die Drähte bestehen aus mit Epoxyd- oder Phenolformaldehydharz verklebten Glasfasern (parallelfasriges, basenfreies Alumoborsilikat-Glas). Sie können mit 800 oder 1500 kp Zugspannung belastet werden. Im Eisenbetonwerk Bekabad wurden versuchsweise 20 parabolische, mit vorgespannten SPA-Drähten bewehrte HS des Typs "LNR-60" (Länge 8 m, Höhe 60 cm) angefertigt. Im unteren Teil der Schale verlaufen dicht beieinander fünf 6-mm-Drähte, jeweils fünf 4-mm-Drähte sind über jede Seitenwand verteilt. Die HS wurden einer 8...40stündigen thermischen Nachbehandlung bei 50...60 °C unterzogen. Sie konnten mit der gleichen Technologie wie die mit Stahldraht bewehrten HS hergestellt werden. Die SPA-Schalen waren genau so widerstandsfähig wie die mit Stahldraht bewehrten HS, sind aber leichter und billiger. R.Teipel. 5110e.

1-68/07-0089 B o b o c h i d z e, Š.S. Temperaturnye deformacii lotkov-kanalov v gornych uslovijach. (Durch Temperaturschwankungen bedingte Deformationen von Halbschalenzuleitern in gebirgigen Gebieten.) - Gidrotechnika i melioracija, Moskva 20 (1968) Nr. 2. S. 78-81. - 4 Abb.
Untersuchungen in Grusinien zeigten, daß durch tägliche Temperaturschwankungen und beim Einlassen von Wasser in Halbschalen an diesen Längenänderungen auftreten, die z.B. bei einem Gefälle der Leitung von 0,005...0,06 eine Verschiebung der Halbschalen in Gefällerichtung um 2...10 cm bewirkten, so daß sie mitunter von den Stützen herunterfielen. Für die Längenausdehnung der Halbschalen wird eine Formel gegeben. Die Halbschalen verschieben sich bei starkem Gefälle auch ohne Temperatureinwirkung. Der Prozeß der Ausdehnung bei Temperaturerhöhung wird analysiert. Abhilfe ist durch die Verwendung von Halbschalen mit steckmuffenartigen Verbindungen bzw. mit Stützprismen (35 cm lang, 18 cm breit, an der Unterseite des Schalenendes angebracht) möglich. R.Teipel. 5110e.

1-68/07-0090 K n j a g i n č e v, N.I. Metodika opredelenija normy resursov mestnogo stoka. (Methodik für das Bestimmen des Wasserabflusses aus Einzugsgebieten.) - Doklady Vsesojuznoj ordena Lenina akademii sel'skochozjajstvennych nauk imeni V.I. Lenina, Moskva 1968 Nr. 2. S. 40-42.
Der Wasserabfluß aus einem Einzugsgebiet kann insbesondere in trockenen Gebieten nicht aus der Differenz der Niederschlagsmenge und der Verdunstungsmenge errechnet werden, weil die Verdunstungsmengen sehr groß sind und die Differenz sehr klein ist, so daß Berechnungsfehler von mehreren 100 % entstehen können. Vf. bringt für die Abflußspende eine allgemeine Gleichung, aus der sich durch Vereinfachungen Ausdrücke für die Wasserspende von Einzugsgebieten ohne Sümpfe und Seen sowie ohne Abfluß ergeben. Aus diesen Ausdrücken findet er eine Gleichung zum Berechnen des oberflächlichen Restabflusses bei Wasserbaumaßnahmen. Als Beispiel berechnet er die Wasserspende eines abflußlosen Seenbeckens für Bewässerungszwecke.
W.Balkin. 5110e.

1-68/07-0091 D r a c h l i s, S.L. und S t r o c h a l ', V.A. Opyt burenija skvažin na vodu ustanovskoj BUG-100. (Erfahrungen mit der Brunnenbohranlage "BUG-100".) - Gidrotechnika i melioracija, Moskva 20 (1968) Nr. 3. S. 88-94. - 7 Abb.
Das Seilschlagbohrgerät "BUG-100" hat sich für Brunnenbohrungen bis 120 m Tiefe gut bewährt. Der Anfangs-Dmr. beträgt 426 mm, die Zugkraft der Seilwinde 5000 kp, die mittl. Aufrollgeschwindigkeit 1...1,3 m/s, die Schlagzahl 45...80/min, der Drehwinkel des Bohrkopfes 20°, die Motorleistung des Dieselmotors 40 PS, die Länge (in Arbeitsstellung) 3455 mm, die Breite 2140 mm, die Höhe 2200 mm und die Masse 3000 kg. R.Teipel. 5110e.

1-68/07-0092 G u l ' j a n o, G.M. Sposoby spuska poliėtilenovych trub v skvažiny na vodu. (Methode des Einbringens von Polyäthylenrohren in Brunnen.) - Gidrotechnika i melioracija, Moskva 20 (1968) Nr. 3. S. 94-97. - 4 Tab.

PE-Rohre bieten als Brunnenrohre gegenüber Stahlrohren bedeutende Vorteile (leicht, korrosionsfest, leicht schneid-, bohr- und schweißbar). Beim Einbringen der PE-Rohre bis in 150...250 m Tiefe müssen sie wegen ihrer geringen Wichte zusätzlich belastet werden (z.B. mit Aufsatzrohren und Muffen aus Stahl usw.). Die notwendige Zusatzbelastung für je 100 m Rohre der Dmr. 110, 140 und 160 mm bei versch. Wichte der Spülflüssigkeit wird angegeben. Bei Verbindung nichtmetallischer Rohre mit Zementsteinen wird zwecks besserer Haftung Kalk und Gips zugegeben. Gegen Außendruck werden die PE-Rohre mittels eines Bohrinstrumentes mit leichter Zementlösung ummantelt.

R.Teipel. 5110e.

1-68/07-0093 S c h m i d t, J. und K o r n a y, J. A mezőgazdasági ut és épitésének főbb kérdései. (Landwirtschaftswege und Hauptfragen des Wegebaues.) - Mezőgazdasági Gépészet és Épitészet, Budapest 2 (1967) Nr. 3. S. 59-65. - Aus: Ung. Agrar-Rdsch. 1968 Nr. 2.

In der ung. Landwirtschaft müssen 17000...18000 km gepflasterte Wege und 50000 km Feldwege ausgebaut werden. Die landwirtsch. Betriebe sind in der Lage, die verbesserten Feldwege mit ihrem Maschinenpark teilweise selbst zu bauen. Für den Straßenbau werden folg. Maschinen und Geräte empfohlen: Traktoren vom Typ "DT-54", "D4K-B", "Sz-100". - Arbeitsgeräte: Untergrundlockerer, Tiefpflug "FA-3", Grabenziehpflug "KM-1400", Planierpflug, Gummiwalze, Bodenhobel, Bulldozer und Wassertransporttank. Baukosten der einfachen Feldwege betragen 20000...30000 Forint/km. Bei den verbesserten Feldwegen wird die Oberfläche dicht ausgebildet. Auf Sandböden werden Materialien mit größerer Kohäsion in die Wegbahn eingemischt. Auf gebundenen Böden kann die Fahrbahn mit einer Kiesschicht von 7...15 cm verbessert werden.

5110g.

1-68/07-0094 O t t, R. Studientagung der CIGR über landwirtschaftlichen Wegebau in Madrid vom 22.-25. Mai 1967. - Wasser u. Boden 20 (1968) Nr. 4. S. 87-89. - 1 Abb. 5110g.

1-68/07-0095 R i e s t e r, E. Untersuchungen über die Rißbildung in bituminösen Decken im ländlichen Wegebau. - Wasser u. Boden 20 (1968) Nr. 4. S. 98-102. - 9 Abb. 5110g.

1-68/07-0096 P e s t h y, I. Gépészet szerepe a vizügyi szolgálatban. (Rolle des Maschinenwesens in der Wasserwirtschaft.) - Vízgazdálkodás, Budapest 2 (1967) S. 56-58. - Aus: Ung. Agrar-Rdsch. 1968 Nr. 2. 5110i.

1-68/07-0097 B i l l o t, Jean-Francois. Généralités sur le travail du sol. Jalons pour la détermination d'une méthode d'étude de l'action des outils. (Allgemeines über die Bodenbearbeitung. Methode zur Untersuchung der Wirksamkeit von Arbeitsgeräten.) - Génie rural 60 (1967) Nr. 12. S. 779-783. - 4 Abb., 3 Diagr., 1 Zeichn., 4 Lit.

Der Wirkungsgrad eines Arbeitsgerätes wird nach dem Zustand des Bodens vor und nach der Bearbeitung beurteilt. Der Vergleich stützt sich auf Beobachtungen und auf qualitative und quantitative Analysen. Vor der Bearbeitung werden ermittelt: Feuchtigkeitsgehalt in verschiedenen Tiefen, Bodenzusammensetzung bez. Teilchengröße, Kohäsion und Adhäsion, Oberflächenfestigkeit. - Während der Bodenbearbeitung werden festgestellt: Leistungsbedarf, Arbeitstiefe, Arbeitsgeschwindigkeit. - Nach der Bearbeitung werden ermittelt: Erhöhung des Bodenniveaus, Festigkeit der Bodenoberfläche, Vermengung des Erdreiches als Funktion der Arbeitstiefe, (Stabilität der Struktur. Der Wirkungsgrad eines Arbeitsgerätes wird wesentlich von der Art und Struktur des zu bearbeitenden Bodens sowie dem Feuchtigkeitsgehalt bestimmt. Spezielle Bearbeitungsgeräte entwickeln lediglich auf bestimmten Böden ihren optimalen Wirkungsgrad. W.Bohrisch/Bornim. 5115a.

1-68/07-0098 A n o n y m. Intelligent tillage protects your soil. (Eine kluge Bodenbearbeitung schützt den Boden.) - Power Farming & better Farming Digest, Sydney 77 (1968) Nr. 2. S. 6-8. - 1 Abb., 2 Diagr., 2 Zeichn.
Bei Verwendung von Scheibenpflügen ist der Kraftbedarf grundsätzlich etwa 10 % größer als beim Streichblechpflug. Der Grund liegt in der größeren Beschleunigung, die den einzelnen Bodenteilchen erteilt wird. Allg. wird mit rotierenden Bodenbearbeitungsgeräten eine größere Zerkrümelung und dadurch eine bessere Saatbettvorbereitung erreicht. Bodenschädigungen können auftreten: durch Verdichtung infolge der senkrecht auf das Erdreich ausgeübten Last und durch Schädigung infolge Abscherens von Bodenteilchen durch den Radschlupf. Bei der Minimum-Bodenbearbeitung sinken Arbeitskraftbedarf und eventuell der Düngemittelverbrauch, jedoch ist in den meisten Fällen eine verstärkte Unkrautbekämpfung erforderlich.
W.Bohrisch/Bornim. 5115 a.

1-68/07-0099 I v a n o v, E.P., S č u p a k, P.L. und S t a r o d i n s k i j, D.Z. Povyšenie proizvoditel'nosti mašinno-traktornogo agregata. (Erhöhung der Produktivität von Landmaschine-Traktor-Aggregaten.) - Traktory i sel'chozmašiny, Moskva 1968 Nr. 3. S. 14-15. - 2 Diagr., 2 Schemata.
Die Produktivität W (ha/h) einer Maschine für die Bodenbearbeitung hängt von ihrer Arbeitsbreite B und Fahrgeschwindigkeit V ab. Bei gleicher Traktor-Motorbelastung muß jedoch B verringert werden, wenn V erhöht werden soll und umgekehrt. Die Zugleistung N ist eine Funktion von V und der Zugkraft P. Zum Bestimmen von V_{opt} und P_{opt} wurden Zugleistungsprüfungen auf verschiedenen Böden durchgeführt und Kurven für N = f(P) aufgenommen. Aus Diagr. mit diesen Kurven und Diagr. für Beziehungen zwischen P, V, W und dem spez. Bodenwiderstand k lassen sich Nomogr. zum Bestimmen optimaler Kennwerte zusammenstellen. Vff. bringen als Beispiel ein Nomogramm für die Arbeit des Traktors "T-74" mit dem Pflug "PN-4-35" auf Stoppel. Aus diesem Nomogr. und einem weiteren Diagr. für W = f (k und B) bei verschiedenen V ist zu ersehen, daß zum Erzielen max. Produktivität B stufenlos geregelt werden muß. Vff. bringen 2 Konstruktionsvorschläge für Pflüge und Grubber mit stufenloser Arbeitsbreitenregelung unter Verwendung von verstellbaren Gelenkrahmen. W.Balkin. 5115a.

1-68/07-0100 Q u e i t s c h, K. Eine elektrische 6-Komponenten-Meßeinrichtung zur Ermittlung räumlich wirkender Kräfte an einem Bodenbearbeitungswerkzeug. - Dtsch. Agrartechn. 18 (1968) Nr. 3. S. 109-111. - 6 Zeichn.
Um den Einfluß der einzelnen Bodenwiderstandskomponenten auf die Beanspruchung des Grindels zu erfassen wurde eine Darstellung gewählt, bei der sich der resultierende Bodenwiderstand aus 3 Kraftkomponenten in Richtung der gewählten Koordinatenachse und 3 Drehmomenten zusammensetzt. Diese Größen lassen sich mit Hilfe einer 6-Komponenten-Meßeinrichtung messen und

berechnen. Die konstruktive Gestaltung des 6-Komponenten-Meßgrindels erfolgte unter dem Gesichtspunkt universeller Einsetzbarkeit und Erreichung größtmöglicher Dehnungen an den Meßstellen. Ein neuer 12-Kanal-Lichtpunkt-Direktschreiber bietet die Möglichkeit, Kräfte- und Momentmessungen ohne Verstärker und Trägerfrequenzgenerator durchzuführen. Die Meßstellen beeinflussen sich gegenseitig. Diese Beeinflussung ist abhängig von der Homogenität des Materials, der Genauigkeit der Übereinstimmung der k-Faktoren der Dehnungsmeßstreifen und der Genauigkeit ihrer Anbringung.

G.Wünsche. 5115a.

1-68/07-0101 S i n e o k o v, G.N. Teorija pachotnych orudij V.P. Gorjačkina. (Gorjačkins Theorie der Ackergeräte.) - Traktory i sel'chozmašiny, Moskva 1968 Nr. 1. S. 3. 5115a.

1-68/07-0102 V o g t, Cord. Zur Beurteilung von Bodenbearbeitungskombinationen. - Lohnunternehmen in Land- u. Forstwirtsch. 23 (1968) Nr. 4. S. 97-98. - 3 Abb.

Bodenbearbeitungskombinationen sind fast immer 2teilige Geräte, bei denen ein Zinkengerät als Vorläufer die Vorarbeit und eine Wälzegge als Nachläufer die Feinarbeit übernimmt. Als Vorläufer eignen sich der Federzinkengrubber für schwere, die Schottlöffelegge für mittlere und die Egge für leichte Böden. Die passenden Nachläufer sind für schwere Böden die Drahtwälzegge, für mittlere Böden die Flachstabwälzegge und für leichte Böden die Wendelstabwälzegge. Bei der Aufhängung in Rahmen mit 4 Querbalken können sich die Geräte nicht gegenseitig beeinflussen. Die Tiefeneinstellung des Vorläufers muß durch Stützräder oder durch Verstellen der Rahmenhöhe erfolgen. Vorzuziehen sind Rahmen mit 3 Querbalken, bei denen Vorläufer und Nachläufer miteinander verbunden sind. Man kann den Vorläufer auf den Nachläufer abstützen und damit seine Tiefe einstellen. Bodenbearbeitungskombinationen sollten mit Geschwindigkeiten von 6...8 km/h gefahren werden. Je m Arbeitsbreite sind 15...20 PS Leistung erforderlich.

G.Wünsche. 5115b.

1-68/07-0103 D a l l e i n e, E. La simplification du travail du sol. (Vereinfachung der Bodenbearbeitung.) - Génie rural 61 (1968) Nr. 2. S. 89-91. - 4 Abb.

Für die Minimum-Bodenbearbeitung stehen verschiedene Spezialarbeitsgeräte (Kultivatoren, Eggen, Arbeitsgeräte mit rotierenden Scheiben) zur Verfügung, die vom Vf. kurz in ihrer Arbeitsweise erläutert werden. Als Zugmittel für diese Geräte spielen Geräteträger eine größere Rolle. Oftmals lassen sich bei dieser Arbeitsweise auch mehrere Arbeitsgänge zu einem einzigen kombinieren: Bodenbearbeitung, Aussaat, Düngung, Unkraut- und Schädlingsbekämpfung. Vor der Anwendung dieser neuen Arbeitsmethode ist die vorhandene Bodenstruktur hinsichtlich ihrer Eignung zu überprüfen. In Böden mit viel Quecken empfiehlt es sich, das bisherige Pflügen beizubehalten. Vor der Anschaffung neuer Arbeitsgeräte ist zu überprüfen, ob vorhandene Geräte (Kultivatoren) nicht durch Abänderung des Zinkenabstandes für das neue Verfahren verwendet werden können. W.Bohrisch/Bornim. 5115b.

1-68/07-0104 S i e g, Roman. Der Pflug und seine Probleme durch Erhöhung der Traktorleistung. - Traktor u. Landmaschine, Brugg 30 (1968) Nr. 6. S. 335-341. - 9 Abb.

Mit dem Beetpflug kann in der Schichtlinie bis 13 %, mit dem Winkel-, Wechsel- und Drehpflug bis 30 % Hangneigung gepflügt werden. Diese Pflüge sind schwer, so daß die Kippgefahr des Traktors am Hang erhöht und die Vorderachse entlastet wird. Das Hubwerk ist großen Belastungen ausgesetzt und die Regelhydraulik arbeitet nicht mehr exakt. Man geht deshalb zu großen Scharbreiten über, um Pfluglänge und Masse einzusparen. Der spez. Bodenwiderstand steigt bei Geschwindigkeiten über 5 km/h stark an. Diesem Nachteil soll mit Schnellpflugkörpern abgeholfen werden. Das Klingenschar, das 40 % weniger kostet als das Normalschar ist im Endeffekt billiger. Scheibenseche haben einen Dmr. von 400 mm erreicht und sind Messersechen überlegen. Für Pflugarbeiten sind stärkere Traktoren betriebswirtschaftlich günstiger.

G.Wünsche/Bornim. 5115c.

1-68/07-0105 S i e g, Roman. Die Wechselbeziehung zwischen Regelhydraulik und Pflug. - Traktor u. Landmaschine, Brugg 30 (1968) Nr. 5. S. 257-262. - 5 Abb., 1 Diagr.

Etwa 95 % aller Pflughersteller bieten ihre Geräte zur Verwendung an der Regelhydraulik an. Geräte, die über die Regelhydraulik arbeiten, haben kein Stützrad, sondern werden nur am Hubgestänge angebaut und von diesem in vertikaler Richtung gehalten. Bei der Lageregelung wird das Gerät auf eine bestimmte Arbeitstiefe gebracht, die es dann beibehält. Infolge des Eigengewichtes des Pfluges und des Bodenwiderstandes wird bei der Lageregelung der größte Zugkraftgewinn erreicht. Die Zugkraftregelung, bei der über ein Ventil im Hydraulikblock die eingestellte Zugkraft konstant bleibt, hat eine ständige Änderung der Furchentiefe zur Folge. Bei der Schwimmstellung ist die vom Gerät übertragene Achsbelastung am geringsten, weil die Arbeitstiefe des Gerätes über den Oberlenker und das Stützrad eingestellt wird.

G.Wünsche/Bornim. 5115c.

1-68/07-0106 F i s c h e r, Kuno. Pflüge für den schweren Schlepper. - Lohnunternehmen in Land- u. Forstwirtsch. 23 (1968) Nr. 4. S. 104.106-108. - 6 Abb.

Für Traktorentypen von 50...150 PS liefern die Pflugfabriken 5furchige Volldrehpflüge und 5...6furchige Anhänge- und Aufsattelpflüge. Diese Pflüge mit verstärktem Rahmen werden durch einen freien Hubzylinder am Stützrad ausgehoben. Extreme Schnittbreiten der Pflugkörper, günstige Körperform, großer Körperdurchgang sowie neuartige Düngereinleger ermöglichen das Einarbeiten von Gründung, langen Stoppeln und Mähdrescherstroh. Schälpflüge haben eine Rahmenhöhe von 60 cm und eine Pflugkörperlängsentfernung von 70...80 cm. Das Einstellen der Schnittbreite, der Querneigung und auch der Grenzpflugeinrichtung läßt sich durch Frontspindeln oder Hebel vom Fahrersitz aus durchführen. Beschrieben werden die techn. Details neuer Pflüge, die von 8 Pflugherstellern entwickelt worden sind.

G.Wünsche. 5115c.

1-68/07-0107 S o l o v e j č i k, A.G. und M u f t e e v, R.S. Obosnovanie tipov pachotnych agregatov s traktorami klassov 3 i 4 T. (Begründung der Kombination von Pflügen mit 3- und 4-Mp-Traktoren.) - Mechanizacija i ėlektrifikacija socialističeskogo sel'skogo chozjajstva, Moskva 26 (1968) Nr. 3. S. 1-5. - 5 Diagr., 1 Tab.

1966 wurden von einer Reihe von landtechn.Unions-Forschungsinstituten und Maschinenprüfstationen Vergleichsprüfungen mit den 3- und 4-Mp-Traktoren "DT-75", "T-74", "T-75/180" und "T-4" durchgeführt, die mit dem Anhängepflug "PK-5-35", dem Anbaupflug "PN-4-35S" und dem Versuchspflug "PP-6-35" in Aufsattel- und Anbauausführung mit 4, 5 und 6 Pflugkörpern kombiniert wurden. Vff. geben einen umfassenden Überblick über die Ergebnisse, wobei sie Fragen der Stabilität der Pflugbewegung, des Kraftbedarfs, des Energieverbrauchs, des Kraftstoffverbrauchs, der Unkosten, der Produktivität, der Wirtschaftlichkeit, der Hydraulik, der Änderung der Pflugkörperzahl u.a. behandeln und für die verschiedenen Kombinationen Diagr. der Abhängigkeit der absoluten und spez. Leistung und Zugkraft von der Fahrgeschwindigkeit bringen. Für die Steppengebiete der SU sind Kombinationen von 4-Mp-Traktoren mit 6-Furchenpflügen, bei denen 2 Pflugkörper abnehmbar sind, am produktivsten. W.Balkin. 5115c.

1-68/07-0108 D r a g o ş, Toma. Ricerche concernenti la meccanizzazione dei lavori del suolo in terreno piano ed in pendenza in diverse condizioni die suolo. (Mechanisierung der Bodenbearbeitung auf ebenen und geneigten Flächen und bei verschiedenen Bodenbedingungen.) - Colocviul interuniversitar Romāno-Ital. pe Teme Agric., Bucureşti, Ref. 1966 (hrsg. 1967) S. 99-111. - 5 Abb., 2 Tab. Zus. in Franz., Rum.- nach franz. Zus.

Für das Pflügen ebener Flächen wurde ein Pflug mit Zusatzstreichblech (etwa in der Mitte des normalen Streichblechs wurde ein schmales, annähernd halbrund nach innen gebogenes, am Ende gespaltenes Zusatzstreichblech angebracht) hinsichtlich der Zerkrümelung des Pflugbalkens, der Unterbringung von Pflanzenrückständen, der Reduktion des Verhältnisse b/a (b = Furchenbreite, a = Furchentiefe) bis auf 1 bei Arbeitsgeschwindigkeiten bis 10 km/h geprüft. Das neue Streichblech entsprach allen Anforderungen. Für das Pflügen an Hängen mit 14...20° Neigung wurde ein Kehrpflug für Kettentraktoren mit Anhängung außerhalb der Traktoren-Längsachse erprobt, der beim Wenden um 180° um die Pfluglängsachse und horizontal um den Winkel β geschwenkt wird. - Ein solcher 3-Furchen-Pflug mit 120 cm Arbeitsbreite kann an Hängen bis 20° Neigung arbeiten. Schließlich wurde die Saatbettvorbereitung trockenen Bodens mit einem Kombigerät geprüft, das mit gezackten Scheiben (Winkel zum Boden 10...20°), 3achsiger Krümelwalze und nachlaufender Egge arbeitet und eine um 40 % bessere Krümelung als mit normaler Scheibenegge bewirkt. R.Teipel. 5115c.

1-68/07-0109 Z e h e t n e r und S i e g, R. Rotaspa Spatenmaschine - Prüfbericht Wieselburg, N.Ö. - Bundesversuchs- u. Prüf.-Anst. landwirtsch. Maschinen Geräte, Wieselburg/N.Ö., Prüfber. Nr.065/67. Gr. 3 c. (1967) 3 S. - 2 Abb.

Die Spatenmaschine der Fa. Vicon N.V., Nieuw-Vennep, Holland, dient zum Umstechen des Bodens in Obst-, Wein- und Gartenanlagen. An einer quer zur Fahrtrichtung gelagerten Hohlwelle befinden sich 3, 4 oder 6 Spatenkränze mit je 3 Spaten. Die Spaten stechen senkrecht in den Boden, brechen ein Stück aus und heben es an. Durch eine Drehung um 90° fällt der Aushub in das entstandene Loch. Die Arbeitsbreiten betragen 1,05, 1,40 und 2,10 m; Die Arbeitsgeschwindigkeit liegt bei 1,5 km/h. Der erforderliche Kraftbedarf ist gering, Zugleistungsbedarf etwa 2 PS und an der Zapfwelle 24 PS. Das Gerät hinterläßt keinerlei Bodenverdichtungen. Die Unterbringung von Gründung und Unkraut ist unbefriedigend. Trotz der relativ vielen beweglichen Teile ist das Gerät robust und betriebssicher. G.Wünsche. 5115d.

1-68/07-0110 D j a t s c h e n k o, G.N. Ermittlung optimaler Parameter und Arbeitsbedingungen schwingender Arbeitswerkzeuge von Grubbern. - Dtsch. Agrartechn. 18 (1968) Nr. 3. S. 106-108. - 4 Zeichn.

Nach Vorversuchen mit einem aktiven Grubberschar mit parabolischer Schneidkante wird empfohlen, die Arbeitsbreite eines 2seitigen Schares mit 330 bis 380 mm und die eines 1seitigen Schares mit 260...280 mm bei einer Schwingungsweite von 50...60° und einem Winkel von 40...50° zu wählen. Versuche im Bodenkanal und auf dem Versuchsfeld zeigten, daß diese Werkzeuge bei Geschwindigkeiten von 10...12 km/h einen um 6...8 % niedrigeren Zugwiderstand haben. Die Bodenschicht bis 4 cm Tiefe wird nach oben befördert und in einem Winkel zur Fahrtrichtung abgeworfen, der dem Quadrat der Fahrgeschwindigkeit proportional ist. Während der Untersuchungen wurden keine Verstopfungen beobachtet. Lediglich unmittelbar vor dem Scharhalter und im Bereich der Scharspitze traten Verklebungen auf. G.Wünsche. 5115e.

1-68/07-0111 G i l ' š t e j n, P.M. Počvouglubiteli kustarnikovo-bolotnych plugov. (Unterbodenlockerer für Moorpflüge.) - Traktory i sel'chozmašiny, Moskva 1968 Nr. 3. S. 22. - 2 Schemata.

Im Nordwesten und einigen anderen Teilen der SU gibt es ausgedehnte ertragarme Gebiete mit einer Ackerkrume von nur 14...20 cm Tiefe und unfruchtbarem Unterboden. Für das Lockern dieses Unterbodens sind zu den Anbau- und Anhänge-Moorpflügen "PBN-75" und "PKB-75" die Unterbodenlockerer "PRB 27000" und "PKSC 13000" entwickelt worden. Sie werden hinter den Pflugkörpern über ein federndes Gelenkviereck mit dem Pflugrahmen verbunden und bestehen aus einem in der senkrechten Längsebene liegenden und gegen die Horizontale mit einem Winkel von 40° angestellten Messer, das rechts und links etwa in der Mitte je eine auf der Furchensohle gleitende Kufe und am unteren Ende je ein flaches, den Unterboden lockerndes Schar besitzt. Das federnde Gelenkviereck gibt beim Auffahren auf Hindernisse nach, wenn die Widerstandskraft 400 kp überschreitet, hebt den Unterbodenlockerer aus und führt ihn nach dem Hindernis wieder in den Unterboden ein. W.Balkin. 5115h.

1-68/07-0112 S o l o v e v, S.P. Razrušenie počvy ploskim klinom. (Krümeln des Bodens mit einem flachen Keil.) - Mechanizacija i ėlektrifikacija socialističeskogo sel'skogo chozjajstva, Moskva 26 (1968) Nr. 3. S. 9-10. - 4 Diagr., 1 Schema, 3 Lit.

Laboruntersuchungen, bei denen das Krümeln des Bodens mit einem flachen Keil mittels eines Filmapparates durch eine durchsichtige Wand aufgenommen wurde, zeigten, daß das Krümeln eine periodische Funktion ist, bei der die Spannung im Boden vor dem Keil immer wieder so lange wächst, bis ein Stück des Bodens abgeschert ist. Vf. bringt für die sich hierbei ergebende Relaxationsschwingung eine Gleichung der Abhängigkeit der Horizontalkomponente R_x des Bodenwiderstandes vom Weg x und vom Abstand l zwischen den einzelnen Abscherungen sowie ein Diagr. für $P_x = f(x)$. Ferner leitet er eine Gleichung für die Abhängigkeit der Größe l von der Schnittiefe h, der Keilneigung α, den inneren und äußeren Reibungszahlen, einem Haft- und einem Zerdrückungsbeiwert ab und bringt experimentell ermittelte Diagr. für $l = f(\alpha)$ mit h als Parameter, für $l = f(v)$ bei flachem und zylindrischem Keil mit und ohne Vibration (A = 2,5 mm, f = 43 Hz) und für $R = f(\alpha)$ ebenfalls mit und ohne Vibration. Für die Versuche wurde Sand mit 8 % Feuchte verwendet. W.Balkin. 5115k.

1-68/07-0113 Z o n e n b e r g, R.M. Razrušenie počvy vibrirujuščim i nevibrirujuščim deformatorami. (Bodenverformung mit schwingendem und nicht schwingendem Keil.) - Mechanizacija i ėlektrifikacija socialističeskogo sel'skogo chozjajstva, Moskva 26 (1968) Nr. 3. S. 11-13. - 2 Abb., 9 Diagr., 13 Schemata.

In Flußsand, Sand- und Lehmboden der sich in einer Mulde mit durchsichtiger Seitenwand befand, wurden farbige Plastilin-Kügelchen eingebracht. Als Bearbeitungswerkzeug diente ein meißelförmiger Keil, der mit einem Winkel von $\alpha = 10...90^{\circ}$ angestellt, mit verschiedenen Geschwindigkeiten v und mit und ohne Schwingungen durch den Boden bewegt werden konnte. Bilder mit Bewegungsbahnen der Kügelchen in Abhängigkeit von v und α zeigen, daß sie sich ohne Vibration auf einer schrägen Bahn mit einer Steigung von $\varphi_{max} = 50^{\circ}$ und mit Vibration fast senkrecht nach oben bewegen. Vf. bespricht die dabei festgestellten Gesetzmäßigkeiten und stellt sie in Diagr. für $\varphi = f(v)$ und $\varphi = f(A\,\omega)$ dar (A-Schwingungsamplitude, ω -Kreisfrequenz der Schwingung). U.a. ergab sich, daß bei $v/A\,\omega$ = const auch φ = const ist. Aus Diagr. für die Abhängigkeit des Ausbreitungsbereichs R der Verformung von v folgt, daß $R = f(v)$ ohne Vibration regressiv fallend und mit Vibration regressiv steigend ist. Der mit auf dem Keil verteilten Kraftmeßdosen ermittelte Druck auf den Keil nimmt mit und ohne Vibration von der Keilspitze bis zum Keilende ab. Vor dem nichtvibrierenden Keil bildet sich, wie Versuche mit eingestreuter Kreide zeigten, im Boden ein verdichteter Kern, der beim vibrierenden Keil nicht vorhanden ist. W.Balkin. 5115k.

1-68/07-0114 S c h u l z, H. und G r i m m, A. Untersuchungsergebnisse über den "Ausbau der losen Düngerkette". - Bayer. landwirtsch. Jb. 44 (1967) Nr. 7. S. 787-841. - 16 Abb., 48 Tab. - nach Zus.

Von den untersuchten Fördergeräten haben sich Förderband, Schnecke, Elevator und Frontlader für den Einsatz in Mineraldünger gut bewährt, weniger das einfache Körnergebläse. Schnecke und Elevator kommen mehr für Hochlager, herkömmliche Förderbänder und Frontlader für Flachlager in Frage. Die Abriebserscheinungen am Düngerkorn waren bei den genannten Fördergeräten außerordentlich gering. Für den Düngertransport eignen sich sehr gut Zweiseitenkipper, deren eine seitliche Bordwand mit Auslauföffnungen ausgerüstet wird. Stehen keine Kipper zur Verfügung, können auch Transportbehälter, am besten in Form des Schrägbodenbehälters mit einseitigem Auslauf, Verwendung finden. In Verbindung mit Frontladereinsatz empfiehlt es sich. den Dünger im Flachbehälter zwischenzulagern. In beengten Hoflagen und bei Vorhandensein entsprechender Fördergeräte bieten sich Hochsilos an, die arbeitswirtsch. etwas günstiger zu beurteilen sind als Flachlager. Bei der Düngereinlagerung kann durch den Bezug in loser Form bereits bei 8 t relativ viel Arbeitszeit eingespart werden: je Waggon (25 t) etwa 7 AKh. Bei der Düngerausbringung in loser Form ergeben sich deutliche Zeiteinsparungen gegenüber der Sackkette bei geringen Mengen (2 ha) nu. in Verbindung mit der Entnahme aus Hochbehältern. Bei größeren Einsatzflächen (8 ha in einem Zug) lassen sich jedoch auch mit den anderen Verfahren (Flachlager) arbeitswirtsch. Vorteile erzielen. 5120c.

1-68/07-0115 O e h r i n g, Jochen. Düngerstreuer-Prüfungen sind wichtig. - Landtechnik 23 (1968) Nr. 5. S. 136-137. - 3 Abb., 4 Diagr.

80 % aller umgesetzten Schleuderstreuer sind DLG-anerkannt. Eine grobe Übersicht über Streugenauigkeit und Mengentreue erreicht man, wenn in gleichmäßigen Abständen Winkeleisen oder Dachlatten auf einer ebenen Fläche angeordnet und mit Wellpappe ausgelegt werden. Auch Kunststoffolie in Längsfalten gespannt kann diesen Zweck erfüllen. Genauere Werte liefert ein Prüfstand, der auch eine Prüfung unter Hangbedingungen ermöglichen sollte. Gerade am Hang scheitert manches Baumuster, das in der Ebene gute Arbeit leistet. Da die Unterschiede in Fahrtrichtung meist gering sind, begnügt man sich mit der Querverteilung. Sehr gute Streuer weisen keine größere mittlere Abweichung als ± 5 % vom Soll auf. Befriedigend ist eine Abweichung von ± 10 %. Eine Vergleichbarkeit der Werte ist nur gegeben, wenn auch das Streumaterial reproduzierbar ist. G.Wünsche/Bornim. 5120c.

1-68/07-0116 S e n d r j a k o v, I.F. Mechanizacija vyvozki i razbrosnogo vnesenija mineral'nych udobrenij. (Mechanisierung des Transports und Ausbringens von Mineraldünger.) - Chimija v sel'skom chozjajstve, Moskva 6 (1968) Nr. 3. S. 66-69. - 2 Tab.

Vf. bespricht folgende Maschinen: Mineraldünger-Transport- und -Verladevorrichtung "ZSA-40" zum Fahrgestell des LKW "GAZ-53F", bestehend aus einem Kastenaufbau, dessen Boden von 2 Förderbändern gebildet wird; LKW-Kipper "SAZ-2500" mit hebbarer Ladefläche zum Transport und Verladen von Mineral- und organischem Dünger in Düngerstreuer; Mineraldüngerstreuer "STN-2,5" und "STS-2,8" zum Anbau an Traktoren oder den Maschinenträger "DVSŠ-16"; Düngerstreuer "RU-4-10" zum Einbringen von Mineraldünger unter und zwischen Obstbäumen; Gummiring-Düngerstreuvorrichtung "RKM-500M"; Düngerstreuer "RUM-3" mit Förderband und 2 Streuscheiben zum Aufbau auf Traktoren-Anhänger. Die techn. Daten der Düngerstreuer "RU-4-10", "RUM-3" und "RKM-500M" werden in einer Tabelle angegeben. Anschließend bespricht Vf. den Transport und das Einbringen von Dünger mit den aufgezählten Maschinen und berechnet für die Mineraldüngerstreuer "STN-2,8" und "RU-4-10" das optimale Zahlenverhältnis zwischen Transportmitteln und Düngerstreuern.

W.Balkin. 5120c.

1-68/07-0117 O e h r i n g, Jochen. Zur geldlichen Seite der Losedüngerkette. - Landmaschinen-Markt 47 (1968) Nr. 9. S. 432-434.436. - 9 Abb.

5120c.

1-68/07-0118 F o r s t e r, A.G. Neue Erkenntnisse über Flüssigdung-Verfahren. - Mitt. dtsch. Landwirtsch.-Ges. 83 (1968) Nr. 16. S. 562-566. - 4 Abb.

Es werden verschiedene Verfahren mit ihren Vor- und Nachteilen gegenübergestellt. Das Umpumpverfahren mit Lagerung in offenen Behältern, bei denen das Verhältnis von Dmr. zur Höhe 1:2...1:2,6 betragen soll, wird bes. befürwortet. Die Kosten können so um ca. 50 % gesenkt werden. Unter den Ausbringungsverfahren haben die Kombinationstankwagen (Kompressor- und Pumptankwagen) den größten Marktanteil. Unter Berücksichtigung der Befahrbarkeit des Bodens und der Traktorenstärke ist der größte Tankwagen am wirtschaftlichsten, da die Rüst- und Wegezeiten nahezu gleichbleiben.

M.Bölke/Bornim. 5120d.

1-68/07-0119 Z e h e t n e r und H a m m e r s c h m i d. Saug- und Druckfaß "V 22 S" - Prüfbericht Wieselburg, N.Ö. - Bundesversuchs- u. Prüf.-Anst. landwirtsch. Maschinen Geräte, Wieselburg/N.Ö., Prüfber. Nr.074/67. Gr. 4 e. (1967) 7 S. - 1 Abb., 6 Diagr. - nach Zus.

Das Saug- und Druckfaß Typ "7 22 S" der Fa. Rudolf Bauer, Voitsberg, Stmk., ist fertigungs- und materialmäßig einwandfrei ausgeführt. Die Maschine hat sich im praktischen Einsatz gut bewährt. Sie ist einfach zu bedienen, betriebssicher und nahezu wartungsfrei. Bei geringen Feld-Hofentfernungen sind Ausbringleistungen von 5...6 Fässern je Std. möglich. Die nach dem Dauereinsatz gemessene Kompressorleistung beträgt bei einem Unterdruck von 400 mm Hg.S. 42,5 m^3/h. Bei einem Überdruck von 1 at wird eine Luftmenge von 101 m^3/h gefördert. Der Gesamtleistungsbedarf beträgt bei einem Gesamtgewicht von 4475 kp (Gesamtgewicht = Gewicht von Traktor + vollem Faß), guten Bodenverhältnissen und einer Fahrgeschwindigkeit von 1 m/s in der Ebene 12 PS und auf 21 % Steigung 27,6 PS. Auf Grund der Versuchsergebnisse kann das Saug- und Druckfaß mit dem Prüfzeichen unserer Anstalt versehen werden. 5120d.

1-68/07-0120 Z e h e t n e r und H a m m e r s c h m i d. Flüssigmist-Pumptankwagen "Tiger" - Prüfbericht Wieselburg, N.Ö. - Bundesversuchs. u. Prüf.-Anst. landwirtsch. Maschinen Geräte, Wieselburg/N.Ö., Prüfber. Nr.077/67. Gr. 4 e. 11 S. - 1 Abb., 7 Diagr. - nach Zus.

Der Flüssigmist-Pumptankwagen "Tiger" der Fa. A. Pöttinger OHG, Grieskirchen, hat sich beim Ausbringen von Wasser, Jauche, Schwemmist u.ä. sowie beim Auflösen von Schwimmdecken und Durchmischen des Grubeninhaltes gut bewährt. Er ist sowohl für den stationären Betrieb als auch für das Ausbringen auf der Achse geeignet. Die verwendete Pumpe "HSP 100" erzielt bei gutem Zustand des Stators und einer Zapfwellendrehzahl von 540 U/min eine Förderleistung von 60 m^3/h bei 10 bzw. 16,5 at Überdruck. Beim Ausbringen auf der Achse kann bei kurzen Wegstrecken mit einer Transportleistung von 5...6 Fässern je Std. gerechnet werden. Der Zapfwellenleistungsbedarf beträgt bei stationärem Betrieb bis 35 PS und bis 15 PS beim Ausbringen durch die Rührlanze oder die Verteiler. Dazu kommt für den Transport in der Ebene bei guten Bodenverhältnissen, einer Geschwindigkeit von 1 m/s und einem Gesamtgewicht von 4809 kp (das ist Gewicht des vollen Fasses + Traktor) eine Zugleistung von 7 PS. Auf 19 % Steigung wird unter den gleichen Verhältnissen eine Zugleistung von 23 PS benötigt. Die Bedienung und Wartung des Pumptankwagens ist einfach, zumal die Pumpe selbstansaugend ist. Die fertigungs- und materialmäßige Ausführung ist gut. Der Gummistator ist ein Verschleißteil, dessen Lebensdauer und Leistungsvermögen von der Reinheit der Förderflüssigkeit und der Sorgsamkeit in der Bedienung abhängt. Auf Grund der Versuchsergebnisse kann der Flüssigmist-Pumptankwagen "Tiger" mit dem Prüfzeichen der Anstalt versehen werden. 5120d.

1-68/07-0121 B a z u n o v, G.V., V a r l a m o v, G.P. und C h r i s t i n, I.A. Nagruzki na cepi i planki transporterov navozorazbrasyvatelej. (Belastungen der Ketten und Förderleisten der Vorschubwerke von Stalldungstreuern.) - Traktory i sel'chozmašiny, Moskva 1968 Nr. 3. S. 28-30. - 6 Diagr., 2 Tab.

Es wurden Antriebsleistung, Zugkräfte in den Kratzerketten und Druckbelastungen der Kratzerleisten eines endlosen 4-Ketten-Vorschubwerkes untersucht, wobei die Kettengeschwindigkeit zwischen 0,25 und 2 m/s und der Kratzerabstand zwischen 304 und 608 mm variiert wurden. Vff. bringen die Ergebnisse der Leistungsmessungen in Tab., aus denen hervorgeht, daß die erforderliche Leistung mit steigendem Kratzerabstand und steigender Geschwindigkeit wächst. Die Zugkräfte in den Ketten wurden mit Dehnmeßgliedern bestimmt und werden von Vff. in Diagr. für die in den einzelnen Ketten an 3 über die Wagenlänge verteilten Stellen bei verschiedenen Leistenabständen und Geschwindigkeiten aufgetretenen Kräfte wiedergegeben. Aus den Diagr. ist u.a. zu ersehen, daß die Kettenbelastung linear von vorn nach hinten (zu den Antriebs-Kettenrädern hin) steigt und das die einzelnen Ketten ungleich belastet werden. Zum Messen der Förderleistenbeanspruchung wurden in den Leisten Druckmeßplatten eingebaut. Diese Meßergebnisse werden in ähnlichen Diagr. wiedergegeben, aus denen folgt, daß die Leistenbeanspruchung mit steigendem gegenseitigen Leistenabstand und steigender Geschwindigkeit wächst und in der Mitte des Wagens höher ist als an seinen Seiten. Ein Abstand von 304...532 mm ist festigkeitsmäßig zulässig, empfehlenswert ist aus verschiedenen anderen Gründen ein Abstand von 300...400 mm.

W.Balkin. 5120d.

1-68/07-0122 B o t h e, W. DLG-anerkannte Maschinen und Geräte für die Bestellung von Getreide, Mais, Zuckerrüben und Kartoffeln. - Mitt. dtsch. Landwirtsch.-Ges. 83 (1968) Nr. 16. S. 554.556.558-561. - 5 Tab.

Moderne Traktorendrillmaschinen sind ausgerüstet mit einer Schaltautomatik für den Sämechanismus sowie für das Ein- und Aussetzen der Drillschare und Spurreißer. Die Funktion der Maschinen, die mit Geschwindigkeiten bis 12 km/h gefahren werden können, läßt sich vom Fahrersitz aus überwachen. Einzelkornsägeräte für die Aussaat von Rüben, Mais und Gemüsesämereien arbeiten in der Fallinie bis 12 %, in der Schichtlinie bis 18 % Hangneigung zufriedenstellend. Die Arbeitsgeschwindigkeit sollte 6 km/h nicht überschreiten. Kartoffellegemaschinen erfordern Traktoren von 28...35 PS, die Fahrgeschwindigkeiten von 1,6...2 km/h erreichen. Für eine 4reihige, gefüllte Legemaschine müssen an der Dreipunkthydraulik Kräfte zwischen 1100 und 1250 kp vorhanden sein. Daneben sind Reihendüngerstreuer zu Einzelkornsämaschinen und Schutzstoffstreuer an Legemaschinen geprüft worden. Die Prüfungsergebnisse der angeführten Maschinen sind zusammengefaßt dargestellt.

G.Wünsche/Bornim. 5125a.

1-68/07-0123 F e u e r l e i n, Walter. Aufgaben und Lösungen in der Bestelltechnik. - Landtechnik 23 (1968) Nr. 5. S. 118.120.122-123. - 7 Abb., 2 Zeichn.

Chem. Unkrautbekämpfung, schwere Traktoren und neuartige Bodenbearbeitungsgeräte haben eine veränderte Bestelltechnik zur Folge. Für die Frühjahrsfurche eignet sich der Kreiselpflug kombiniert mit Krumenpacker und Wälzegge. Die Kombination Pflug-Packer-Krümler mit einem Saatkasten, Maisdibbler oder Kartoffelpflanzer ist bereits mit Erfolg angewendet worden. Auch die Bestellung nach der Winterfurche kann mit Gitterrädern traktorspurenfrei erfolgen. Die Aussaat mit großen Arbeitsbreiten, wobei die Traktorspuren für eine spätere Düngung oder Spritzung nicht besät werden, brachte keine Ertragseinbußen. Für Zuckerrüben und Mais gibt es das Band-Bestell- und Saatverfahren. Auf krümelnden, naturlockeren Böden können mit der Kombination Sämaschine-Fräse, wobei nur Rillen in einem gewünschten Abstand bearbeitet, und der chem. Unkrautbekämpfung Mehrerträge erzielt werden.

G.Wünsche/Bornim. 5125b.

1-68/07-0124 H e e g e, Hermann J. Die Mechanisierung der Getreidesaat. - Landtechnik 23 (1968) Nr. 5. S. 124-127. - 4 Abb., 1 Diagr., 1 Tab., 1 Zeichn., 6 Lit.

Neben den Nockenrad- und Schubrad-Drillmaschinen gibt es neuerdings Drillmaschinen mit einem zentralen Zuteilungsorgan für alle Säschare. Die Flächenleistung kann gesteigert werden durch größere Arbeitsbreiten, Erhöhung der Fahrgeschwindigkeiten bis 15 km/h und durch die Kopplung der Drillmaschine mit Bestellgeräten. Die Kombination Drillmaschine und Mineraldüngerstreuer ist auf Grund der unterschiedlichen Mengen, die ausgebracht werden müssen, uninteressant. Scharverstopfungen lassen sich beim Einmanntraktorbetrieb mit der automatischen Scharaushebung oder mit Pendelstützen an den Scharen vermeiden. Die Breitsaat bringt bei gleicher Tiefenlage der Körner höhere Erträge.

G.Wünsche/Bornim. 5125c.

1-68/07-0125 O e l l r i n g, Jochen. Wieviel Zukunft hat die Drillsaat? - Mitt. dtsch. Landwirtsch.-Ges. 83 (1968) Nr. 7. S. 178-180. - 5 Abb.

Durch die Kombination von Bodenbearbeitungsgerät und Drillmaschine läßt sich die Bestellung rationalisieren. Ähnliches erreicht man bei der Rüben- und Maisbestellung durch das gleichzeitige Ausbringen von Pflanzenschutzmitteln und Mineraldünger. Um starke Traktoren besser auszulasten, werden die Saatgutbehälter zwischen den Achsen, die leichten Leitungen und Schare am Dreipunktgestänge angebaut. Das Saatgut wird geblasen. Dem Luftstrom kann ein anderes Saatgut oder Dünger zugegeben werden. Eine andere Möglichkeit sind das Drillen in Fahrgassen und das Spurrillenverfahren. Die höchsten Erträgen sind mit der Gleichstandsaat erreichbar. Ihr kommt die Breitsaat, für die sich ein guter Kreiselstreuer eignet, am nächsten.

G.Wünsche/Bornim. 5125c.

1-68/07-0126 H e p h e r d, R.Q. und P h i l l i p s o n, A. Amazone D4 seed drill. (Amazone-Drillmaschine "D4" - N.I.A.E.-Test.) - Nat. Inst. agric. Engng., Rep. Nr.572. (1967) S. 1-7. - 1 Abb.

Hersteller: Amazonen-Werke H. Dreyer, Gaste bei Osnabrück, DBR. 5125c.

1-68/07-0127 B ö t t c h e r, Gottfried. DLG-geprüfte Maschinen zum Rüben-Vereinzeln. - Landtechnik 23 (1968) Nr. 7. S. 204-208. - 6 Abb., 2 Tab.

Bei der Prüfung von Vereinzelungsmaschinen müssen neben der Vereinzelungsarbeit Rübenertrag, Köpfarbeit, Rodeverluste und Verschmutzung bei der Ernte beurteilt werden. DLG-anerkannt sind die blind arbeitenden Maschinen von Cramer und Gruse sowie die elektronisch gesteuerte Maschine "Monomat" von Fähse. Bei den blind arbeitenden Maschinen, Fahrgeschwindigkeit 3,5 bis

5,5 km/h, Flächenleistung 0,5...1,0 ha/h, lag der Anteil der mehrfach besetzten Blocks zwischen 20 und 35 %. Der Anteil der Lücken über 50 cm war um 200...300 % höher als beim Handvereinzeln. Bei Versuchsrodungen wurden 21...27 % zu hoch geköpft (Handvereinzeln 14 %). Im Durchschnitt ist mit Mindererträgen von 5 % zu rechnen. Die gesteuerte Maschine arbeitete mit Geschwindigkeiten zwischen 1,0 und 2,2 km/h und erreichte Flächenleistungen von 0,2...0,5 ha/h. "Monomat"-vereinzelte Bestände zeigten fast keinen Unterschied zum Handvereinzeln. Mehrjährige Ermittlungen ergaben einen Minderertrag von 2...3 %. G.Wünsche/Bornim. 5130f.

1-68/07-0128 F i s c h e r, H. Aktuelle Probleme der Unkrautbekämpfung im Getreidebau. - Nachr.-Bl. dtsch. Pflanzenschutzdienstes Braunschweig 20 (1968) Nr. 4. S. 52-55. - 5 Lit.

Wo Unkräuter nicht in solchen Mengen auftreten, daß sie den Ertrag bedrohen, können u.U. Schäden durch die Bekämpfungsmaßnahmen entstehen. Hinzu kommen Schäden bei der Behandlung durch Überlappungen, nicht ausgeliterte Düsen, falsche Fahrgeschwindigkeit usw. Billige Geräte sind nicht in der Lage, Herbizide exakt auszubringen. Abdriftschäden können vermieden werden, wenn die Randstreifen nur mit geringem Druck (1...2 at) behandelt werden. In dieser Beziehung ist die Anwendung herbizider Mikrogranulate mit neuentwickelten Streugeräten oder vom Flugzeug aus sehr günstig zu beurteilen.
A.Jeske. 5130g.

1-68/07-0129 B o o m s m a, G. Nieuwe mogelijkheid voor chemische bestrijding van kweekgras. (Neue Möglichkeiten der chemischen Bekämpfung der Quekke.) - Landbouwvoorlichting 25 (1968) Nr. 3. S. 135-137. - 1 Abb., 1 Tab.
5130g.

C. ERNTE EINSCHLIESSLICH DRESCHEN OHNE ZUSÄTZLICHE AUFBEREITUNG

1-68/07-0130 K a u l i t z k i, G. und H e i m b ü r g e, H. Komplexeinsatz der Erntetechnik. - Erfahr., Erkenntnisse, Anwend. für d. sozialist. Landwirtsch. Bezirkes Gera 4 (1967) Nr. 7. S. 4-7. 5205b.

1-68/07-0131 H o d k o v a, Katerina. Internationales Kolloquium über die Häckselernte. - Dtsch. Agrartechn. 18 (1968) Nr. 4. S. 188-189. - 6 Abb.
5205b.

1-68/07-0132 R e z n i k, N.E. Akademik V.P. Gorjačkin - osnovopoložnik teorii resanija lezviem. (Akademiker V.P. Gorjačkin - der Begründer der Theorie des Schneidens mit einer Schneide.) - Mechanizacija i elektrifikacija socialističeskogo sel'skogo chozjajstva, Moskva 26 (1968) Nr. 1. S. 25-30. - 1 Abb., 3 Diagr., 1 Zeichn., 6 Lit. 5210c.

1-68/07-0133 B o k, N. und G u r i n, B. Kopirujuščee motorilo. (Eine Tasthaspel.) - Technika v sel'skom chozjajstve, Moskva 27 (1967) Nr. 12. S. 70-71. - 2 Abb.

Am Lehrstuhl für Landmaschinen des Zelinograder Landwirtschaftsinst. wurde eine Mehrzweckhaspel mit Tastvorrichtung entwickelt. Die Prüfung erfolgte am Mähwerk der Kombine "SK-3". Der zu bergende Sommerweizen hatte eine Höhe von 0,5 m, die Bestandsdichte betrug 255 Pflanzen je 1 m^2 und der Ertrag 12 dt/ha. Bei einer Arbeitsgeschwindigkeit von 5,4 km/h und einer Umlaufgeschwindigkeit der Tasthaspel von 2,7 m/s lagen die Ernteverluste mit 1,16 % um 1/3 niedriger als bei den herkömmlichen Haspeln.
E.Kahn. 5210e.

1-68/07-0134 P u s t y g i n, M.A. V.P. Gorjačkin i ego teorija molotil'nogo barabana. (V.P. Gorjačkin und seine Theorie der Dreschtrommel.) - Mechanizacija i élektrifikacija socialističeskogo sel'skogo chozjajstva, Moskva 26 (1968) Nr. 1. S. 31-33. 5210h.

1-68/07-0135 G a r d n e r, Brian. Mechanizing the hay crop. (Mechanisierung der Heuernte.) - Farmers weekly, London 68 (1968) Nr. 6. S. 69-71. - 1 Abb., 2 Skizzen.

Im Rahmen von Untersuchungen zur mechanisierten Aufbereitung des Heues vom Feld bis zur Krippe weist loses Heu erhebliche Vorteile gegenüber Ballenheu auf. Die Einlagerung kann bereits nach einer kurzen Feldperiode von 24...36 h in Kaltbelüftungsanlagen (ebenerdige Hallen) erfolgen. Untersuchungen 1967 zeigten, daß bei Gras nach dem Schlegeln nur durch Einsatz selbstladender Futterwagen befriedigende Leistungen von 30 dt in 12...20 Min. Ladezeit erreichbar sind. Das Entladen der Wagen am Lager erwies sich als sehr störanfällig und zeitraubend, so daß weitere Versuche mit Abkippen in Fördermulden folgen sollen. Die Verteilung im Lager durch ein unter dem First laufendes Förderband und einen darüber angeordneten Verteiler befriedigte. Dieser läuft schienengeführt über dem Band, nimmt das Heu an beliebigen Stellen auf und verteilt es durch eine auf rechts- oder linksseitiger Abwurf einstellbare Schleuder gleichmäßig auf die gesamte Lagerbreite. - Das Verteileraggregat wird beschrieben und an Skizzen erläutert.

W.Horn/Bornim. 5215a.

1-68/07-0136 A u b i n e a u, M. La recolte du fourrage. (Die Futterernte.) - Genie rural 61 (1968) Nr. 2. S. 93-97. - 10 Abb.

Vf. beschreibt unter Angabe von techn. Daten die für die Heu- und Silagebereitung erforderlichen Geräte und Maschinen. Heugewinnung: Mähbalken, Rotationsmäher, Mähgeräte mit anschließender Aufbereitung, Zetter und Heupressen, künstliche Heutrocknung bei 45...50 % Feuchtigkeit, Heutürmen. - Silagebereitung: Feldhäcksler, Beschickungs- und Entnahmegeräte für Flach- und Hochsilos.

W.Bohrisch/Bornim. 5215a.

1-68/07-0137 D i e m e l, H. Heu- und Grünfutterernte mit DLG-anerkannten Maschinen. - Landmaschinen-Markt 47 (1968) Nr. 7. S. 17-18. - 2 Tab.

Bei der DLG-Prüfung von Geräten für die Futterwerbung wird die Arbeitsqualität untersucht, die optimale Arbeitsgeschwindigkeit sowie die Flächenleistung ermittelt und der Trocknungsverlauf des Erntegutes bestimmt. Auch Bodenanpassung, Windeinfluß, Verstopfungs- und Wickelneigung müssen beurteilt werden. Bei Fuderladern, Ladewagen, Aufsammelpressen und Feldhäckslern sind neben der Eignung zur Bergung Durchsatz, Bergeleistung, Leistungsbedarf sowie die Verschmutzung und Beschädigung des Erntegutes von Bedeutung. Bei Feldhäckslern sind die erreichbaren Schnittlängen, bei Aufsammelpressen Pressungsgrad und Ballenmasse und beim Ladewagen Auslastung des Laderaumes wichtige Merkmale. Angaben über Betriebssicherheit, Verschleiß, Reparaturanfälligkeit, Wartungsaufwand und Rüstzeiten vervollständigen die Gebrauchswertprüfung.

G.Wünsche. 5215a.

1-68/07-0138 A n o n y m. Kreiselzettwender und Kreiselmäher. - Landmaschinen-Rdsch. 20 (1968) Nr. 3. S. 72.74.78. - 8 Abb.

Kreiselzettwender eignen sich zum Zetten und Wenden sowie zum Ziehen, Wenden und Streuen kleiner Schwade. Die paarweise gegenläufig drehenden Kreisel bereiten das Futter gut auf und behandeln es schonend. Durch die Einzelsteuerung der Kreisel wird für Arbeitsbreiten von 3,30 m bzw. 4,90 m eine gute Bodenanpassung erreicht. Bei einem Leistungsbedarf von 12...15 PS liegen die Flächenleistungen zwischen 2 und 5 ha/h. Die Fabrikate der Firmen Fahr, Bautz, Fella, Lely-Dechentreiter und der Maschinenfabrik Essen werden kurz beschrieben. Mit Kreiselmähwerken, seitlich oder am Heck angebaut, kann bei geringer Störanfälligkeit mit Geschwindigkeiten bis 20 km/h gearbeitet werden. Flächenleistungen bis 2 ha/h sind möglich. Die Bodenanpassung erfolgt automatisch. Das geschnittene Gut wird in lockeren, luftigen Schwaden abgelegt. Beim Auftreffen auf ein Hindernis bewirkt eine Sicherheitsvorrichtung das Ausschwenken der Mäheinrichtung nach hinten. Beschrieben werden die Mähwerke der Firmen Fahr, Fella, Lely-Dechentreiter, Krone und Kemper. G.Wünsche. 5215a.

1-68/07-0139 Z e h e t n e r und H a m m e r s c h m i d. Gebusa-Mähwerk "5 Fuß" - Prüfbericht Wieselburg, N.Ö. - Bundesversuchs- u. Prüf.-Anst. landwirtsch. Maschinen Geräte, Wieselburg/N.Ö., Prüfber. Nr.079/67. Gr. 7 a1 (1967) 4 S. - 1 Abb.
Hersteller: Gebrüder Busatis, Purgstall, N.Ö. 5215c.

1-68/07-0140 K r o m e r, Karl-Hans. Untersuchungen am Trommelfeldhäcksler unter besonderer Berücksichtigung der Materialförderung in und nach Schneid-Wurf-Trommeln. - Ber. Landtechn. 1967 Nr. 114. S. 1-181. 101 Abb. - nach Zus.
Inhaltsverzeichnis: Ermittlung der Belastungswerte von Trommel-Exaktfeldhäcksler-Organen: Versuchsanordnung und -auswertung (Feldmessungen, Prüfstandmessungen, Auswertung), Beanspruchung der Feldhäckslerorgane (mittlerer Leistungsbedarf, mittlere Belastungswerte, maximale Belastungswerte, dynamische Beanspruchung), Leistungsbedarf-Aufteilung, Betrachtung der Einzugs- und Häckselgüte (Berechnung der effektiven und theoretischen mittleren Häcksellänge, Füllungsgrad des Schnittkastens), Fehlerbetrachtung. - Untersuchung der Materialförderung in und nach Schneid-Wurf-Trommeln: Anforderung bei Exakt-Feldhäckslern, theoretische Betrachtung der Materialförderung in der Schneid-Wurf-Trommel, kinematographische Erfassung (Versuchsanstellung, Versuchsergebnisse), experimentelle Ermittlung der Einflüsse auf die Wurfweite, Versuchsanordnung: (Prüfstand I: Wurfweite; Prüfstand II: Materialimpuls), Einfluß von Luftgeschwindigkeit, Trommel-Umfangsgeschwindigkeit, Wurfschaufel-(Messer)zahl, Wurfblech (Messerform und Rauhigkeit), Abwurfrichtung (Leitklappe), Ausbildung des Abstreifbleches, Einfluß der Auswurfturm-Ausbildung und -Stellung, Einfluß der Form des Auswurfkrümmers, des Abstandes Messer-Gehäusewand. 5215d.

1-68/07-0141 B r e n n e r, W.G. und K r o m e r, K.H. Studien zu Einbau- und Anbau-Feld-Häckslern (1. Teil). - Landtechn. Forsch. 17 (1967) Nr. 6. S. 150-156. - 4 Abb., 1 Tab., zahlr. Zeichn., 12 Lit. Zus. in Engl., Franz., Span., Dtsch.
Der Exaktfeldhäcksler muß heute vor allem als Schlüsselmaschine für den echten Schüttgutbetrieb gesehen werden, wobei als Schwerpunktmaterialien Silomais, Luzerne und in zunehmendem Maße Stroh in Frage kommen, während der Ladewagen bei der Bergung von Trockengütern, aber auch von Rübenblatt, sowie dem täglichen Grünfutterholen eindeutig vorteilhafter einsetzbar

ist. Eine detaillierte vergleichende Darstellung möglicher Feldhäcksler-Wagenkombinationen und -Arbeitsverfahren (Parallel-, Umhänge- und Einwagen-Betrieb) hinsichtlich der erzielbaren Bergeleistungen, des AK-Bedarfs und der techn. Ausrüstung zeigt, daß nur im letzten Falle ein echtes 1-Arbeitskraft-, 1-Traktor-, 1-Wagen-Verfahren erreichbar ist. Folgende der 3 möglichen Varianten des Feldhäcksler-Einwagen-Betriebes werden beschrieben: 1. Anbau-Seitenwagen-Feldhäcksler mit Automatikwagen, 2. Häcksler-Ladewagen (Einbau-Feldhäcksler mit einklappbarem Ausleger oder aus- und einschwenkbar), 3. Aktivierung des einachsigen Fuhrparkes (Stallmiststreuer und Ladewagen) durch Verwendung von Anbau-Feldhäckslern. Abschließend werden die Zuteil(Dosier)- und die Schnellentleerung des Wagens auf dem Hofe bezügl. ihres Einflusses auf die Flüssigkeit des Ein-Wagen-Betriebes untersucht, wobei sich für einachsige Wagen eindeutig die Schnellentleerung anbietet. H.-J.Graef/Bornim. 5215d.

1-68/07-0142 B r e n n e r, W.G. und K r o m e r, K.H. Studien zu Einbau- und Anbau-Feldhäckslern (2. Teil). - Landtechn. Forsch. 17 (1967) Nr. 6. S. 156-167. - 12 Abb., 10 Diagr., 2 Tab., 4 Zeichn., 33 Lit. Zus. in Engl., Franz., Span., Dtsch.

Bei der Konzeption eines Feldhäckslers sind 2 Punkte zu berücksichtigen: 1) Die Zuordnung zum Traktor und damit zum Wagen (vgl. Teil 1), 2) die Wahl des Schneid-Wurf-Organes. Die Frage "Trommel oder Scheibenrad" kann eindeutig nur für bestimmte Voraussetzungen entschieden werden. Vor- und Nachteile hinsichtlich Konstruktion, Durchsatzvermögen, Einstellbarkeit der theoretischen Häcksellänge, Schleifbarkeit der Häckselmesser, Leistungsbedarf und Bedarf an Traktorleistungsreserve infolge des unterschiedlichen Schwungmomentes werden diskutiert. Nach Darlegung der Gründe für die Konzeption eines Trommel-Anbau-Exaktfeldhäckslers der Querfluß-Bauart (FHW) wird über Versuche berichtet, die der Schaffung von Konstruktionsunterlagen für den o.g. Feldhäcksler dienten, und die sich im wesentlichen auf die Bestimmung der Belastungswerte, der erforderlichen Preßwalzenlast und der Bauausnutzung von Exaktfeldhäckslern beziehen. Danach kann der Leistungsbedarf für die Häckseltrommel bei einem Durchsatz von 4 t Trockenmasse/Std. und einer theoretischen Häcksellänge von 15,2 mm bis zu 86 % des Gesamtleistungsbedarfs betragen. Weiterhin wurde ein erheblicher Einfluß der Preßwalzenbelastung auf die Häckselgüte und das Preßwalzendrehmoment festgestellt und ein grober Konstruktionswert für die erforderliche Preßwalzenbelastung angegeben. Abschließend folgen am Beispiel des Feldhäckslers FHW detaillierte Konstruktionshinweise für den Bau von Trommelfeldhäckslern, wobei insbesondere die Schneid-Wurf-Trommel, der Schnittkasten, die Vorpreßeinrichtung, die Aufnahme und Ausbildung des Quereinzuges und der Mais-Mähvorsatz behandelt werden. H.-J.Graef/Bornim. 5215d.

1-68/07-0143 W ü n s c h e, G. Der Einsatz des Feldhäckslers "E 066-1B" mit Kurzhäckslergetriebe zur Silofutterernte. - Dtsch. Agrartechn. 18 (1968) Nr. 5. S. 213-215. - 1 Diagr., 4 Tab., 3 Lit. - nach Zus.

Praktische Einsatzuntersuchungen haben ergeben, daß der Feldhäcksler "E 066-1B" neben seiner bereits nachgewiesenen Eignung für die Ernte von mähfrischem Siliergut auch zum Häckseln von Welkgut für die Hochsilobefüllung einsetzbar ist und die vorhandene Lücke bis zur Bereitstellung eines modernen Häckslers schließen kann. Von selbstfahrenden Häckslern kann erwartet werden, daß sie beim Mähhäckseln mit ihrem breiteren Schneidwerk Leistungen erzielen, die um 70 % über denen des Feldhäckslers "E 066-1B" liegen. Beim Häckseln aus dem Schwad sind dagegen die Leistungsunterschiede nur noch gering. Für moderne Feldhäcksler ist ein seitlicher Auswurf, der das Arbeiten im Parallelverfahren und den Einsatz von LKW erlaubt, unerläßlich. 5215d.

1-68/07-0144 B a r t k i e w i c z, J. Eksperymentalne prace nad organem roboczym kombajnu silosowego typu rotacyjnego. (Experimentelle Untersuchungen an den Trommelmessern der Silokombine.) - Maszyny i Ciągniki rolnicze 14 (1967) Nr. 6. S. 17-22. - 4 Diagr., 4 Zeichn., 9 Lit.
PRL/CBR. 5215d.

1-68/07-0145 R e h r l, K. Ekonomické problémy sklizně pícnin řezačkou. (Ökonomische Probleme der Häckselfutterernte.) - Zemědělská Techn. 13 (1967) Nr. 11. S. 697-702. - 5 Diagr. Zus. in Russ., Engl., Dtsch.
ČSSR/ÚVTI. 5215d.

1-68/07-0146 O e h r i n g, Jochen. Wenden - Schwaden - Streuen - Rechen. - Landmaschinen-Markt 47 (1968) Nr. 7. S. 14-16. - 4 Abb.

Für das Trocknen des Futters von 85 % auf 20 % Wassergehalt eignen sich Gabelwender, Kreiselzettwender, Trommelmaschinen sowie Schub-, Band- und Sternrechwender. Bevorzugt werden Spezialmaschinen, für das Zetten und Wenden der Kreiselzettwender und für das Schwaden Sternrech- und Schubrechwender. Das Stengelquetschen konnte sich nicht durchsetzen. Der Zetter mit hin- und hergehenden Zinken ist von Kreisel- und Trommelzettwendern abgelöst worden. Geschobene Maschinen haben den Vorteil, daß der Traktor nicht über das Futter fährt und die Arbeit besser übersehen wird. Der Dreipunktanbau erleichtert das Ausheben der Heuwerbemaschinen. Laufräder sind aber für einen zuverlässigen Werkzeugeingriff trotzdem erforderlich.
G.Wünsche. 5215e.

1-68/07-0147 Z e h e t n e r und H a m m e r s c h m i d. PZ-Rotorheuer Typ Friesland - Prüfbericht Wieselburg, N.Ö. - Bundesversuchs- u. Prüf.-Anst. landwirtsch. Maschinen Geräte, Wieselburg/N.Ö., Prüfber. Nr.068/67. Gr. 7 a2. (1967) 4 S. - 1 Abb. - nach Zus.

Der PZ-Rotorheuer Typ "Friesland" der Maschinenfabrik Zweegers N.V., Asten/Holland, ist fertigungs- und materialmäßig gut ausgeführt. Er hat beim Zetten, Wenden und Schwadenstreuen selbst bei schwerem Futter und ungünstigen Arbeitsverhältnissen einwandfrei gearbeitet. Die Bodenanpassung ist auch auf unebenem Gelände gut. Flächenleistungen bis 4,5 ha/h sind auf großen Feldern möglich. Zum Antrieb sind Traktoren ab 28 PS Motorleistung vorteilhaft. Die Bedienung ist einfach, der Wartungsaufwand normal. Auf Grund der Versuchsergebnisse kann der Rotorheuer Typ "Friesland" mit dem Prüfzeichen der Anstalt versehen werden. 5215e.

1-68/07-0148 M a t l i n k i e w i c z, E. Wstępne wyniki badań nad zastosowaniem zgniatacza pokosów ZP-1,6 (prototyp produkcji FMR w Posznaniu). (Vorläufige Ergebnisse der Untersuchungen über die Anwendung einer Grünfutterquetsche "ZP-1,6" [Prototyp aus der Produktion der Landmaschinenfabrik in Poznań].) - Wiadomości melioracyjne i łąkarskie 1967 Nr. 11. S. 258-260. - 4 Tab., 2 Zeichn.
PRL/CBR. 5215e.

1-68/07-0149 A n o n y m. Pick-up balers. (Ballenpressen.) - Power Farming 40 (1968) Nr. 3. S. 38-39. - 8 Abb.

In gedrängter Form werden die Spezifikationen und Preise der Modelle von den folgenden Herstellerfirmen aufgezeigt: John Deere Ltd., Allis-Chalmers, Great Britain Ltd., International Harvester Co. of Great Britain Ltd., Jones Balers Ltd., J. Mann and Son Ltd., Massey Ferguson (U.K.) Ltd., New Holland Division Sperry Rand Ltd., Western Machinery and Equipment Co. Ltd. S.Lehmann/Bornim. 5215f.

1-68/07-0150 P o l l e r, Klaus. Neuer Anwendungsbereich für Feldpressen. - Landmaschinen-Markt 47 (1968) Nr. 7. S. 9-10. - 3 Abb.

Mit einer guten Hochdruckpresse kann auch Siliergut, das einen Trockenmassegehalt von 60...70 % hat, gepreßt werden. Wegen der höheren Belastung der Preßorgane, die durch Riemenantrieb oder Scherstifte vor Überlastung zu schützen sind, sollte man den Preßkanal nicht oder nur wenig verengen. Durch die höheren Ballengewichte wird die Presse hecklastig. Die Anhängeschiene ist deshalb in den Unterlenkern fest zu verriegeln. Die Ballen sollten nicht mehr als 25 kp wiegen und möglichst gleich auf den Wagen geladen werden. Für die Silierung eignen sich Fahrsilos mit festen Seitenwänden und freistehende Ballenmieten, 3 m breit und 2,5 m hoch, die allseitig mit Folie umgeben werden. G.Wünsche. 5215f.

1-68/07-0151 P a p e s c h, J. Netzwerkplanung bei der Getreideernte. - Dtsch. Agrartechn. 18 (1968) Nr. 4. S. 185-187. - 1 Tab., 6 Lit. 5220a.

1-68/07-0152 A r n o l d, R.E. Combine convenience and comfort. (Bequeme Vorrichtungen und Komfort beim Mähdrescher.) - Power Farming 40 (1968) Nr. 1. S. 6-7. - 12 Abb.

Vf. stellt den dem neuesten Stand der Technik entsprechenden Komfort des Mähdreschers in bezug auf möglichst einfache Bedienung und techn. Detailkonstruktionen in den Mittelpunkt seiner Betrachtungen. Die günstigste Plazierung des Fahrersitzes, die übersichtliche Anordnung der einzelnen Funktionshebel und deren bequeme Handhabung sind heutzutage elementarste Voraussetzung für eine moderne Kombine. An techn. Neuerungen werden u.a. die automatische Kontrolleinrichtung für die Schnitthöhe, das hydraulische Verstellen der Radhöhe, ein hydrostatisches Steuerungssystem und das Entleeren der Getreidebunkers beschrieben. Einklappbare Schneidwerke oder deren Ausbau und Transport auf einem Spezialhänger erleichtern die Fortbewegung zwischen den Feldern. S.Lehmann/Bornim. 5220e.

1-68/07-0153 G r i ň k o v, Ju.V., M o č a l o v, V.A. und P o l u š k i n, O.A. Vibracii rabočego mesta voditelja kombajna SK-4. (Die Schwingungen des Fahrersitzes beim Mähdrescher "SK-4".) - Traktory i sel'chozmašiny, Moskva 1968 Nr. 3. S. 24-27. - 4 Diagr., 3 Tab., 4 Lit.

Es wurde am Mähdrescher "SK-4" der Einfluß der Unwucht von Dreschtrommel, Einlegetrommel, Strohleittrommel, Haupt- und hinteren Vorgelege auf die vertikalen und horizontalen Schwingungen von Fahrerplattform und Fahrer untersucht. Die Versuche wurden mit nicht fahrendem, leerlaufendem Mähdrescher durchgeführt. Jede Baugruppe wurde von einem Elektromotor über einen Variator und eine Gelenkwelle angetrieben. Die Unwuchten wurden mit zusätzlichen Gewichten in 6 Stufen von 2,35 bis 23,5 kpcm hergestellt und die Schwingungen mit elektrischen Schwingungsmessern gemessen. Nach Auswertung

der Meßergebnisse unter Anwenden der Theorie der zufälligen Funktionen wurden Diagr. für die Abhängigkeit der Schwingungsamplituden von der Fequenz und der Unwucht sowie für das Verhältnis zwischen den Schwingungsamplituden des Fahrers und der Fahrerplattform in Abhängigkeit von der Frequenz gezeichnet. Vff. betrachten die festgestellten Gesetzmäßigkeiten und bringen in einer Tab. die Eigenfrequenzen der Baugruppen, die in den Frequenzgangkurven Amplitudenmaxima hervorrufen. Ferner ermitteln sie die physiologisch zulässigen Schwingungsamplituden und Unwuchten sowie die wahrscheinlichen nach dem Massenausgleich verbleibenden und ohne Massenausgleich maximal möglichen Unwuchten und fassen die Werte in 2 Tab. zusammen.
W.Balkin. 5220e.

1-68/07-0154 K i e r u l, Z. Efektywność mechanizacji prac przy zbiorze zbóż i roślin technologicznie podobnych. (Effektivität der mechanisierten Ernte von Getreide und technologisch ähnlichen Pflanzen.) - Nowe Rolnictwo 16 (1967) Nr. 23. S. 30-32. - 5 Tab. PRL/CBR. 5220e.

1-68/07-0155 S e i l e r, Dietrich. Derzeitiger Stand der Mechanisierung des Feldhäckselverfahrens bei der Getreideernte am Hang, dargestellt am Beispiel der LPG Beinerstadt und Hainspitz. - Dipl.-Arb. Jena: Landwirtsch. Fak. 1967. (66 S.) 4°. (Maschinenschr. vervielf.) (Dipl. 1187). 5220f.

1-68/07-0156 Š a f e r m a n, M. Mechanizacija pogruzočno-razgruzočnych rabot s zernom. (Mechanisierung der Be- und Entladearbeiten von Körnern.) - Mukomol'no-ėlevatornaja promyšlennost', Moskva 34 (1968) Nr. 1. S. 9-10.
Im Gebiet Kaluga werden zum Körnertransport geschlossene Güterwagen mit Entnahmeöffnungen im Dach und an den Seitenwänden eingesetzt. Als Entladevorrichtungen werden empfohlen: Waggonentladevorrichtung "UVZ-2" oder "TMZ" sowie Saugrohre (durch Dachluken). Dadurch konnten die Waggons vollbeladen werden und die Wagenstillstandszeiten wesentlich verringert werden. Zur Entladung von Sattelschleppern und LKW mit großem Ladevermögen wurden im Wolgograder Gebiet die Annahmestellen für Getreide rekonstruiert und mit Kippvorrichtungen ausgerüstet. U.Lindner. 5220m.

1-68/07-0157 N i k i t i n a, G.Ja. Kolebanija zeren pri obmolote udarom. (Schwingungen der Maiskörner beim Schlagdrusch.) - Doklady Vsesojuznoj ordena Lenina akademii sel'skochozjajstvennych nauk imeni V.I. Lenina, Moskva 1968 Nr. 2. S. 37-38. - 2 Schemata.
Maiskolben werden zu Züchtungszwecken häufig von Hand gedroschen, um die Körner nicht zu beschädigen. Hierbei versetzt man den Kolben in axialer Richtung Schläge mit Geschwindigkeiten von 10...12 m/s, wobei die Körner bei Kolbenfeuchten von 14...18 % nach 7...10 Schlägen herausfallen. Dieser Vorgang wurde auf einem Pendelschlagwerk mit Zeitlupenaufnahmen von 4600 bis 4800 Bildern/s untersucht. Von der zur Filmkamera gelegenen Kolbenseite wurden die Körner bis auf die obersten und untersten Reihen entfernt und Kolbenspindel sowie verbliebene Körner mit schwarzen Farbstrichen gekennzeichnet. Anhand der Zeitlupenaufnahmen beschreibt Vf. ausführlich die Schwingungen eines Kornes in Verbindung mit der Spindelverformung und verfolgt die Kornschwingungen bis zum Herausfallen des Kornes. Auf Grund der durchgeführten Versuche können die optimalen Daten für den Schlagdrusch ("Impuls-Inertial-Drusch") gewählt werden. W.Balkin. 5220n.

1-68/07-0158 J u n a e v, A.A. Issledovanie technologii dvuchfaznoj uborki kukuruzy, uskorjajuščej sušku počatkob na kornju. (Untersuchung der Technologie der 2phasigen Maisernte, bei der das Trocknen der Maiskolben am Stengel beschleunigt wird.) - Trudy. Vsesojuznogo naučno-issledovatel'skogo instituta mechanizacii sel'skogo chozjajstva (VIM) 40 (1966) S. 196-200. - 1 Diagr. 5220n.

1-68/07-0159 Kukuruzouboročnye mašiny. Konstrukcii, rezul'taty ispytanij, proektirovanie i rasčet. (Maiserntemaschinen. Konstruktionen, Prüfungsergebnisse, Projektierung und Berechnung.) - Moskva: Izd. Mašinostroenie 1967. (339 S.) 8°. (1968 A 199). 5220n.

1-68/07-0160 N a s t e n k o, P.N. Kartofeleuboročnyj kombajn dlja uslovij Poles'ja USSR. (Kartoffelsammelroder für die Bedingungen des Waldgebietes der Ukrainischen SSR.) - Mechanizacija i ėlektrifikacija socialističeskogo sel'skogo chozjajstva, Moskva 26 (1968) Nr. 3. S. 49-51. - 3 Schemata, 2 Tab.

Die Sammelroder "KGP-2" und "K-3" sind für das Waldgebiet der Ukr. SSR nicht geeignet, wo die Kartoffel auf zumeist sandigen Böden ohne Dämme angebaut wird, so daß 30...35 % mehr Boden auf die Sichtwerkzeuge tritt und die genannten Maschinen nur mit max. 1 m/s fahren und 2,5 ha/Schicht abernten können. Vf. beschreibt den für das Waldgebiet entwickelten Sammelroder "KGP-2A", der mit den Sammelrodern "KGP-2" und "E-675" (DDR) verglichen wurde und, wie aus einer Tab. zu ersehen ist, wesentlich besser abschnitt. Hauptkennzeichen der Maschine sind senkrechte Bodentrennscheiben rechts und links von den Rodescharen, eine hinter den Scharen angeordnete Schlag- und Leitwalze sowie ein nachfolgendes Sternscheibensieb. In einem Schema zeigt Vf. das günstige Abscheiden des größten Teils des Bodens bereits am Anfang des Sichtvorganges. Auf Grund der mit der "KGP-2A" gesammelten guten Erfahrungen wurde aus der Maschine "KKU-2" eine Maschine "KKU-2D" entwickelt, deren Arbeitsprozeß weitgehend dem Arbeitsprozeß der "KGP-2A" gleicht. Vergleichsversuche ergaben eine große Überlegenheit gegenüber der Serienmaschine "K-3". Die Arbeitsgeschwindigkeit beider Neuentwicklungen ist ohne Verschlechterung der agrotechn. Kennwerte 1,5...2mal höher als bei den Serienmaschinen. W.Balkin. 5230f.

1-68/07-0161 E d m u n d s, Bury St. Four new Catchpole sugar beet harvesters. (4 neue Erntemaschinen für Zuckerrüben von der Fa. Catchpole.) - Farm Mechanizat. & Buildings, London 20 (1968) Nr. 223. S. 60. - 6 Abb.

Die Fa. Catchpole hat 4 neue Erntemaschinen für Zuckerrüben entwickelt, wovon sich 3 Maschinentypen bereits auf dem Markt befinden, während der 4. Typ als Prototyp noch in der Erprobung steht. Die "Simpla" ist eine 1reihige, traktorgezogene Maschine, die für kleinere Betriebe bestimmt ist. Das Köpfen und das Roden sind zapfwellengetriebene Vorgänge. Die "Suir" hat eine höhere Leistung und vor allem eine bessere Reinigungsanlage (2 als Elevatoren dienende Förderketten mit unterschiedlicher Geschwindigkeit). Die beiden anderen Modelle sind 2reihige Maschinen, die mit Hilfe eines Spezialrahmens auf die Hinterräder des Traktors aufgebaut sind. Zum Betrieb sind Traktoren von mindestens 65 PS notwendig. Die Maschinen haben einen Bunker aus Maschendraht mit einem Fassungsvermögen von 50 cwt. (2540 kg). Der Bunkerboden ist als Rollboden ausgebildet (Entleerung in max. 2 Min.). W.Bohrisch/Bornim. 5235f.

1-68/07-0162 K e r e s e l i d z e, Š.Ja. Čaesboročnaja mašina "Sakartvelo". (Tee-Erntemaschine "Sakartvelo".) - Traktory i sel'chozmašiny, Moskva 1968 Nr. 3. S. 20-21. - 2 Abb., 2 Schemata, 1 Tab.

Für die Tee-Ernte sind 300...350 AK-Tage/ha erforderlich. Je nach der Jahreszeit sind die Teeblätter verschiedener Triebe zu ernten. Diese Triebe werden nicht zur gleichen Zeit erntereif und wachsen nicht auf gleicher Höhe und nicht nur außen sondern auch innen im Strauch. Reife, unreife und verhärtete Triebe befinden sich in unmittelbarer gegenseitiger Nähe. Eine Tee-Erntemaschine muß die erntereifen Triebe finden können und sie ohne Beschädigung an einer bestimmten Stelle abtrennen. Man hielt die Mechanisierung der Tee-Ernte wegen der angedeuteten Schwierigkeiten lange Zeit für undurchführbar. Forschungen im letzten Jahrzehnt ergaben, daß reife Triebe spröder sind als unreife oder überreife Triebe, so daß eine Maschine entwickelt werden konnte, bei der Gummifinger die Triebe abtasten und bei entsprechender Sprödigkeit abbrechen. Über die Abtastzone hinaus gewachsene Triebe werden von Messern abgeschnitten. Die abgetrennten Triebe werden von einem Luftstrom angesaugt und von einem Siebtrommel-Förderer einer Reinigung zugeführt. Diese maschinelle Ernte ergibt Teesorten höherer Qualität als die Handernte, erhöht die Arbeitsproduktivität auf das 40fache und senkt die Selbstkosten um mehr als 55 %. Die Maschine "Sakartvelo" wird in Grusinien bereits in großem Umfang erfolgreich verwendet. W.Balkin. 5240.

1-68/07-0163 L o r d k i p a n i d z e, T.G. Opredelenie optimal'nych parametrov bezynercionnogo čaepodrezočnogo apparata. (Bestimmung optimaler Kennwerte des mit stetig umlaufender Messerkette ausgerüsteten Teestrauch-Beschneidegeräts.) - Traktory i sel'chozmašiny, Moskva 1968 Nr. 3. S. 35-38. - 1 Abb., 4 Diagr., 5 Schemata, 1 Tab., 1 Lit.

Die Messer des Teestrauch-Beschneidegerätes "ČPR-1" sind an der Außenseite einer endlosen Kette angebracht, deren längliche Führungsplatte so um eine in der Fahrtrichtung liegende Achse gekrümmt ist, daß die beiden Kettentrums auf 2 nebeneinander befindlichen koaxialen Kreisbögen laufen. Die Teilung S der Kettenmesserklingen kann der Teilung t der am vorderen Kreisbogen angeordneten feststehenden Finger (Gegenmesser) gleich oder ein Vielfaches von ihr sein. Die Schnittarbeit hängt vom Verhältnis S/t, von der von 1 cm der Schneidkante zu überstreichenden Fläche F, der auf 1 cm Schneidkante kommenden Stengelzahl N, der Messerklingenhöhe h, dem Verhältnis $\beta = v_m/v_f$ zwischen Messer- und Fahrgeschwindigkeit u.a. ab. Vf. betrachtet den Schneidvorgang, bringt Gleichungen für F, N und die Messeranzahl Z sowie Diagramme für die Abhängigkeiten $(\beta, v_f) = f(h)$ mit v_m als Parameter und N = f(h) mit S als Parameter. Für v_f = 1,2 m/s und h = 35 mm findet Vf. folgende optimale Werte: S = 150 mm, v_m = 5 m/s, β = 4,16, N = 29,4. W.Balkin. 5240.

1-68/07-0164 U k r a i n e c, V. Mechanizacija vozdelyvanija i posleuboročnoj obrabotki maka. (Mechanisierung beim Anbau und bei der Bearbeitung nach der Ernte von Mohn.) - Technika v sel'skom chozjajstve, Moskva 28 (1968) Nr. 2. S. 11-15. - 1 Tab., 3 Zeichn. 5240.

1-68/07-0165 R o j, A. Molotilka dlja kleščeviny. (Rizinusdreschmaschine.) Technika v sel'skom chozjajstve, Moskva 28 (1968) Nr. 2. S. 52-53. - 1 Abb., 3 Tab. 5240.

D. ERNTEAUFBEREITUNG UND -LAGERUNG

1-68/07-0166 A n o n y m. Patente für "Trocknung und Silos". - Dtsch. Agrartechn. 18 (1968) Nr. 5. S. 224-226. - 6 Zeichn.

DAP Nr. 49724, Klasse 47a,1; angemeldet: 26. April 1965 "Klemmverbindung zum Verbinden von Materialbahnen", Inhaber: Abema GmbH, Hamburg. - DWP Nr. 57 008, Klasse 81e, 137; angemeldet: 15. Juni 1966 "Belüftungssilo zum Trocknen und Lagern von Getreide und anderen Körnerfrüchten", Erfinder: Alfred Reissig. - DWP Nr. 27 530, Klasse 81e, 133; Anmeldetag: 25. März 1959 "Silo für Schüttgut, insbesondere für verschiedene Saatgutsorten", Erfinder: Gerhart Mahn, Erfurt. - DAS 1 250 360 Deutsche Patentklasse 81e-136; angemeldet: 2. Mai 1964 "Silo für Gärfutter", Anmelder: Fella Werke GmbH, Feucht (Bay.). - DB-Gbm Nr. 1 942 885, Klasse 81e, 136; angemeldet: 5. Aug. 1964, eingetragen: 21. Juli 1966 "Fahrbare Silofräse", Anmelder: Maschinenfabrik Fahr, Gottmadingen, Kr. Konstanz. 5305.

1-68/07-0167 V a m o s i, J. Technik und Technologie der Luzernetrocknung in Preßballen. - Internat. Z. Landwirtsch., Sofia/Berlin 1968 Nr. 2. S. 199-203. - 8 Abb., 1 Tab.

Die Luzerne wird bei einem Feuchtigkeitsgehalt von 40...50 % einen Tag nach dem Schwadlegen gepreßt. Das Wenden lohnt sich unter ungar. Bedingungen nur auf ertragreichen Schlägen. Günstig auf die Verkürzung der Anwelkzeit erwies sich der Einsatz des Quetschzetters. Die Preßballen werden in Mieten getrocknet. Das Gerüst der Mieten besteht aus der Stirnwand, dem Hauptkanal und Kanälen aus Gitterrosten. Die Ballen werden längs des Hauptkanals in einer Stärke bis zu 2 m 3,8...4 m hoch geschichtet. Zur Verhinderung eines ungewollten Luftaustrittes nach dem Setzen wird 1,2 m über dem Hauptkanal ein Gitterrost gelegt, auf dem man die Spitze errichtet. Die Seitenwände werden gegen Deformation mit Stangen und Draht geschützt. Die Belüftung erfolgt mit einem Ventilator vom Typ "VZS-140", der bei einem Druck von 35 mm WS eine Luftleistung von 65000 m^3/h hat.

G.Wünsche/Bornim. 5310c.

1-68/07-0168 Z e h e t n e r und H a m m e r s c h m i d. Axialventilator Typ BKN "404 E" - Prüfbericht Wieselburg, N.Ö. - Bundesversuchs- u. Prüf.-Anst. landwirtsch. Maschinen Geräte, Wieselburg/N.Ö., Prüfber. Nr.069/67. Gr. 9 d. (1967) 4 S. - 1 Abb., 2 Diagr.

Hersteller: Siemens-Schuckertwerke AG, Berlin-München, DBR. 5310c.

1-68/07-0169 S k a r p, Sven-Uno, A n i a n s s o n, Gustaf und N o r é n, Olle. Hötorn och deras användning. (Heutürme und ihre Verwendung.) - Jordbrukstekn. Inst., Medd. 1967 Nr. 323. S. 1-79. - 44 Abb., 7 Tab.

Abschließender Bericht des schwed. Inst. für Landtechnik über Versuche mit einem westdeutschen Heuturm (Gerätebau Schwarting), die 1965/66 durchgeführt wurden. Behandelt werden folgende Punkte: Notwendigkeit rationeller Heuwerbung und Möglichkeiten der Mechanisierung (Pressen kleiner Ballen, künstliche Trocknung, Brikettierung); Abmessungen und Formen der Heutürme; Planung von Turmanlagen und Standortwahl; Voraussetzungen für einen Heuturmbetrieb (Schnitt und Anwelken, Schwadmähen, Häckseln und Verladen); ökonomische Schlußbetrachtungen (Investitions- und Betriebskosten).

E.Kahn. 5310e.

1-68/07-0170 M ü l l e r, M. Die Bereitung von Welksilage. - Dtsch. Agrartechn. 18 (1968) Nr. 5. S. 200-201. - 4 Tab., 4 Lit. - nach Zus.

Siliergut für Hochbehälter ist auf durchschnittlich 36 % (30...50 %) Trockenmassegehalt zu welken, um einen sicheren Gärablauf, eine hohe Einlagerungskapazität und eine max. Verzehrleistung zu erreichen. Hohe Futterstöcke führen erst in Verbindung mit höherem Trockenmassegehalt des Siliergutes zu einer nennenswert höheren Einlagerungskapazität an Gärfuttertrockenmasse. Die Vorteile von Hochbehältern sind nur bei Welksilage (Klasse III) voll nutzbar. Welksilagen können auch in Flachbehältern bereitet werden, wenn der Trockenmassegehalt 25...35 % beträgt, kurz gehäckseltes Siliergut eingelagert und sorgfältig verdichtet wird, dichte, hohe Silowände vorhanden sind und der Futterstock (z.B. mit Folie und Erde) zugedeckt wird. Je höher der Trockenmassegehalt des Siliergutes ist, um so wichtiger sind gasdichte Behälterwände bei Hoch- und Flachsilos sowie gute Zudeckverfahren. Auf Grund der höheren Einlagerungskapazität an Futtertrockenmasse und der zu erwartenden Verringerung der Gärverluste ist es gerechtfertigt, für Silos, die für die Silierung von Welkgut geeignet sind, höhere Baukosten aufzuwenden als für Frischsilage-Silos. 5310f.

1-68/07-0171 R e d a, M., S c h u l t z, W. und Z i l l i g, R. Wurfgebläse und Verteileinrichtungen für die Hochsilofüllung. - Dtsch. Agrartechn. 18 (1968) Nr. 5. S. 207-209. -1 Abb., 1 Diagr., 2 Tab., 2 Zeichn. - nach Zus.

Durch die Erhöhung der Antriebsleistung von 30 auf 40 kW und des Gebläserohr-Dmr. von 250 auf 310 mm wird eine Steigerung der Förderleistung und eine Einschränkung der Störquellen erreicht. Auf Grund höherer Gutdurchsätze verringert sich der spez. Energieaufwand je 1 t einzulagernden Siliergutes im hohen Durchsatzbereich. Nur wenige landwirtsch. Betriebe verfügen z.Z. über die geforderten Anschlußwerte. Deshalb sind weitere Untersuchungen mit Fördereinrichtungen notwendig, um Hochsilos mit geringeren Anschlußwerten füllen zu können. Hochsilos mit einem Innen-Dmr. über 6 m müssen mit Verteileinrichtungen ausgerüstet sein. Bei der Verteileinrichtung "Big Jim" nimmt die Störanfälligkeit mit dem Anteil an Überlängen im Häckselgemisch zu. Nur mit kurzem Exakthäcksel sind befriedigende Durchsätze erreichbar. Es sind weitere Verteileinrichtungen zu untersuchen, die unabhängig vom Durchsatz der Fördereinrichtung und der Zusammensetzung des Häckselgemisches arbeiten. Eine Verteileinrichtung muß auch das über mechanische Förderer (Bandförderer) in das Silo gebrachte Futter verteilen und das Ziehen eines mittleren Fallschachtes wahlweise gestatten. 5310f.

1-68/07-0172 Z i l l i g, R. Einlagerung von Siliergut in Flachsilos. - Dtsch. Agrartechn. 18 (1968) Nr. 5. S. 209-211. - 3 Abb., 1 Diagr., 1 Tab., 2 Lit. - nach Zus.

Es wird über die mögliche Einlagerungsleistung und den erforderlichen Aufwand bei der Einlagerung von Silomais und geschlegeltem Gras in Flachsilos mit verschiedenen Ablade- und Verteilverfahren berichtet. Kippanhänger mit selbsttätig öffnender Seitenwand und Selbstentladewagen mit Frästrommeln stellen z.Z. die günstigsten Abladeverfahren dar. Für das mechanische Verteilen von Silomais wurde ein Verteilhaken als Versuchsmuster an einem Radtraktor angebaut und im praktischen Einsatz untersucht. Beim Verdichten von geschlegeltem Gras mit einem schweren Radtraktor wurde die Dichtezunahme in Abhängigkeit vom spezifischen Festfahraufwand ermittelt. 5310f.

1-68/07-0173 S c h u k k i n g, S., B i j s t e r v e l d t, Q.P.M. van und E c k, G. van. Een verplaatsbare Sleufsilo. (Versetzbarer Fahrsilo.) - Wageningen: I.B.V.L. 1967. (6 S.) 8° = Instituut voor bewaring en verwerking van landbouwprodukten. Publikatie 158. (SR 3402,158). 5310f.

1-68/07-0174 H o c h k ö n i g, Walfried. Fahrsilo in Österreich. - Gumpenstein: Verl. u. Dr. d. Bundesversuchsanstalt 1965. (25 S.) 4°. (1968 B 84). 5310f.

1-68/07-0175 B e e, R. Chemical conservation. (Chemische Konservierung.) - Agriculture, London 75 (1968) Nr. 3. S. 114-118. - 1 Abb.

Für das Einlagern von Getreide mit hohem Feuchtigkeitsgehalt wird Propionsäure als Konservierungsmittel angewendet. Bei Getreide mit einem Feuchtigkeitsgehalt bis zu 20 % haben sich 0,8 Masse-% Propionsäure als ausreichend erwiesen. Bei Getreide mit 20...30 % Feuchtigkeitsgehalt ist der Zusatz von 1 % Propionsäure erforderlich. Die Säure wird mittels Düsen während des Einlagerungsvorganges auf das Getreide gespritzt. Der Nachteil dieses Verfahrens beruht auf der hohen Korrosionsgefahr bei konzentrierter Propionsäure. Die Konservierung von Silage kann durch Zusätze auf der Basis von Ameisensäure erfolgen. Aus Kostengründen wird häufig nur die oberste Schicht mit Ameisensäure behandelt. Diese Schicht dichtet die restliche Silage gegen den Eintritt von Sauerstoff ab. Bei Heuballen, die noch eine verhältnismäßig hohe Feuchtigkeit besitzen (bis zu 30 %), können ebenfalls Ameisen- oder Propionsäure als Konservierungsmittel angewendet werden. Üblicherweise genügen hierbei 2 %. Auch Essigsäure kann als Konservierungsmittel benutzt werden. W.Bohrisch. 5315a.

1-68/07-0176 T o r o s j a n, R.N. und T j u t j u n n i k o v a, V.A. Obrabotka tverdych semjan ul'trazvukom. (Ultraschallbehandlung von harten Samenkörnern.) - Vestnik sel'skochozjajstvennoj nauki, Moskva 13 (1968) Nr. 2. S. 109-111. - 4 Diagr. Zus. in Engl., Franz., Dtsch.

Im Unionsforschungsinstitut für Elektrifizierung der Landwirtschaft wurden Samen von Rotklee und Krauser Malve $t = 5...60$ min lang mit Ultraschall von $\gamma = 800$ Hz und $I = 5, 10, 15$ W/cm^2 behandelt und der Einfluß des Ultraschalls auf Keimfähigkeit und "Samenhärte" ermittelt. Unter "hartem Samen" wurden Körner verstanden, die in einer bestimmten Zeit nicht aufquollen. Vff. berichten über die Versuche und ihre Ergebnisse und bringen Diagr. mit Abhängigkeiten der Keimfähigkeit und Samenhärte von I bei verschiedenen t sowie der Keimfähigkeit und Fäulnis von t. Die höchste Keimfähigkeit von Rotklee wurde bei $I = 15$ W/cm^2 und $t = 10$ min, von Krauser Malve bei $I = 15$ W/cm^2 und $t = 30...40$ min erreicht. W.Balkin. 5315a.

1-68/07-0177 C h e s t n e y, A.A.W. A plot pea mixer. (Ein Parzellen-Erbsenmischer.) - J. agric. Engng. Res. 12 (1967) Nr. 4. S. 310. - 2 Abb.

Um für die verschiedensten Erbsen-Analysen gleichmäßig durchmischte Proben zu erhalten, ist ein Parzellenmischer entwickelt worden. Das Gerät besteht aus einem Dreibein-Gestell, auf dem die Mischtrommel befestigt ist. Zwischen der Vertikalen und der Trommelachse besteht ein Neigungswinkel. Im Inneren des Gefäßes befindet sich ein vom 0,25-PS-Elektromotor angetriebener konischer Einsatz, durch dessen Rotation die Erbsen durchmischt werden. Mit dem Mischer können 25 lb./min gleichmäßig durchmischt werden.

S.Lehmann/Bornim. 5315a.

1-68/07-0178 A n o n y m. Automation in the granary. (Automation bei der Getreidetrocknung.) - Power Farming 40 (1968) Nr. 3. S. 10-11. - 4 Abb.

Vf. beschreibt ein Überwachungssystem für eine Getreidetrocknungsanlage und mehrere Kontaktgeber, die beim Unterbrechen des Getreideflusses Warnsignale auslösen. Als Geber dienen Schaufel-, Druck- und Klappenschalter. Der Schaufelschalter gibt erst dann ein Signal ab, wenn die Rotation der im Getreidestrom liegenden Schaufel länger als 10 Sek. aussetzt. Die ständige Vervollkommnung und gleichzeitige Vereinfachung der Signalgeber, gekoppelt mit einer Reduzierung der Anschaffungskosten, soll in Zukunft ihren Einsatz bei allen Trockungsprozessen ermöglichen.

S.Lehmann/Bornim. 5315f.

1-68/07-0179 B a k k e r - A r k e m a, Fred W., B i c k e r t, W.G. und M o r e y, R.V. Gekoppelter Wärme- und Stoffaustausch während des Trocknungsvorgangs in einem Behälter mit Getreide. - Landtechn. Forsch. 17 (1967) Nr. 6. S. 175-180. - 4 Abb., 1 Tab.

Bisherige Untersuchungen über Wärme- und Stoffaustauschvorgänge bei landwirtsch. Produkten befassen sich vorwiegend mit dem Trocknen von dünnen Schichten. Die Austauschvorgänge in Großbehältern sind ungenügend bekannt. Vff. untersuchen theoretisch und experimentell Trocknungsvorgänge von Getreide in einem Behälter. Als Ergebnis werden Wärme- und Stoffaustauschgleichungen aufgestellt. Die theoretischen Ergebnisse zeigen jedoch keine gute Übereinstimmung mit den empirischen Austauschwerten. Grund: Nicht nur der Stoffaustausch in der Randschicht sondern auch die Diffussion innerhalb der einzelnen Körner muß bestimmt werden. Durch geeignete Gleichung wird die Diffussion innerhalb der Körner und ihre Wirkung auf die Klappsche Analyse beschrieben.

E.Turek/Bornim. 5315f.

1-68/07-0180 U k o l o v, V.S. Process suški semjan pšenicy, jačmenja, gorocha i podsolnečnika v kamernych kukuruzosušilkach. (Verlauf des Trocknens von Weizen, Gerste, Erbsen und Sonnenblumen in Mais-Kammertrocknern.) - Vestnik sel'skochozjajstvennoj nauki, Moskva 13 (1968) Nr. 2. S. 103-108. - 15 Diagr., 2 Tab. Zus. in Engl., Franz., Dtsch.

Für die Untersuchung der Möglichkeit, Getreide-, Hülsenfrucht- und Ölfruchtsamen in Mais-Kammertrocknern zu trocknen, wurde ein senkrechtes Stahlrohr von 250 mm Dmr. mit Siebboden verwendet, in dem aus netzförmigem Material bestehende Kassetten angeordnet waren, in die Weizen, Gerste, Erbsen oder Sonnenblumensamen geschüttet wurde. Das Stahlrohr wurde bei veränderlicher Schütthöhe l_1, Anfangsfeuchte w_1 und Lufttemperatur t_1 erst von unten und dann von oben mit Warmluft durchblasen. Die Versuchsergebnisse werden in Diagr. für die Abhängigkeit der Keimfähigkeit von t_1 bei verschiedenen w_1, der max. Temperatur $t_{1\,max}$ von w_1, der Feuchte w in verschiedener Höhe vom Boden h und bei verschiedenen l_1 unter einmaligem Luftrichtungswechsel von der Trocknungsdauer τ, der Feuchte w von h bei verschiedenem τ, der Restfeuchtedifferenz $\Delta\ w_2$ von l_1 bei verschiedenen w_1 und t_1, der Trocknungsdauer τ von l_1 bei verschiedenen w_1 und t_1, der empfehlenswerten Schichthöhe l_1 von w_1 sowie der Trocknungsdauer τ von w_1 dargestellt und diskutiert. Wie aus einer Tab. hervorgeht, ergaben Betriebskontrollen eine gute Übereinstimmung zwischen Labor- und Praxiswerten. In einer weiteren Tab. werden empfehlenswerte Trocknungsdaten angegeben. W.Balkin. 5315f.

1-68/07-0181 A n o n y m. Crop drying fans tested. (Geprüfte Erntetrocknungsgebläse.) - Farm Mechanizat. & Buildings, London 20 (1968) Nr. 223. S. 62-63. - 4 Abb., 2 Tab.

Folgende vier zapfwellengetriebenen Belüftungsgebläse für Getreidesilos werden miteinander verglichen. 1) Das Gebläse "Cooper Aeroflo" hat eine Masse von 1300 lb. (589,7 kg), einen Auslaß von 29 x 32 in. (736,6 x 812,8 mm) und eine max. Fördermenge von 28700 cu.ft./min (810 m^3/min) bei einem Gegendruck von 2 in. (50,8 mm) WS. Der Leistungsbedarf beträgt in diesem Falle 34 h.p. 2) Das Gebläse von "Simpla Traktor" hat eine Masse von 1350 lb. (612,4 kg) und einen Austrittsquerschnitt von 28 x 35 in. (711,2 x 965,2 mm). Bei nur 1 in. (25,4 mm) WS Gegendruck liegt die Fördermenge bei 25150 cu.ft./min (712 m^3/min), der Antrieb erfordert 28 h.p. 3) Das "Nu-way-Benson-Tractafan"-Gebläse hat eine Masse von 1130 lb. (512,6 kg) und einen Auslaß von 24 x 54 in. (609,6 x 1391,6 mm). Bei 3 in. (76,2 mm) WS Gegendruck werden 18700 cu.ft./min (529,6 m^3/min) Luft gefördert, wozu 20 h.p. als Antriebsleistung erforderlich sind. 4) Das Gebläse von Alvan Blanch hat eine Masse von 1300 lb. (589,7 kg) und einen runden Austrittsquerschnitt mit einem Dmr. von 54 in. (1371,6 mm). Bei 3 in. (76,2 mm) WS Gegendruck beträgt die Fördermenge 32000 cu.ft./min (906,2 m^3/min. 39 h.p. wurden als Antriebskraft ermittelt.

W.Bohrisch/Bornim. 5315f.

1-68/07-0182 Z e h e t n e r und H a m m e r s c h m i d. Heiz- und Belüftungsaggregat Typ "VC 250.000 WE" für Warmlufttrocknungsanlagen der Fa. Krobath - Prüfbericht Wieselburg, N.Ö. - Bundesversuchs- u. Prüf.-Anst. landwirtsch. Maschinen Geräte, Wieselburg/N.Ö., Prüfber. Nr.073/67. Gr. 8g. (1967) 7 S. - 1 Abb., 3 Diagr., 2 Tab. - nach Zus.

Das Heiz- und Belüftungsaggregat Typ "VC 250.000 WE" der Fa. Krobath ist fertigungs- und materialmäßig einwandfrei ausgeführt. Die Heizleistungen lagen je nach Düsengröße zwischen 141700 kcal/h und 263500 kcal/h. Der dabei erreichte Heizungswirkungsgrad betrug im Mittel 84,5 %. Die Wärmeverluste im Heiz- und Belüftungsaggregat sind gering. Der stündliche Wasserentzug beträgt bei Erwärmung auf 80 °C für eine Luftmenge von 1000 m^3/h rd. 15...20 kg/h Wasser. Beim Aufstellen der Trocknungsanlage müssen die elektrotechnischen Sicherheitsvorschriften sowie die jeweils geltenden Bauvorschriften beachtet werden. Auf Grund der Versuchsergebnisse kann das Heiz- und Belüftungsaggregat Typ "VC 250.000 WE" mit dem Prüfzeichen der Anstalt versehen werden. 5315f.

1-68/07-0183 Z e h e t n e r und H a m m e r s c h m i d. Heiz- und Belüftungsaggregat Typ "VC 150.000 WE" - Prüfbericht Wieselburg, N.Ö. - Bundesversuchs- u. Prüf.-Anst. landwirtsch. Maschinen Geräte, Wieselburg/N.Ö., Prüfber. Nr.072/67. Gr. 8g. 7 S. - 1 Abb., 3 Diagr., 2 Tab. - nach Zus.

Das Heiz- und Belüftungsaggregat Typ "VC 150.000 WE" der Fa. Krobath ist fertigungs- und materialmäßig einwandfrei ausgeführt. Die erreichten Heizleistungen lagen je nach Düsengröße zwischen 76000 kcal/h und 166000 kcal/h. Der Heizungswirkungsgrad betrug dabei im Mittel 87,9 %. Die Wärmeverluste im Heiz- und Belüftungsaggregat sind gering. Der stündl. Wasserentzug beträgt bei Erwärmung auf 80 °C für eine Luftmenge von 1000 m^3/h rd. 15 bis 20 kg/h Wasser. Beim Aufstellen der Trocknungsanlage müssen die elektrotechn. Sicherheitsvorschriften sowie die jeweils geltenden Bauvorschriften beachtet werden. Auf Grund der Versuchsergebnisse kann das geprüfte Heiz- und Belüftungsaggregat Typ "VC 150.000 WE" mit dem Prüfzeichen der Anstalt versehen werden. 5315f.

1-68/07-0184 C a l v e r l e y, D.J.B. High-moisture grain storage. (Einlagerung von Getreide mit hohem Feuchtigkeitsgehalt.) - Farm Mechanizat. & Buildings, London 20 (1968) Nr. 223. S. 21-24. - 2 Abb., 9 Zeichn.

Bei einem Feuchtigkeitsgehalt von 22 % muß die Lagertemperatur zur Vermeidung von Schäden niedriger als 40 °F (4,4 °C) sein. Die Insektenbekämpfung wird am besten mit chemischen Bekämpfungsmitteln durchgeführt, anstelle von Trocknung auf einen Feuchtigkeitsgehalt von 8...10 %, da dies unökonomisch ist. Wird Phosphorsäure im Verhältnis von 2 gal.(E) (9,09 l) zu 1 t Getreide versprüht, dann werden alle Pilze und Bakterien innerhalb von 24 Std. abgetötet, und das Getreide kann mit einem Feuchtigkeitsgehalt von 17...30 % ohne Schaden eingelagert werden. Die Einlagerung in luftdichten Silos erlaubt einen zeitigen Beginn der Ernte und einen stundenmäßig längeren Einsatz der Kombines, da die Einlagerung bei einem höheren Feuchtigkeitsgehalt vorgenommen werden kann. Zur Einlagerung haben sich Turmsilos aus Stahlblech, das galvanisiert, emailliert oder mit Kunststoff beschichtet wurde, bewährt. Zum Druckausgleich der durch die Temperaturschwankungen hervorgerufenen Volumenänderung des Gases sind Sicherheitsmaßnahmen (Ventile) notwendig. Das Beschicken und Entleeren der Speicher erfolgt zumeist mit Förderschnecken, die eine hohe Kapazität besitzen. Neuerdings werden zur Einlagerung Butylenbehälter in größerer Zahl angewendet, da sie billiger als die Stahlsilos sind. Aus Festigkeitsgründen sind diese Butylensilos mit einem hauptsächlich mit Maschendraht bedeckten Rahmen umgeben. Bei der Einlagerung von Getreide mit hoher Feuchtigkeit ist bes. der abs. Luftabschluß zu beachten. W.Bohrisch/Bornim. 5315g.

1-68/07-0185 O r d o l f f, D. Sacklose Getreidelagerung. Bildbericht. - Tierzüchter 19 (1967) Nr. 21. S. 746. - 4 Abb. 5315g.

1-68/07-0186 S i j b r i n g, P.H. Preliminary trials on chips processing by means of microwave . (Erste Versuche zur Herstellung von Chips mit Hilfe von Mikrowellen.) - Inst. Bewaring en Verwerking van Landbouwprodukt., Wageningen, Jaarboek 1966 S. 90-97. - 5 Diagr., 1 Schema, 1 Tab., 4 Lit.

Beschreibung eines Vorversuches zur Herstellung von Kartoffelchips mit Hilfe einer Philips-Mikrowellenanlage. Verwendet wurde die Frequenz von 2450 mC, da in Europa der Bereich von 915 mC, der sich in einer US-amerikanischen Anlage bewährt hatte, nicht benutzt werden darf. - Es zeigte sich, daß mit Hilfe der Versuchsanordnung Chips zu produzieren waren: Die Temp. lag bei 30 °C, das Produkt war nicht zu dunkel gefärbt. Während der Mikrowellenbehandlung wurde außer Wasser auch Öl aus den Chips abgetrieben, so, daß bei dem getrockneten Produkt auch der Fettgehalt gering war. Der Energieaufwand betrug 490 W für eine Fläche von 2,25 dm^2 (das sind 218 W/dm^2). L.Machler. 5320a.

1-68/07-0187 S p a r e n b e r g, H. Kartoffelwaschanlagen in Holland. - Kartoffelbau 19 (1968) Nr. 2. S. 50-51. - 1 Abb., 2 Schemata.

95 % der in Holland gewaschenen und verpackten Kartoffeln werden nach Westdeutschland exportiert. In Holland werden hauptsächlich gebürstete Kartoffeln verkauft. 10 Packungen zu 2,5 kg werden in einem Umsack zusammengefaßt. Für das Waschen werden von Lehmboden kommende Kartoffeln bevorzugt, da von Sandboden kommende nach dem Waschen matt aussehen. - Lagerkapazität im Waschbetrieb gering. Technologie: Annahme, Sortierung (28 mm Futter, 28...35 mm Konserve, 35...55 mm Waschen, 55 mm Pommes-frites-Industrie), Schwemmrinne, Waschmaschine mit Nylonbürsten und Gumminoppen, Trocknen durch Schaumgummiwalzen mit Gegendruckrollen zum Ausdrücken des Wassers. Die Kartoffeln trocknen in den perforierten Beuteln nach. Leistung der Waschmaschine 6...10 t/h. L.Kunath/Bornim. 5320b.

1-68/07-0188 S o m m e r, H. Industriemäßige Aufbereitung und Verbesserung der Qualität bei Speisekartoffeln durch zentrale Sortierplätze. - Feldwirtschaft 9 (1968) Nr. 4. S. 162-163. - 3 Abb., 2 Lit. 5320b.

1-68/07-0189 H o l z a p f e l, W. Pflanzkartoffelaufbereitung in der Gemeinschaftseinrichtung Ziesar senkt den Aufwand für die Sortierung. - Saat- u. Pflanzgut 9 (1968) Nr. 1. S. 13-14. - 1 Zeichn. 5320b.

1-68/07-0190 C l o t h i e r, C. Fertigverpackung von Pflanzkartoffeln in Großbritannien. - Kartoffelbau 19 (1968) Nr. 3. S. 86. - 1 Abb.

Neuerdings gewinnt die Fertigverpackung von Pflanzkartoffeln für Kleinstverbraucher in Großbritannien Bedeutung. Auf den Supermärkten werden Pflanzkartoffeln in perforierten Polyäthylenbeuteln (3...14-lb.-Packungen) mit 2farbigem Aufdruck angeboten. Auch Kunststoffnetze aus "Netlon" (Polynet) oder Polypropylen-Säcke eignen sich wegen ihrer Luftdurchlässigkeit gut. Das "Verkaufs—Appeal" spielt eine Rolle. Das Etikett enthält den Sortennamen und die Handelsklasse (S.S. =special stock = beste Klasse oder A und H für die folgenden Handelsklassen). Diese Handelsklassen garantieren Virusfreiheit der Ware. L.Kunath/Bornim. 5320f.

1-68/07-0191 D r e s s e l, H. Kleinverpackte Qualitätsspeisekartoffeln - ein ansprechendes und immer frisches Angebot. - Kartoffelbau 19 (1968) Nr. 4. S. 111-113. - 4 Abb.

Die Verordnung über die gesetzlichen Handelsklassen für Speisekartoffeln garantiert bestimmte Qualitätsmerkmale und schreibt eine bestimmte Beschriftung der Verpackung vor. Als Verpackungsmaterial werden Polyäthylenbeutel bevorzugt, da sie billiger und haltbarer als Papierbeutel sind. Die vollautomatischen Maschinen leisten 2,5...7,5 t/h in 1,5...5,0-kg-Packungen, die in Umsäcken zusammengefaßt werden. Der Abpackanlage müssen sauber gebürstete oder gewaschene Kartoffeln in enger Fraktionierung (35...55 mm oder 40...60 mm) zugeführt werden. Durch Dosierungsgeräte (Tariersortierer) werden die vom Verteilerband kommenden Kartoffeln auf die Abpackkapazität abgestimmt. Die Ware wird dabei nochmals in Normal- und Tarierware (kleinere Knollen) aufgeteilt. Dann übernehmen die Verwiegemaschinen vom Grobstromband und Tarierband die Kartoffeln. Verschließeinrichtung und Transportband folgen. Je 50 kg Fertigware in Kleinbeuteln werden 1,40 DM Kosten einzeln aufgegliedert angegeben. L.Kunath/Bornim. 5320f.

1-68/07-0192 A r t n e r, X. Ein neuer Weg in der Belüftung von Großkisten-Lagerhäusern. - Kartoffelbau 19 (1968) Nr. 2. S. 40. - 1 Abb.

Eine massive Hofscheune wurde durch Anbau vergrößert und für die Palettenlagerung von Pflanzkartoffeln umgebaut. Es wurde eine Vertikalbelüftung eingebaut, die besonders empfohlen werden kann für Palettenlagerung von hitzigen Sorten, zur Abtrocknung von feucht oder naß eingelagerten Kartoffeln und zur Palettenlagerung in Altgebäuden bei zentraler Sortierung. Im genannten Fall wurde jedes Tennenviertel mit Luftkanälen für Frisch- oder Umluft versehen. Die Abluftschächte hatten eine günstige wirksame Höhe, daraus ergaben sich niedrige Einsatzzeiten für die Ventilatoren, deren Leistung 100 m^3/h je m^3 Kartoffeln betrug. Die Nutzung dieses Gebäudes zur Trocknung und Lagerung von Mais oder Getreide in Großkisten ist möglich.
L.Kunath/Bornim. 5320h.

1-68/07-0193 P ö t k e, E. Technologische Probleme bei der Einrichtung von Kartoffelaufbereitungs- und Lagerzentralen. - Inform. Landwirtsch. u. Nahrungsgüterwirtsch. Bez. Schwerin 1967 Nr. 6. Sonderbeil. S. 52-62. - 9 Zeichn., 5 Lit.

Mit der vollmechanisierten Kartoffelernte ist die nachfolgende Aufbereitung notwendig geworden. Soll nach der Ernte zwischengelagert werden, so empfiehlt sich eine belüftete Lagerung unter Dach. In Boxenlagerhäusern ist die Mechanisierung der schweren Transportarbeiten nur teilweise mit Förderbändern möglich. Sie werden deshalb durch Lagerhallen abgelöst. Beschrieben wird eine Anlage, bestehend aus Annahme und Aufbereitungstrakt mit einer Kapazität von 10 t/h und einer Lagerhalle mit einer Kapazität von 3000...8000 t. Für den Umschlag der aufbereiteten Kartoffeln sind Boxpaletten mit Gabelstapelförderung vorgesehen. Die Einlagerung soll über fahrbare Bandstraßen erfolgen. Durch den Einsatz von speziellen Ein- und Auslagergeräten können an Stelle der tiefen Belüftungskanäle flache Kanäle mit Rostabdeckung treten. Die Investitionskosten einer Anlage betragen bei 3600 t Lagerkapazität 470 M/t und bei 6000 t 420 M/t. Der Arbeitszeitbedarf der kleinen Anlage liegt bei 4,15 AKh/t und der großen bei 3,60 AKh/t. G.Wünsche. 5320h.

1-68/07-0194 T e t j a n i č, I. Avtomatizacija regulirovanija temperatury i vlažnosti v kartofelechranilišcach. (Automatische Temperatur- und Feuchtigkeitsregelung in Lagerräumen für Kartoffeln.) - Technika v sel'skom chozjajstve, Moskva 27 (1967) Nr. 12. S. 31-32. - 2 Abb.

Das für die Lagerung von Kartoffeln und Gemüse in Mieten oder Grabensilos vorgeschlagene Regelungssystem besteht aus Regler, Geber und Stellglied. Die Regelung der Temp. und des Luftwechsels erfolgt durch automatisches Öffnen und Schließen der Elektromagnetventile, die in den Abzugsrohren eingebaut sind. Das Belüftungssystem eignet sich sowohl für die Be- und Entlüftung als auch für die aktive Lüftung. E.Kahn. 5320h.

1-68/07-0195 E v e r s, P.N., B r i n k m a n n, W. und K e s s e n i c h, M. Automatisches Kistenfüllgerät für Kartoffeln. - Kartoffelbau 19 (1968) Nr. 3. S. 82. - 5 Abb., 1 Lit.

In Zusammenarbeit mit dem Inst. für Landtechnik in Bonn wurde ein Gerät zum Füllen von Kisten (1000 t in 2 Min. bei 0,4 m/s Bandgeschwindigkeit) entwickelt. Das Förderband kann auf dem Rahmen um einen Drehzapfen durch elektrischen Antrieb seitlich geschwenkt werden. Ein Leittrichter - unten mit Kartoffeltastern zum Abtasten des Schüttkegels - wird elektrisch gehoben und gesenkt. Ein ebenfalls elektrisch gesteuertes Dosiergerät gibt während des Füllens Keimhemmungsmittel zu. Je 2 an das Füllgerät herangefahrene Kisten werden automatisch nacheinander gefüllt.

L.Kunath/Bornim. 5320j.

1-68/07-0196 N e s t e r o v, N.N. Ispol'zovanie pogruzčika silosa PSN-1 dlja izmel'čenija korneplodov. (Verwendung des Silageladegerätes "PSN-1" für das Zerkleinern von Wurzelfrüchten.) - Traktory i sel'chozmašiny, Mosvka 1968 Nr. 2. S. 46. - 1 Abb. 5325a.

1-68/07-0197 M a l t r y, W. Zur Dimensionierung von Mammutpumpen. - Dtsch. Agrartechn. 18 (1968) Nr. 5. S. 233-235. - 5 Diagr., 1 Tab., 3 Zeichn., 1 Lit. - nach Zus.

In Trocknungsanlagen der Landwirtschaft und der Zuckerfabriken werden zur Bewältigung des Schmutzwassers von Hackfruchtwaschanlagen häufig Mammutpumpen eingesetzt; das sind Mischluftwasserheber, die im wesentlichen aus einem eingetauchten, senkrechten Rohr und einer Luftzuführung bestehen. Die Analyse der Grundlagen der Mammutpumpen führt zu folgenden Erkenntnissen: 1) Die Gesetzmäßigkeiten der Mammutpumpen können als geklärt betrachtet werden. Die Zusammenhänge sind formelmäßig zusammengefaßt. 2) Für jedes Steigrohr gibt es einen Betriebspunkt mit max. Wirkungsgrad und einen zweiten Betriebspunkt mit max. Flüssigkeitsstrom. 3) Der Luftstrom soll so groß gewählt werden, daß der sich einstellende Betriebspunkt zwischen bestem Wirkungsgrad und größtem Flüssigkeitsstrom liegt. 4) Eine Steigerung des Luftstroms über den Betriebspunkt des max. Flüssigkeitsstroms hinaus führt zu einem Zusammenbruch des normalen Förderverhaltens und ist deshalb unbedingt zu vermeiden. 5) Die Eintauchtiefe ist mindestens so groß wie die Steighöhe zu wählen. 6) Für Lufteinlaß und Wasserauslaß sind einige wenige konstruktive Besonderheiten zu beachten. 7) Dimensionierung und Überprüfung von Mammutpumpenanlagen sind mit Hilfe des vorgeschlagenen Nomogramms relativ einfach möglich. 5325c.

1-68/07-0198 K u l p e, E. Arbeitsparende und verlustarme Lagerung von Futterrüben. - Erfahr., Erkenntnisse, Anwend. für d. sozialist. Landwirtsch. Bezirkes Gera 4 (1967) Nr. 10. S. 17-19. - 4 Abb., 4 Tab., 3 Lit. - nach Zus.

Ausgehend von den verschiedenen Ernteverfahren wird festgestellt, daß die Lagerung in den allg. üblichen 2,00...2,50 m breiten und 1,30...1,50 m hohen Mieten 25...34 % des Arbeitsbedarfes der gesamten Ernte beansprucht. Daher wird empfohlen, die Futterrüben in 6,00 oder 3,50 m breiten und 1,65 m hohen Mieten zu lagern, wodurch dieser Arbeitsaufwand auf etwa ein Viertel gesenkt wird. Außerdem ist bei dieser Mietenform die Möglichkeit der Temperaturregulierung während der gesamten Lagerungsperiode gegeben. Dadurch werden die Gesamtlagerungsverluste von 14,55 auf 7,27 % gesenkt und ein Nährstoffmehrertrag von 17,8 % bei verdaulichem Roheiweiß und von 32,2 % bei Stärkewert erzielt. Die Anlage und Beschickung der breiten Miete werden eingehend beschrieben. 5325d.

1-68/07-0199 I g n a t o v, N.M. K voprosu o mechanizacii rabot po uchodu za kagatami sacharnoj svekly na sveklopriemnych punktach sacharnych zavodov. (Mechanisierung des Zudeckens der Zuckerrübenmieten in den Rübenannahmestellen der Zuckerfabriken.) - Doklady TSChA Moskovskaja ordena Lenina sel'skochozjajstvennaja akademija imeni K.A. Timirjazeva 1967 Nr. 131. S. 343-348. 4 Schemata, 6 Lit.

Abdeckung mit Erde und Schilf- oder Strohmatten ist aufwendig und die Matten halten nur kurze Zeit. Dauerhafter sind Platten aus gepreßtem Schilf oder Kunststoffen wie Glasfaser, Schaumstoffe u.a. Zum mechanischen Verlegen dieser Platten ist ein Gerät entwickelt worden, das auf einem 3,5-bis 5-t-LKW montiert wird und aus einem auf einer drehbaren Plattform befindlichen 2teiligen knickbaren Ausleger mit Plattengreifer für Platten von 3 x 4...5 x 8 m Größe besteht. Vf. beschreibt das Gerät und seine Anwendung. Um das Gerät auch außerhalb der Zuckerkampagne verwenden zu können, empfiehlt es sich, es auch mit einen gewöhnlichen Greifer und einem Lasthaken für Stückgut auszurüsten. W.Balkin. 5325d.

1-68/07-0200 K a r a t n i c k i, A. und M a l e c, J. Przechowywanie buraków przy zastosowaniu mechanicznej wentylacji. (Lagerung von Rüben bei gleichzeitiger Belüftung.) - Gaz. cukrownicza 1967 Nr. 8. S. 193-195. - 4 Tab. PRL/CBR. 5325d.

VI. T I E R I S C H E P R O D U K T I O N

A. ALLGEMEINES

1-68/07-0201 A n o n y m. Complete forage system. (Vollständiges Futtersystem.) - Agric. Machinery J. 22 (1968) Nr. 3. S. 27. - 1 Abb.

Das vollständige Futtersystem besteht aus einer Reihe von Maschinen und Geräten, die so aufeinander abgestimmt sind, daß man von einer komplexen Mechanisierung der Futterwirtschaft sprechen kann. Das gesamte System, einschließlich der Zusatzeinrichtungen, besteht aus folgenden Komponenten: 1) Einem Futterernter zur Mahd und zur evtl. Häckselung des Grünfutters. 2) Eine Einrichtung zum Schärfen der Messer im Futterernter. 3) Ein Gebläse. 4) Ein Schütttrichter zur Beschickung des Gebläses mit Grünfutter. 5) Ein oder mehrere Behälter, in denen das Futter abgeladen wird. Die Behälter können auf Räder gesetzt und transportiert werden. 6) Räder und Drehschemel, die spez. für die Behälter bestimmt sind. 7) Ein Entnahmegerät. 8) Ein Zusatzgerät für Getreide, das hauptsächlich aus einer Förderschnecke und einem Trog oder einer Art Mulde von 7 ft. (2,13 m) besteht. 9) Ein Zusatzgebläse für Stroh, einschließlich des Ansaug- und Austrittskanales. 10) Ein Hänger. Die Funktion verschiedener Komponenten, z.B. des Abladebehälters, der praktisch die Aufgabe eines Speichers oder eines Silos übernimmt, wird kurz beschrieben. Die verhältnismäßig preiswerte Anlage (der Preis der einzelnen Bestandteile ist angegeben) wird von der Fa. MGB Engineering, Huntingdon Ltd. geliefert. Sie kostet weniger als ein mechanisiertes System, das Turmsilos als Speicher zur Grundlage hat.

W.Bohrisch/Bornim. 6010.

B. TIERHALTUNG

1/68/07-0202 M ä t z o l d, G. Zu technologischen Fragen der Rinderhaltung. - Inform. Landwirtsch. u. Nahrungsgüterwirtsch. Bez. Schwerin 1967 Nr. 4. Sonderbeil. S. 21-25. - 4 Tab., 4 Lit. - nach Zus.

Die Analyse von Arbeitsgängen, Arbeitsverfahren oder Produktionsverfahren kann durch einen "Technologischen Beurteilungsrahmen" erleichtert werden. Damit kann bei der Ermittlung der zweckmäßigen Konzentration aus technologischer Sicht eine fundierte Aussage getroffen werden. Zumindest wird neben futterwirtschaftlichen, veterinärhygienischen u.a. Gesichtspunkten diese technologische Einschätzung bes. Gewicht erlangen. Eine in diesem Zusammenhang angestellte vergleichende Betrachtung verschiedener Verfahren der Milchgewinnung zeigten generell die Vorteile des Melkens in Melkständen. Sie ließ aber auch die Tendenz erkennen, daß bei den meisten ökonomischen Kennzahlen eine starke Degression bei Beständen bis zu 200...300 Kühen eintritt, bei 400 Kühen und darüber aber nur noch schwach vorhanden ist. Nur beim Melkkarussell für 40 Kühe bringen Bestandgrößen von 800...1000 Kühen weitere beachtliche Degressionen bez. Investitionen und Verfahrenskosten. Eine solche technologische Einschätzung der Verfahren der Milchgewinnung wird allein nicht genügen für eine Aussage über das zweckmäßigste Produktionsverfahren zur Milchproduktion und eine ökonomische Konzentration der Bestände. Entspr. Analysen der anderen Arbeitsabschnitte sowie betriebsökonomische veterinärhygienische u.a. Überlegungen sind dafür gleichermaßen erforderlich. 6110a.

1-68/07-0203 W i l l i a m s, Michael. Cotel italian style. (Kutel in italienischem Stil.) - Farmers weekly, London 68 (1968) Nr. 13. S. 80-82. - 5 Abb.

Die 600er Rinderanlage ist eine der integriertesten und hochmechanisierten Milchproduktionsstätten in Europa. Neben Milch sind Erzeugung und Vertrieb von Milchprodukten geplant. 24 Stalleinheiten sind kreisförmig um ein Melkkarussell mit 25 Ständen gruppiert (Stahlrahmenkonstruktion mit Asbestbetondächern). Je 30 Tiere sind in Boxen aufgestallt, die mit Sägespänen eingestreut werden. Zwischen Stalleinheit und Melkstand befinden sich die Freßplätze. An der Stirnseite des Komplexes wurden neben dem Kälber- und Krankenstall das Futterlager und die Zubereitungsräume angeordnet. Dazu gehören 8 100-t-Hochsilos, 1 Fahrsilo mit Portalkran, 2 Heutürme für Trocknung und Lagerung. Das Futter gelangt von der Mahl- und Mischeinrichtung über ein Hauptförderaggregat zum Kreisförderer. Dieser dosiert es auf Seitenförderer, welche es in die Krippen verteilen. Das Melkkarussell wird von 4 AK bedient. Die Melkrate beträgt 200 Kühe je Stunde. R.Brink/Bornim. 6110a.

1-68/07-0204 S i e m e r s, Gustav. Betriebsschwerpunkt: Ferkelerzeugung. - Mitt. dtsch. Landwirtsch.-Ges. 83 (1968) Nr. 12. S. 385-388. - 2 Abb., 2 Tab., 2 Zeichn.

Die Haltung von 80 Sauen mit einer Jahresproduktion von 18 Ferkeln je Sau setzt eine moderne Aufstallungsform voraus. Ein Kuhstall wurde 50 cm hoch angefüllt und mit einem gut isolierten Fußboden ausgestattet. Decke und Wände erhielten eine 10 cm starke Isolierschicht aus Glaswolle und eine Eternitverkleidung. Die Abferkelboxen sind 1,80 x 2,25 m groß und die Absetzbuchten 1,80 x 1,60 m. Eingestreut wird mit Holzwolle und Styro-Mull. Die Abferkelbuchten werden mit Fußbodenheizplatten, Leistung 190 W, erwärmt und der Stall mit einem Ölheizgerät. Die nieder- und hochtragenden Sauen sind in einem Eternitstall mit Einzelfreßständen untergebracht. Insgesamt kostete der Bau der beiden Ställe, einschließlich Waage, Futterwagen und Schrotmühle 91100 DM. G.Wünsche/Bornim. 6110a.

1-68/07-0205 G e u s, P.A. de. Biggenopfok met elektrisch verwarmde tegels in de vloer. (Ferkelaufzucht mit elektrisch erwärmten Bodenziegeln.) - Landbouwmechanisatie 19 (1968) Nr. 2. S. 171-180. - 13 Abb.

Auf Grund von Veröffentlichungen in den USA, England und Belgien wurden in den Niederlanden die Möglichkeiten geprüft, Ferkelnester mit elektrischer Bodenerwärmung auf Temperatur zu halten. Die Vorteile, die diese Art der Erwärmung von Ferkelbuchten im Einsatz ökonomisch gegenüber den herkömmlichen Wärmelampen bietet, werden ergänzt durch eine Anzahl von günstigen Gesichtspunkten, die die Betriebssicherheit betreffen, z.B. abs. Brandsicherheit, geringe Reparaturanfälligkeit. Die Abmessung der bei den Untersuchungen entwickelten elektrisch beheizbaren Bodenplatten waren in der Länge 120 cm, in der Breite 45 cm sowie in der Dicke 10 cm. Der Anschlußwert wird mit 200 W angegeben. Die Erwärmungs- und Abkühlungskurve eines elektrisch beheizten Bodenziegels zeigt, daß bei einer Raumtemperatur von 20 °C eine maximale Oberflächentemperatur von 42 °C nach 24 Std. erreicht wird. Nach

Abschalten der Beheizung sinkt die Oberflächentemperatur des Ziegels in 24 Std. von 42 °C auf 25 °C. Die Temperaturregelung der beheizbaren Ziegel kann durch thermostatische Schalter in den Ziegeln, die mit elektromagnetischen Schaltern einer Schalt- und Verteileinrichtung in Verbindung stehen, erfolgen. G.Müller/Bornim. 6110a.

1-68/07-0206 B e l o v, Ju. Ėlektronagrev pola cypljatnikov. (Elektrische Beheizung des Bodens in Kükenställen.) - Technika v sel'skom chozjajstve, Moskva 28 (1968) Nr. 3. S. 38-39. - 2 Abb. 6111a.

1-68/07-0207 T s c h i e r s c h k e, M. Zur Bestimmung der Viskosität fließfähiger Futtermischungen. - Dtsch. Agrartechn. 18 (1968) Nr. 4. S. 190-191. - 4 Diagr., 2 Tab., 3 Lit. - nach Zus.

Versuche an fließfähigen Futtermischungen mit einem Rotationsviskosimeter großer Spaltweite und zwei Flügelrührern ergaben, daß der Einfluß von Thixotropie und Wiederholung der Messung mit derselben Futtermischung auf das Ergebnis vernachlässigt werden kann. Dagegen führen Messungen getrennt angesetzter Mischungen derselben Rezeptur zu großen Streuungen, die sogar den Temperatur- und Zeiteinfluß überdecken. Eine Abhängigkeit der Fließkurve und der Drehmoment-Drehzahl-Kurve war nicht eindeutig nachzuweisen. Verwendete Bezeichnungen: Dynamische Viskosität η kp. s/m^2; Schergefälle D s^{-1}; Scherspannung τ kp/m^2; Fließgrenze (Grenzscherspannung) τ_0 kp/m^2 Rührerdrehzahl n min^{-1}; Drehmoment am Rührer M pcm; Grenzdrehmoment M_{O2} pcm; Steigungsfaktor der Fließkurve k kp. s/m^2; Krümmungsfaktor der Fließkurve n -; Temperatur ϑ °C; Zeit zwischen Ansetzen der Futtermischung und Messung (Alter der Futtermischung) T min; Dichte ϱ kg/m^3; Tr.-Subst.-Gehalt Tr Massen-%; Arithmetischer Mittelwert $\bar{x}$; Variationskoeffizient V %; Bestimmtheitsmaß bei linearer Regression B -. 6115a.

1-68/07-0208 A k u l o v, N.D. und P e r e v a l o v a, L.I. Universal'naja drobilka kormov DKU-1,0. (Universal-Futtermühle "DKU-1,0".) - Traktory i sel'chozmašiny, Moskva 1967 Nr. 12. S. 32-33. - 1 Abb., 1 Zeichn. 6115d.

1-68/07-0209 G r i c a e n k o, V.I. Molotkovaja kormodrobilka KDM-2,0A Moskvička. (Die Hammermühle KDM-2,0A "Moskvička".) - Traktory i sel'chozmašiny, Moskva 1968 Nr. 2. S. 36. - 1 Abb., 1 Tab. 6115d.

1-68/07-0210 K a p p e t e i n, G.C. "Factoren die de persbaarheid van grondstoffen en mengvoeders beinvloeden". (Faktoren, die die Preßbarkeit von Grundstoffen und Mischfuttermitteln beeinflussen.) - Inst. Bewaring en Verwerking van Landbouwprodukt., Wageningen, Jaarboek 1966 S. 44-59. - 6 Abb., 13 Diagr., 1 Tab., 4 Lit.

Vf. untersucht das Zusammenfügen von Grundstoffen zu größeren Einheiten (Pellets) unter dem Einfluß von Druck und Temperatur. Für die Untersuchungen wird eine hydraulische Presse verwendet, bei der Druck und Zeitdauer genau reguliert werden können. Erwärmbare Matrizen erlauben das Pressen der zu prüfenden Futterstoffe bei verschiedenen Temperaturen. Die Untersuchung der "inneren Festigkeit" der Pellets erfolgt mit einer vom IBVL entworfenen Bohrvorrichtung. Ein Brechgerät wurde für die Prüfung der Bruchfestigkeit der Pellets entwickelt. Ein Gerät für die Bestimmung der Verschleißfestigkeit ermöglicht die Berechnung des PD (pellet-du-rability)-Index. Es wurde u.a. festgestellt, daß die Temperatur einen größeren Einfluß auf die Preßbarkeit von Futterstoffen besitzt als der Druck. L.Machler. 6115i.

1-68/07-0211 B a s t e l a e r e, G.R. van. "Het persen van korrels en brokjes met ringmatrijzen". (Das Pressen von Granulaten und Pellets mit Ringmatrizen.) - Inst. Bewaring en Verwerking van Landbouwprodukt., Wageningen, Jaarboek 1966 S. 60-65. - 1 Diagr., 1 Schema, 3 Tab.

Obwohl in den Niederlanden jährl. über 2 Mill. t Mischfutter in gepreßter Form produziert werden, sind noch einige Probleme beim Pressen von Futtermitteln ungeklärt. Bei den modernen Pressen werden meist die Matrizen angetrieben und die Walzen nicht. Vf. untersucht den Einfluß des Abstandes zwischen Walze und Innenkante der Matrize auf den Preßvorgang. Als Ergebnis der Untersuchungen wird herausgestellt, daß der Walzenabstand großen Einfluß auf die Produktionsleistung der Presse und auf die Bruch- und Verschleißfestigkeit der Preßprodukte ausübt. L.Machler. 6115i.

1-68/07-0212 R o g o ž k i n, N. Ulučšit' konstrukciju avtopoilok. (Vorschläge zur Verbesserung der Selbsttränken Typ "PA-1" und "PA-2".) - Technika v sel'skom chozjajstve, Moskva 27 (1967) Nr. 12. S. 22-24. - 2 Abb.

Die Konstruktion der beiden Selbsttränketypen ("PA-1" und "PA-2") weist folgende Mängel auf: plastische Verformung und rascher Verschleiß der flachen Gummidichtung, bleibende Verformung der Feder, Korrosion des Ventilstößels und der Feder. Vf. schildert im einzelnen, wie diese Mängel abgeste stellt werden könnten, bis eine neue Konstruktion entwickelt wird. Hierbei ist die Vervollkommnung des Ventilmechanismus anzustreben und die Ventilfeder vor Wassereinfluß zu schützen. E.Kahn. 6120b.

1-68/07-0213 A n o n y m. Suevia-Schweine-Doppeltränkebecken "Modell 88". - DLG-Prüfbericht. - DLG-Maschinenprüfber. Nr.1500. Gr. 9d/40. (1967) S. 1-3. - 1 Abb.

Hersteller: Chr. Haiges KG, Spezialfabrik für Tränkebecken, 7125 Kirchheim/Neckar. 6120b.

1-68/07-0214 A n o n y m. Schweinetränkzapfen Suevia-"Soger" - DLG-Prüfbericht. - DLG-Maschinenprüfber. Nr.1501. Gr. 9d/41. (1967) S. 1-3. - 1 Abb. Hersteller: Chr. Haiges KG, Spezialfabrik für Tränkebecken, 7125 Kirchheim/Neckar. 6120b.

1-68/07-0215 F i a l a, Jiri. Das Verhalten fließfähiger Futtermischungen für Schweine beim Durchfluß durch Rohrleitungen. - Landtechn. Forsch. 17 (1967) Nr. 6. S. 168-175. - 2 Abb., 12 Diagr., 8 Lit.

Zur Bestimmung des Fließverhaltens fließfähiger Futtermischungen aus Trockenmischfutter und Wasser (3 verschiedene Trockensubstanzgehalte und 4 Temperaturen) diente eine Modellrohrstrecke mit Mischer, Pumpe und Meßrohr von 15 mm Dmr., an der Durchsatz, Druckabfall und Temperatur gemessen wurden. Die Auswertung der Versuche erfolgte bei Annahme laminarer Strömung und Ausschluß von Gleiten an der Wand nach dem Hagen-Poiseuille'schen Gesetz. Hierzu wurden, da Nicht-Newton'sche Flüssigkeiten vorliegen, zunächst aus den Versuchsergebnissen die Fließkurven errechnet, dann die Koeffizienten nach Ostwald-de Waele bestimmt und unter Verwendung dieser Beiwerte die verallgemeinerte Reynolds'sche Zahl gebildet. Nach der Errechnung des Widerstandsbeiwertes aus den Meßergebnissen mittels der bekannten Beziehung für den Druckabfall in Abhängigkeit vom Staudruck wurde dieser Widerstandsbeiwert für 3 Futtermischungen in Abhängigkeit von der verallgemeinerten Reynoldszahl graphisch dargestellt. Die Ergebnisse zeigen den starken Einfluß von Temperatur und Trockensubstanz, bes. bei mehr als 20 % Trockensubstanzgehalt. Weiterhin ist ersichtlich, daß die Viskosität bei einem Schergefälle von mehr als 200s^{-1} nahezu konstant ist und sich außerdem bei Versuchszeiten von mehr als 10 Std. nur noch unwesentlich verändert.

M.Tschiersohke/Bornim. 6120c.

1-68/07-0216 L a v r u š i n, L. und T a r a s o v, S. Issledovanie gidrotransporterov na podače vlažnych kormov. (Untersuchung von Förderrohren für fließfähiges Futter.) - Technika v sel'skom chozjajstve, Moskva 28 (1968) Nr. 1. S. 27-28. - 1 Diagr., 1 Tab.

Die Versuche wurden mit 3 verschiedenen Futtermischungen (Angabe der Zusammensetzung und der physikalischen Eigenschaften in Tabelle) bei einer Fördermenge von 0,25...5,0 l/s, Rohrdurchmessern von 53, 80 und 100 mm und Fördergeschwindigkeiten von 0,25...2,35 m/s durchgeführt. Bei einer bestimmten kritischen Geschwindigkeit (je nach Rohrdurchmesser 0,65...2,1 m/s) geht die laminare Strömung in eine turbulente über, wodurch die Druckverluste stark steigen. Die ermittelten Beziehungen werden in einem Nomogramm wiedergegeben, mit dem der für bestimmte Bedingungen erforderliche Rohr-Dmr. ermittelt werden kann. W.Balkin. 6120c.

1-68/07-0217 A n o n y m. Portable bulk storage and feeding system. (Transportables Lagerungs- und Fütterungssystem.) - Farm Mechanizat. & Buildings, London 20 (1968) Nr. 221. S. 47. - 1 Abb.

Beschrieben wird ein transportabler Futterbehälter, der sowohl zur Einlagerung als auch zur Verteilung von Futter für 50 Schweine vorgesehen ist. Der aus Stahl gefertigte und mit einer unschädlichen Farbe angestrichene Behälter hat ein Fassungsvermögen von 90 ft. (2,55 m^3). Durch 4 Aufsätze, die je 3 ft. (0,91 m) hoch sind und ein Fassungsvermögen von je 72 cu.ft. (2,04 m^3) besitzen, kann die Lager- und Verteilungsmenge erheblich vergrößert werden. Eine dachähnliche Abdeckung schützt den Inhalt vor Witterungseinflüssen, so daß das Gerät sowohl im Freien als auch im Stall aufbewahrt werden kann. Mit einer Spezialvorrichtung wird es an die 3-Punkt-Hydraulik des Traktors montiert. Der Hauptbehälter ist ohne Aufsatz 6 ft. (1,83 m) lang, 4 ft. (1,22 m) breit und 8 ft. 9 in. (2,67 m) hoch. Da die Bodenfreiheit 3 ft. 6 in. (1,07 m) beträgt, kann das Gerät im Stall direkt über eine ebenfalls entwickelte Selbstfütterungsanlage für Schweine gestellt werden, wodurch die Futterverteilung auf eine Mindestdauer reduziert wird. Mit einer einzigen Füllung mit fertigem Futter können 50 Schweine 14 Tage lang gefüttert werden. Die Füllung kann durch eine einfache Verbindung vom Auslaß des Futterwagens zum Lagerbehälter vorgenommen werden. Angaben über den Hersteller sowie die Verkaufsfirma vervollständigen den Artikel, wobei auch die Preise angegeben werden. W.Bohrisch/Bornim. 6120c.

1-68/07-0218 P a y n e, J.I. Silážní věže a mechanizované krmení. (Silotürme und mechanisierte Fütterung.) - Zemědělská Techn. 13 (1967) Nr. 11. S. 689-696. Zus. in Russ., Engl., Franz., Dtsch.

Zur Erzielung einer kostensparenden Grünfutterkonservierung durch Silieren muß das Erntegut nach erfolgtem Anwelken so rasch wie möglich eingefahren werden. Zur Siloturmbeschickung werden in den USA Wurfgebläse mit einem Dmr. der Wurftrommel von 685...1370 mm gefertigt. Zur Entnahme der Silage dienen größtenteils Obenentnahmegeräte mit einer oder mehreren Entnahmeschnecken und einer Leistung von 27,2...54,4 kg/min; die neuentwickelte Obenentnahmeanlage mit Rechenfräse hat nach den Herstellerangaben eine Leistung von

118 kg/min. Zur Futterverteilung in Fütterungsanlagen dienen Stetigförderer mit Selbstreinigung, Trogförderer für die Beschickung eines ganzen Troges mit einem Male sowie angehängte Rechenförderer für den Futtertransport. Eine weitere Möglichkeit ist der Einsatz von Futterverteilungswagen.

ČSSR/ÚVTI. 6120c.

1-68/07-0219 V e j n l a, V. und R e p p o, B. Uborka navoza skreperom. (Entmistung mit Seilschrapper.) - Technika v sel'skom chozjajstve, Moskva 27 (1967) Nr. 12. S. 17-20. - 4 Abb.

In den Milchviehfarmen der Estnischen SSR werden allgemein umlaufende Kratzerketten oder Schubstangen als Entmistungsanlagen eingesetzt. Im Winter ergeben sich jedoch Schwierigkeiten beim Abwurf des Dunges über den Transportmitteln oder der Dungstätte. Auf der Milchviehfarm des Sowchos "Pjalson" wird der Dung zunächst aus den Kotrinnen mittels zweier umlaufender Kratzerketten in den Dungkanal befördert und von dort mit den Kippschaufeln des Seilschrappers zur Abwurfstelle geschafft. Der querverlaufende Dungkanal faßt eine Dungmenge von 70 m^3. - Techn. Daten: Länge des Dungkanals 23 m, Höhe 1,5 m, Breite 2,82 m (oben), 1,68 m (an der Sohle), Neigung der Seitenwände 40°; Schleppgeschwindigkeit 0,333 m/s. Im Winter wird der Dungkanal 1mal wöchentl. und im Sommer nach je 14 Tagen entmistet, wobei die Seilschrapperanlage jeweils für 2...3 Std. eingeschaltet wird. Eine Klappschaufel faßt 0,83 m^3 Dung, die Leistung beträgt 4,4 kg/s. - Der Kolchos "Rachwa Wyit" hat eine Schubstangenentmistungsanlage für die Kotrinnen, aus denen der Dung in einen Kanal mit senkrechten Wänden gelangt. Die Klappschaufeln der Seilschrapperanlage fassen hier je 0,6 m^3 Dung. Beide Entmistungsanlagen arbeiteten während der Prüfung bis auf kleinere Mängel befriedigend, die Anlage des Kolchos wies jedoch einen geringeren Energieverbrauch auf (5,2 kW gegenüber 6,8 kW). E.Kahn. 6130b.

1-68/07-0220 A n o n y m. Neue Entmistungsanlage von Alfa-Laval. - Bauen auf d. Lande 19 (1968) Nr. 2. S. 50.

Die neue Dungförderanlage besteht aus zwei v-förmig zueinander stehenden Räumscharen, die sich zu Beginn des Fördervorganges selbsttätig öffnen und beim Rücklauf wieder zusammenfalten. Die Fördergeschwindigkeit ist mit 3 m/min so gering, daß die Tiere in einem Laufstall, z.B. im Boxenlaufstall, dem Fördergerät jederzeit ausweichen können. Ein Antriebsaggregat kann bis zu 4 Entmistungsgänge mit je einem Faltschieber räumen. Die Anlage läßt sich unverändert für alle Aufstallungsarten und alle Viehhaltungsformen verwenden.

6130b.

1-68/07-0221 M i k e c z, I. Tehénistállóban alkelmazott trágyaszállító berendezések vizsgálata. (Prüfung von Entmistungsanlagen in Rinderställen.) - Diss. Budapest 1966 202 S. - Aus: Ung. Agrar-Rdsch. 1968 Nr. 2. 6130b.

C. GEWINNUNG UND AUFBEREITUNG TIERISCHER PRODUKTE

1-68/07-0222 W i l d b r e t t, G. Kunststoffe in der Milchwirtschaft - eine kritische Studie, V. Mitt. Zur Reinigung und Desinfektion von Kunststoffoberflächen 1. Teil, Spezielle Gegebenheiten. - Fette, Seifen, Anstrichmittel 70 (1968) Nr. 3. S. 185-196. - 2 Abb., 7 Diagr., 122 Lit. Zus. in Engl., Franz., Russ. - nach Zus.

Kunststoffgegenstände eignen sich zum wiederholten, Lebensmittel unmittelbar berührenden Gebrauch nur, wenn sie sich einwandfrei sauber und keimarm halten lassen. Bisher werden Plastikoberflächen rein empirisch auf der Grundlage der mit herkömmlichen Werkstoffen gesammelten Erfahrungen gereinigt. Die daraus entstehenden Schwierigkeiten resultieren aus den spez. Anforderungen, die Kunststoffe wegen ihrer bes. Eigenarten an Reinigungslösungen und -verfahren stellen. Plaste korrodieren nicht wie Metalle, zerkratzen aber leicht und sind teilweise nicht sehr temperaturbeständig. Randwinkelmessungen haben bewiesen, daß fetthaltige Verunreinigungen gegenüber PVC und Polyäthylen eine stärkere Adhäsion besitzen als die bisher für Metall- und Glasoberflächen üblichen Reinigungslösungen. Weich-PVC lagert in Kontakt mit Reinigungslösungen Wasser ein. Das Ausmaß der Flüssigkeitsaufnahme hängt von der Menge sowie der Art des Weichmachers und der Temperatur ab. 6210a.

1-68/07-0223 W i l d b r e t t, G. Kunststoffe in der Milchwirtschaft - eine kritische Studie. V. Mitt. Zur Reinigung und Desinfektion von Kunststoffoberflächen. 2. Teil. Hygienische Beschaffenheit von Kunststoffoberflächen und ihre Folgen. - Fette, Seifen, Anstrichmittel 70 (1968) Nr. 4. S. 289-294. - 2 Abb., 2 Tab., 65 Lit. Zus. in Russ., Engl., Franz. 6210a.

1-68/07-0224 H e l d e n, P.J.J., van. Nieuws van de melkmaschinemarkt. (Neues vom Melkmaschinenmarkt.) - Landbouwmechanisatie 19 (1968) Nr. 3. S. 255-259. - 8 Abb.

Die niederländische Ausstellung "Het Landbouwwerktuig" zeigt in der Melkmaschinentechnik u.a. folgende Neuheiten: "Melklift" zum Umpumpen von Milch (Melkbus-Milchtank); Meßgeräte zur Bestimmung der Milchmenge/Kuh mit Anzeigen der Melkgeschwindigkeit; 2-Leitungssystem sowie leicht montierbare Zapfwellen-Vakuumpumpe (Flaco Pionier); Vakuumregler, Reinigung mittels Heißwasser ohne Zusatzmittel (Fullword); Verbesserung in der programmierten automatischen Reinigung von Melkzeugen (Manus, Miele); stufenlos regelbares Saug-Druck-Verhältnis durch Elektro-Puls-System (Miele); wartungsfreier Pulsator (Surge); sog. 2-Vakuumsystem zur Konstanthaltung von 380 mm Vakuum (Utina). 6210a.

1-68/07-0225 A n o n y m. Now the "Roto Tandem". (Das Tandem-Karussell.) - Farm Implement and Machinery Rev. 93 (1967) Nr. 1112. S. 1123. - 1 Abb., 1 Lit.

In dem von der Fa. "Gascoigne" entwickelten Melkkarussell stehen die Kühe tangential zum Drehkreis, sind also mit ihrer vollen Breitseite dem Melker zugewandt. Dieser "Roto Tandem" ist eine Nachentwicklung des "Rotolactor", der für Kuhherden von 400 und mehr Kühen gedacht ist. Der "Roto Tandem" wird bei Herden bis zu 200 Kühen eingesetzt. Er wird in verschiedenen Größen geliefert (15...20 Kühe). 2 AK können damit in 1 Std. 200 Kühe melken. Abschließend wird darauf hingewiesen, daß noch ein "Roto herringbone" entwickelt wird. H.Senger. 6210b.

1-68/07-0226 T h i e l, C.C., C l o u g h, P.A. und A k a m, D.N. The mechanics of machine milking. (Die Mechanik des Maschinenmelkens.) - Farm Mechanizat. & Buildings, London 20 (1968) Nr. 221. S. 21-22. - 1 Diagr., 2 Zeichn.

Der Artikel gibt eine kurze Zusammenfassung der Versuchsergebnisse über die Mechanik der handelsüblichen Melkmaschinen. Der erste Teil befaßt sich mit der Ursache und der Größe der Schwankungen des Unterdruckes in einem der

4 Saugnäpfe und der zweite Teil mit der Änderung der Milchflußrate während eines einzigen Pulsationszyklus. Die Durchführung der Versuche und die Art der Messungen werden kurz und die Ergebnisse anhand von Zeichnungen und eines Diagr. ausführlich beschrieben. Während des Hauptmilchflusses sinkt der Unterdruck im ersten Teil der Pulsation im Saugnapf um rund 6 in. Hg-Säule (152 Torr) ab, während er im anderen Teil der Pulsation bis zu 26 in. Hg-Säule (660 Torr) zunimmt. Die Pulsationsrate, bei der Milch fließt, liegt bei 56 % und die, bei der keine Milch fließt, bei 39 %. Hauptgrund der Unterdruckschwankungen im Inneren der Saugnäpfe ist nicht so sehr durch die Volumenänderung infolge des Milch-Flusses bedingt, sondern vielmehr eine Folge des Eintretens von Luft. In bezug auf die während einer Pulsation gewonnene Milchmenge wird festgestellt, daß kurz nach Beginn der Pulsation die größte Milchmenge abfließt, was eine eindeutige Spitze des Milchflusses beweist. Bei verschieden hohen Pulsationen pro Zeiteinheit ergibt sich, daß die Milchmenge mit höher werdender Pulsationszahl eindeutig zunimmt.

W.Bohrisch/Bornim. 6210b.

1-68/07-0227 M k r t u m j a n, V. und S t r e m n i n, V. Ėkspluatacionnaja nadežnost' doil'nych mašin. (Die Betriebssicherheit von Melkmaschinen.) - Technika v sel'skom chozjajstve, Moskva 27 (1967) Nr. 12. S. 20-22. - 3 Abb.

Aus Untersuchungen an 50 Melkmaschinen im Gebiet Nowosibirsk ging hervor, daß von der Anspannung des Zitzengummis Schnelligkeit und Dauer des Melkaktes wesentlich abhängen. Die den Betrieben gelieferten Zitzengummis weisen bei gleicher Länge eine unterschiedliche Steifigkeit auf, so daß bei einer Zugbeanspruchung von 6 kp eine Verlängerung von 16...30 mm auftritt. Beim Einsatz eines neuen oder gebrauchten Melkstrumpfes muß außer dem Beschneiden des Gummis auch seine Steifigkeit überprüft werden. Zu diesem Zweck konstruierte das Unions-Forsch. Inst. für Mechanisierung der Landwirtschaft (VIM) ein Gerät für die Steifigkeitsprüfung von Zitzengummis. Es besteht aus dem Stativ mit Halter und Hülse, in die der zu prüfende Zitzengummi eingesetzt wird, dem Belastungsgewicht von 6 kp und der auf einer Standplatte ruhenden Schublehre. Die geprüften Melkstrümpfe werden zu Gruppen so zusammengesetzt, daß der Verlängerungsunterschied nicht mehr als 2...3 mm ausmacht.

E.Kahn. 6210b.

1-68/07-0228 M k r t u m j a n, V.S. und S t r e m n i n, V.A. Ocenka nadežnosti doil'nych mašin. (Bestimmung der Zuverlässigkeit von Melkanlagen.) - Mechanizacija i ėlektrifikacija socialističeskogo sel'skogo chozjajstva, Moskva 26 (1968) Nr. 3. S. 15-18. - 3 Diagr., 1 Schema, 3 Tab., 4 Lit.

Vff. bringen das Strukturschema einer Melkanlage, bestehend aus Pumpe, Unterdruckleitung und Melkmaschine mit Zubehör, und geben für die Zuverlässigkeit des Systems, der Baugruppe und des Elements folgende Kriterien mit den entspr. Gleichungen an: 1. Mittlere Dauer störungsfreier Arbeit; 2. Wahrscheinlichkeit der störungsfreien Arbeit; 3. Häufigkeit vorbeugender Instandsetzungsmaßnahmen; 4. Koeffizient des Ersatzteilverbrauchs. Anschließend berichten sie über die Organisation des Einholens von Informationen über die Arbeit von Melkanlagen und ihre Verarbeitung nach den Regeln der mathematischen Statistik. Die Untersuchungsergebnisse werden in Diagr. für die Abhängigkeit der Zuverlässigkeit der Melkanlage und ihrer Aggregate von der

Betriebsdauer wiedergegeben. Die geringste Zuverlässigkeit hat die Melkmaschine, für die die Wahrscheinlichkeit störungsfreier Arbeit nach 40 Std. 0,03 beträgt, während für die Vakuumpumpe 0,9 und für die Unterdruck-Rohrleitung 0,7 ermittelt wurde. Das am wenigsten zuverlässige Teil ist der Zitzengummi mit einer Wahrscheinlichkeit von 0,75 für störungsfreie Arbeit nach 40 Std. W.Balkin. 6210b.

1-68/07-0229 P i c k h a v e r, G.S. Why test milking machines? (Warum Melkmaschinenprüfungen?) - J. Agric., South Australia 71 (1968) Nr. 7. S. 250-254. - 4 Abb., 3 Diagr.

Vf. definiert einige Begriffe, die bei Melkmaschinenprüfungen üblich sind, z.B.: Vakuumpumpen-Kapazität (Pump Capacity), (Melk)-Maschinen-(Luft)-Verbrauch (Machine Consumption), Vakuum-Stabilität (Vakuum Stability), Pulsationsverhältnis oder Verhältnis zwischen Saugphase und Preßphase (Pulsation ratio), Pulsationszahl (Pulsation rate), Art der Preßphase (Squeezing action) und Preßphasen-Drosselung (Degree of choke). Weiterhin wird grob beschrieben, wie die mit den Begriffen verbundenen Meßzahlen ermittelt werden können und in welchen Grenzen sie gewöhnlich liegen sollten. Bei einem Pulsator mit einem Pulsationsverhältnis von 50:50 % werden folgende Werte als günstig bezeichnet: Übergangsphase A von der Preß- zur Saugphase < 10 %, Saugphase B 40 %, Übergangsphase C von der Saug- zur Preßphase 20 bis 30 % und Preßphase 30...20 %. G.Wehowsky. 6210b.

1-68/07-0230 V o g e l a u e r, R. Untersuchungsbericht über die Melkmaschine "National", Typ V, der Firma National-Melkmaschine G.m.b.H., Moers. - Milchwirtsch. Ber. Bundesanst. Wolfpassing u. Rotholz 1968 Nr. 13. S. 71-72.

Die neue Melkmaschine wurde in der masch.-techn. Abt. der Bundes-Lehr- und Versuchsanstalt Wolfpassing hinsichtlich ihrer Konstruktion, ihrer Arbeitsweise und Reinigungsmöglichkeit und in den Stallungen des Instituts auf ihre praktische Handhabung und Einsatzmöglichkeit untersucht. Der Bericht gliedert sich in eine eingehende Beschreibung der Melkmaschine, die durch einen 0,25 kW-Elektromotor angetrieben wird, in die techn. Daten. die Untersuchungsdurchführung und die Untersuchungsergebnisse.

H.Senger. 6210b.

1-68/07-0231 Ž i l o v, I.V. Issledovanie processa doenija s nepreryvnym otsasyvaniem moloka iz vymeni. (Untersuchung des Melkvorganges mit ununterbrochenem Absaugen der Milch aus dem Euter.) - Mechanizacija i ėlektrifikacija socialističeskogo sel'skogo chozjajstva, Moskva 26 (1968) Nr. 3. S. 14-15. 2 Diagr., 1 Schema, 1 Tab.,

Vf. berichtet über Versuche, bei denen 3 Zitzen nach dem üblichen 3-Takt-Verfahren und eine Zitze mit ununterbrochenem Absaugen gemolken wurden. Der beim Melken angewendete Unterdruck betrug 400, 350, 300, 250, 200 und 150 Torr und der Unterdruck im Außenraum des Versuchsmelkbechers wurde mit Stufen von 50...30 Torr gesenkt. Aus einem Diagr. für die Abhängigkeit der Melkgeschwindigkeit in l/min vom Unterdruck im Außenraum ist zu ersehen, daß die Melkgeschwindigkeit bei jedem der oben angegebenen Unterdrücke im Innenraum nur bis zu einem bestimmten optimalen Unterdruck im Außenraum anwuchs und dann wieder abfiel und die größte Melkgeschwindigkeit (1,31 und 1,18 s/min) bei 250 und 300 Torr im Innenraum eintrat. Ein weiteres Diagr. enthält Kurven der Melkgeschwindigkeit, des optimalen Unterdrucks im Außenraum und des Zitzengummidruckes in Abhängigkeit vom Unterdruck im Innenraum.

Die Versuche haben ergeben, daß das Melken mit ununterbrochenem Absaugen den physiologischen Eigenschaften der Milchdrüse entspricht.

W.Balkin. 6210b.

1-68/07-0232 R ü h m a n n, Hermann. Melkstandheizung. - Landtechn. Z., München 19 (1968) Nr. 4. S. 204.206.208. - 3 Abb.

Die optimalen Temperaturen für Arbeiten im Melkstand liegen zwischen +8 und +15 °C . Sie sollten auch bei starkem Frost nicht unter +5 °C absinken. Der Mindestwärmebedarf beträgt 25 kcal/m³. Als Wärmequellen kommen die Warmwasserheizung und die Wärme des Kälteaggregates in Frage. Vorzuziehen sind jedoch Elektro-Heizgeräte. Wärmestrahler und Heizlüfter sind preisgünstig, erwärmen aber nur den Oberteil des Körpers, nicht Hände und Füße. Die Beheizung mit in Boden und Seitenwänden des Melkflurs verlegten Kabel und Heizleitungen erfordert keine Wartung, ist jedoch mit höheren Betriebskosten verbunden. Je m² Boden und Wandfläche soll eine Heizleistung von 350 W gegeben sein. Am günstigsten dürfte die Melkstandheizung mit Rippenheizrohren sein. Sie sind unempfindlich gegen Feuchtigkeit und Säuren. Je nach Größe des Melkstandes werden Anschlußleitungen von 2...6 kW installiert. Der Kapitalbedarf liegt zwischen 10 und 12 DM je Kuh und die Betriebskosten betragen etwa 0,11...0,13 Pf je Liter Milch. G.Wünsche. 6210b.

1-68/07-0233 V o g e l a u e r, R. Untersuchungsbericht über den Klein-Plattenkühler, Type P 20-VX, der Firma Alfa-Laval, Wien. - Milchwirtsch. Ber. Bundesanst. Wolfpassing u. Rotholz 1968 Nr. 13. S. 75-76.

Nach Beschreibung des Kleinplattenkühlers und der Untersuchungsdurchführung wird berichtet, daß sich bei Verwendung von Eiswasser (+1,5 °C) als Kühlmittel ein Verhältnis von Testflüssigkeit (Wasser von 36 °C) zu Kühlmittel günstigenfalls von 1:3 ergab, wenn die Durchflußmenge von Testflüssigkeit unter 300 l/h betrug. Bei über 300 l/h ist ein Mengenverhältnis von 1:2 notwendig, um eine Austrittstemperatur der Testflüssigkeit zu bekommen, die um ca. 2...3 °C über der Eiswassertemperatur liegt. Bei Verwendung von Leitungswasser als Kühlmittel ergab sich ein einzuhaltendes Mindestverhältnis von 1:3. H.Senger. 6210c.

1-68/07-0234 S e x a u e r. Kältetechnik in der Landwirtschaft. - Kältetechnik 18 (1966) Nr. 11. S. 425-428. - 15 Abb.

Bei der Milchkühlung werden die konventionellen Einrichtungen zur Kannenkühlung mit Eiswasserberieselung oder im Eiswasserbehälter durch neuzeitliche Geräte wie Milchkühlwannen mit 400...3800 l Inhalt und an Kältemaschinen angeschlossene Tauchkühler verdrängt. Kleinere Geräte können auf dem Hof installiert werden und nehmen die Milch bis zum Abholen nicht mehr in Kannen, sondern im Behälter auf, dessen Inhalt direkt von Tankwagen übernommen werden kann. - Die großen Behälter-Kühleinrichtungen sind aus rostfreiem Stahl gefertigt und mit Rührwerken, Zeitschaltautomatik und Milchmeßeinrichtungen versehen. Bes. wird durch das schonende Rühren das Buttern verhindert. - Die Tauchkühler sind über Schnellkupplung und flexible Schlauchleitungen mit der Kältemaschine verbunden, so daß ein Aufheizen der Milchkammer vermieden wird. Die Umwälzung der Milch erfolgt mittels Förderschnecke.

L.Machler. 6210c.

1-68/07-0235 V o g e l a u e r, R. Untersuchungsbericht über den Alfa-Laval-Universal-Tauchkühler, Type KJ 65 C, 1/2 PS. - Milchwirtsch. Ber. Bundesanst. Wolfpassing u. Rotholz 1968 Nr. 14. S. 49-50. 6210c.

1-68/07-0236 S i n g h, Sasan, Herbans und N a m b u d r i p a d, V.K.N. Cleaning and sanitization of bulk tanks and road tankers. (Reinigung und Desinfektion von Sammeltanks und Tankfahrzeugen.) - Indian Dairyman 19 (1967) Nr. 11. S. 377-380. - 4 Zeichn.

Verfasser geben einen Überblick über die Reinigungs- und Desinfektionsprobleme bei Tanks in Indien. Fragen des Einflusses der Tankkonstruktion und der Handhabung der Desinfektionslösung werden nur genannt. Für das manuelle Reinigen und Desinfizieren in Tanks beschreiben Vff. Arbeitsverfahren unter Angabe von Lösungskonzentration, Temperaturen und Einwirkungszeiten. Anhand von Skizzen wird ein grober Überblick über gebräuchliche Reinigungs- und Desinfektionsvorrichtungen gegeben.

G.Wehowsky. 6210e.

1-68/07-0237 H o f e r, Heinz. Untersuchungsbericht über das kombinierte Reinigungs- und Desinfektionsmittel "P_3-steril". - Milchwirtsch. Ber. Bundesanst. Wolfpassing u. Rotholz 1968 Nr. 13. S. 79-80. - 1 Tab.

Nach kurzen Angaben über das Anwendungsgebiet, die Anwendungskonzentration, Anwendungstemperatur, Sinnenprüfung, Löslichkeit, chem. Zusammensetzung, Reaktion, Oberflächenspannung, Alkalitätsbestimmung, korrosionstechnisches Verhalten und die Desinfektionswirkung wird aus der praktischen Überprüfung berichtet, daß das Mittel 4 Wochen in der Molkerei Weiz sowie in einer Sammelstelle dieser Molkerei angewendet wurde. Neben guter Reinigungswirkung wies das Mittel auch eine gute Hautverträglichkeit auf. Die Desinfektionswirkung, die mittels Bactostrip-Streifen überprüft wurde, war bei normal verschmutzten Gegenständen zufriedenstellend. Nachteilige Erscheinungen ließen sich nicht feststellen. H.Senger. 6210e.

1-68/07-0238 D a n i l e n k o, I.P., S o t n i k o v, V.I. und Č e r n j a e v, N.D. Parovaja dezinfekcija doil'noj ustanovki "Tandem". (Die Dampfdesinfektion eines Tandemmelkstandes.) - Trudy VNIIVS. Vsesojuznyj naučno-issledovatel'ski institut veterinarnoj sanitarii, Kujbyšev 28 (1967) S. 100-103.

Ein sowjetischer Melkstand mit tandemförmiger Anordnung der Melkplätze wurde auf seine optimale Reinigungs- und Desinfektionstechnologie bei minimalen Demontagearbeiten untersucht. Die vorgeschlagene Technologie bestand aus folgenden Elementen: Spülen der Milchrohrleitung und der herunterhängenden Melkzeuge mit kaltem Wasser in entgegengesetzter Fließrichtung, bezogen auf den Milchfluß; Spülen mit Heißwasser (56...60 °C). Je Melkzeug wurden jeweils 8...10 l verbraucht. Der Milchbehälter wurde nach dem Kaltspülen von Hand mit einer 1 %igen heißen kalzinierten Soda-Lösung gereinigt. Einmal tägl. wurden die Melkzeuge 3 Min. und der Milchbehälter 15 Min. mit Dampf (100...102 °C, 1,2 kp/cm^2, 80...82 kg/h) desinfiziert. Wie die mikrobiologischen Untersuchungen ergaben, kann mit dieser Technologie 15 Tage ohne Melkzeugdemontage gearbeitet werden, wobei die Anforderungen an die Milchqualität für die Klasse 1 erfüllt wurden. Bei Reinigung der gleichen Anlage nach Demontage und Desinfektion mit Hilfe von Natriumhypochlorit wurden bei den beschriebenen Bedingungen 100fach schlechtere Ergebnisse bez. der bakteriologischen Verunreinigung erzielt. Für alle Melkanlagen mit Milchrohrleitungen wird die von Vff. vorgeschlagene Reinigungs- und Desinfektionstechnologie empfohlen. M.Achmedowa. 6210e.

1-68/07-0239 D a n i l e n k o, I.P. Izmenenie fiziko-mechaničeskich svojstv soskovoj reziny pri parovoj dezinfekcii doil'nych apparatov. (Die Veränderung der physikalisch-mechanischen Eigenschaften der Zitzengummis bei der Dampfdesinfektion von Melkapparaten.) - Trudy VNIIVS. Vsesojuznyj naučno-issledovatel'skij institut veterinarnoj sanitarii, Kujbyšev 28 (1967) S. 96-99.

Die Dauer der Nutzung von Zitzengummis, ihre zweckmäßigste Reinigung und Lagerung zwischen den Melkzeiten werden unter Bezugnahme auf außersowjetische Literaturquellen besprochen. Da für sowjetische Zitzengummisorten bisher noch keine Untersuchungsergebnisse vorlagen, wurden die Zitzengummisorten "68-A-KSRTJ" und "68-A-KRTJ" auf Quellung durch Fettaufnahme, bleibende Längenänderung und Änderung der Zerreißfestigkeit untersucht. Demnach wirkt sich eine tägl. 3 Min. dauernde Desinfektion durch Dampf nicht negativ auf die techn. Eigenschaften der Zitzengummis aus. Eine Entfettung der Zitzengummis durch Waschen mit einer Lösung des Pulvers "W", über das verwendete Mittel "W" werden vom Vf. keine Angaben gemacht, sowie eine Lagerung (30 Min.) in einer 1 %igen Lösung desgl. Mittels bei 90 °C und die anschließende trockene Lagerung der Zitzengummis gewährleisten eine Wiederherstellung der ursprünglichen Gummiqualität. Es wird ein 7- bis 8tägiger Austausch der im Einsatz befindlichen Zitzengummis empfohlen.

M.Achmedowa. 6210e.

1-68/07-0240 H o f e r, Heinz. Untersuchungsbericht über das Desinfektionsmittel "Desofix Z 4". - Milchwirtsch. Ber. Bundesanst. Wolfpassing u. Rotholz 1968 Nr. 13. S. 77-78.

Der Bericht erstreckt sich auf das Anwendungsgebiet, die Anwendungskonzentration, die Anwendungstemperatur, die Sinnenprüfung, Löslichkeit, chem. Zusammensetzung, Reaktion, Oberflächenspannung, Alkalitätsbestimmung, das korrosionstechnische Verhalten, die Desinfektionswirkung und die praktische Erprobung. Das Mittel wurde 8 Wochen in der Lehrmolkerei des Instituts eingesetzt. Negative Eigenschaften ließen sich nicht feststellen. Korrosionen und Geruchsbeeinflussungen der Milchprodukte ergaben sich nicht.

H.Senger. 6210e.

1-68/07-0241 B r u n n, E., S a c h s e, H. und J e u k, H. Rationeller Milchtransport über eine Milchrohrleitung. - Erfahr., Erkenntnisse, Anwend. für d. sozialist. Landwirtsch. Bezirkes Gera 4 (1967) Nr. 10. S. 10-12. - 2 Abb.

Von der Milchviehanlage der LPG Hainspitz bis zur Molkerei Hainspitz ist über eine Trassenlänge von 350 m eine Milchrohrleitung verlegt worden. Vier Leitungsstränge "Gelsathenrohr 40 x 4,3 ND6" wurden in einer Tiefe von 1,8 m verlegt. Die Drucklufterzeugung zur Förderung der Milch und Reinigung der Leitungen erfolgt mit einem Trockenlaufkompressor, Leistung 40 m^3/h bei 16 kp/cm^2. In der Milcheinspeisungsstelle baute man zur Förderung der Milch eine Kreiselpumpe mit einer Leistung von 5000 kg/h ein. In der Molkerei steht für die Reinigung eine Pumpe gleicher Leistung zur Verfügung. Die Anlage arbeitet mit einer Fließgeschwindigkeit von 1,25 m/s. Reinigung und Desinfektion erfolgen mit Schwammgummikörper und "P 3 asepto ON". Der Milchtransport ist mit keinen negativen Qualitätseigenschaften verbunden. Der

Bau der Anlage kostete 95 000 Mark. Bei einer Jahresmilchproduktion von 930 t ergibt sich eine effektive Transportkosteneinsparung von 20000 Mark.
G.Wünsche. 6210f.

1-68/07-0242 A n o n y m. Neuer Milchsammelwagen. - Dtsch. Molkerei-Ztg., Kempten 89 (1968) Nr. 5. S. 163-164. - 4 Abb.
Dieser Milchsammelwagen zeigt 2 Konstruktionstypen, eine mit 3 versch. großen Einzeltanks und eine mit einem großen, langen Tank mit 2 Füllöffnungen. Davon unabhängig liefert die Firma 2 Arten Annahmekabinen und eine völlig neuartige Ausgabekabine. Die Annahmekabine besitzt Anschlüsse für Strom von der Fahrzeugbatterie, für Preßluft vom normalen Preßluftbehälter des Fahrzeugs und für Ölhydraulik von der normalen Fahrzeughydraulik, wie sie z.B. bei jedem Kipper vorhanden ist. Über ein Sonderventil in der Kabine wird der Milchanschluß direkt an den Tankauslauf geführt. Die Milchannahme geschieht über einen Luftabscheider, wo ein Schwimmer die pneumatisch gesteuerten Magnetventile betätigt, so daß sie weiter durch die Milchmeßuhr fließen kann. Weitere Schaltwege sind erläutert. Zur Probeentnahme steckt in dem Milchzuführungsrohr ein Probeventil, das - pneumatisch gesteuert - von der vorbeifließenden Milch einen vorbestimmten Teil in den gläsernen Probenehmer fließen läßt, wo ein Rührwerk für eine gleichmäßige Mischung sorgt. Am Ende der Milchannahme kann die im Glaszylinder angesammelte Milch bis auf eine vorbestimmte eigentliche Probemenge auch dem Tank über die Meßuhr zugeführt werden. Der bes. eingeschaltete Reinigungskreislauf berührt intensiv alle Teile der Anlage. Die Preßluftzylinder und Magnetventile werden periodisch betätigt, damit auch die Sitze sicher gereinigt werden.
H.Senger. 6210f.

1-68/07-0243 A n o n y m. Martin-Elektro-Viehschere "MVS 27" - DLG-Prüfbericht. - DLG-Maschinenprüfber. Nr.1495. Gr. 9c/13. (1967) S. 1-4. - 1 Abb.
Hersteller: Theodor Martin, Apparatebau, 7631 Altdorf/Schwarzwald. 6215.

VII. H A U S W I R T S C H A F T E I N S C H L I E S S L I C H G E M E I N S C H A F T L I C H E W I R T S C H A F T S - E I N R I C H T U N G E N

B. VERSORGUNGSEINRICHTUNGEN

1-68/07-0244 S c h ö n b e r g, G. Arbeitstechnische Untersuchungen verschiedener Montageverfahren in der Haustechnik. - Heizung-Lüftung-Haustechn. 19 (1968) Nr. 2. S. 45-49. - 5 Abb., 10 Tab., 1 Lit.
Darstellung von Untersuchungen über die Verwendung von vorgefertigten Leitungsteilen bei der Montage von Naßrohren. Als besonders geeignet erwies sich die Vorfertigung der Verteilerleitungen innerhalb der Wohnungen, während die Steige- und Zuführungsleitungen günstiger in konventioneller Weise montiert werden. Die Vorfertigung eignet sich sowohl für verzinkte Rohrleitungen als auch für Leitungen aus Kupferrohr. Möglich ist die Vorbereitung in der Werkstatt oder auf der Baustelle. Gegenüber der konventionellen Montage

ergeben sich bei der Baustellenfertigung 3...4 %, bei der Werkstattfertigung 6...7 % Ersparnis, dabei sind die höheren Transportkosten für vorgefertigte Bauteile schon berücksichtigt. L.Machler. 7105.

1-68/07-0245 H e s s, W. Die elektrische Bereitung von siedendem Wasser für Haushalt und Gewerbe. - Heizung-Lüftung-Haustechn. 19 (1968) Nr. 2. S. 41-45. - 7 Abb.

Während Heißwassergeräte auf eine max. Ausflußtemperatur von 85 °C eingestellt sind, können "Kochendwassergeräte" siedendes Wasser abgeben. Ortsbewegliche Wasserkocher haben 1...1,5 l Inhalt und können bis 1600 W aufnehmen. Mittels Temperaturwähler kann die Wassertemperatur stufenlos zwischen 40 und 100 °C eingestellt werden. Ein zusätzlicher Trockengehschutz schützt vor Zerstörung bei Wassermangel. Fest angeschlossene Kochendwasserautomaten fassen zwischen 5 und 80 l Wasser, sie nehmen bis zu 3000 W auf. Über 85 °C Wassertemperatur werden durch periodisches Aufheizen mit 700 W gehalten. Einige Geräte sind mit akustischen Siedepunktanzeigern ausgerüstet, so daß der Benutzer während der Aufheizzeit nicht am Gerät zu verbleiben braucht. Bei Übertemperatur treten Schmelzsicherungen in Funktion.
L.Machler. 7111.

1-68/07-0246 A n o n y m. De verwarming van de woning. (Die Heizung von Wohnräumen.) - Landbouwmechanisatie 18 (1967) Nr. 11. S. 1151-1155. - 3 Abb., 2 Tab.

Die Heizkosten werden durch die Lage der Wohnräume, die Regelbarkeit der Heizungsanlagen und die Anforderungen durch die Bewohner an die Höhe der Raumtemperatur beeinflußt. Es werden Einzelraumheizungs- und Zentralheizungssysteme beschrieben, und es wird eine Übersicht über Anschaffungskosten von Kohle-, Öl-, Gas-befeuerten Öfen und Elektroheizgeräten gegeben. Die Anschaffungskosten liegen am niedrigsten bei Kohleöfen (f 400...550,-, Heizleistung 14000...18000 kcal/h) und am höchsten bei der Nachtstromspeicherheizung (f 750...1300,-, 4...8 kW, 40...120 m^3). Unter niederländischen Verhältnissen ist die Beheizung von Zentralheizungsanlagen mit Erdgas wegen der niedrigen Brennstoffkosten zu empfehlen. L.Machler. 7130.

1-68/07-0247 L o e w e r, H. Die Luftheizung im Einfamilien-Wohnhaus. - Heizung-Lüftung-Haustechn. 19 (1968) Nr. 2. S. 60-64. - 8 Abb., 3 Diagr., 1 Tab., 13 Lit.

Es werden Funktionsweise, Herstellungs- und Betriebskosten von Feuer-Luftheizung (I) und Wasser-Luftheizung (II) gegenübergestellt. - Für den Transport des Wärmeträgers ist bei I ein größerer Raumbedarf (Kanalsystem) als bei II (Rohrsystem) erforderlich; andererseits fehlen bei I Radiatoren oder Plattenheizkörper. Dieses Fehlen kann sich wärmephysiologisch auswirken, da keine strahlende Heizfläche im Raum vorliegt. I erfordert daher eine um etwa 2 °C höhere Raumtemperatur als II. Vorteilhaft wirkt sich bei I der Lüftungsfaktor aus, er kann zu einer Klimatisierungsfunktion erweitert werden, nachteilig sind Geruchs- und Geräuschübertragung. Die Investitionskosten betragen bei I 6,5...8,4 %, bei II 7,4...10,0 % der Gebäudekosten, die Betriebskosten sind bei I um etwa 25 % niedriger. I stellt erhöhte Ansprüche an die Planung und ist bes. für eingeschossige Gebäude geeignet.
L.Machler. 7130.

1-68/07-0248 G e r b e r t, H. Luftbefeuchtung in Wohnräumen. - Heizung-Lüftung-Haustechn. 19 (1968) Nr. 2. S. 50-55. - 4 Diagr., 3 Schemata, 3 Tab., 5 Lit.

Unter Berücksichtigung der Meß- und Regeltechnik wird die Bedeutung der Raumfeuchte für den Wohnkomfort dargelegt. Im mitteleuropäischen Klima liegt der Behaglichkeitsbereich für den sitzenden, nicht arbeitenden Menschen im Sommer bei 21 °C, im Winter bei 19 °C Raumtemperatur und einer Feuchte zwischen 35 und 70 %, bei Verwendung leichterer Kleidung liegen die Werte im Winter zwischen 22,5 und 25 °C bzw. 25 und 70 % rel. Feuchte. Zu geringe Feuchte beeinflußt die Funktion von Haut und Schleimhaut negativ, zu hohe kann zu Kondens- und Schwitzwasserbildung im Raum führen. Zur Luftbefeuchtung können einzelne, ortsbewegliche Aggregate oder zentrale Anlagen (die bis zu vollständigen Klimaanlagen perfektioniert sein können) herangezogen werden. Verwendet werden Zerstäubung, Verdampfung und Verdunstung.

L.Machler. 7135.

C. VORBEREITUNG UND ZUBEREITUNG DER NAHRUNG EINSCHLIESSLICH REINIGUNG DER KÜCHENGERÄTE

1-68/07-0249 R u s s e l l, W.M. Development of a self-cleaning oven for the British market. (Entwicklung eines selbstreinigenden Backofens für den englischen Markt.) - Electr. Rev. 182 (1968) Nr. 13. S. 471-473. - 1 Diagr., 3 Schemata.

Die Selbstreinigung des Backofens wird durch eine Temperatursteigerung auf 480 °C erreicht. Dabei werden Speisereste in Rauch und einen geringen Rest von Asche verwandelt, diese kann aus den Backraum herausgeblasen oder -gesaugt werden. - Es werden die Probleme beschrieben, die für ein im Haushalt betriebssicheres Gerät gelöst werden mußten: Die Außentemperatur des Gerätes durfte sich nicht wesentlich erhöhen, die Emaillierung mußte den häufigen Überhitzungen gewachsen sein, die Heizelemente mußten so angeordnet werden, daß der Backraum mit seiner gesamten Oberfläche erfaßt wird, der überhitzte Backraum durfte für die Bedienungskraft nicht zugänglich sein, sämtliche Bedienungs- und Steuereinrichtungen mußten für eine Benutzungsdauer von 15 Jahren geeignet sein. L.Machler. 7205.

1-68/07-0250 A n o n y m. Koffiezetmachines. (Kaffeemaschinen.) - Landbouwmechanisatie 19 (1968) Nr. 1. S. 97-103. - 4 Abb., 1 Tab.

Es wird ein Bericht über die Prüfung von Kaffeemaschinen gegeben, die 1967 vom niederländischen Verbraucherverband durchgeführt wurde. 7 der 10 untersuchten Maschinen waren Kaffeeautomaten. 4 Maschinen arbeiteten nach dem Perkoliersystem (Daalderop, General Electrics, Rowenta, Severin), eine mit Unterdruck (Philips), eine mit Überdruck (Inventum) und 4 mit einem offenen Filtersystem (Melitta, Siemens, AEG, Wigomat). Es wurden in der Prüfung u.a. bewertet: Ausnutzungsgrad des gemahlenen Kaffees, Koffeingehalt und Trübungsgrad des Getränkes, elektrische Isolierung der Maschine, Auftreten von Verstopfungen, benötigte Zubereitungszeit und die Bedienbarkeit. Die höchste Kaffeeausnutzung wurde mit den Maschinen Inventum "GK" und Melitta "Automat 120" erzielt. Beide Maschinen benötigen sehr fein gemahlenen Kaffee.

L.Machler. 7205.

D. KONSERVIERUNG UND LAGERUNG DER NAHRUNGSMITTEL

1-68/07-0251 A n o n y m. De sterren van de koelkast. (Die Kennzeichnung von Kühlschränken.) - Landbouwmechanisatie 18 (1967) Nr. 12. S. 1265.
Die Kennzeichnung der zu erreichenden Kühltemperatur im Gefrierfach des Kühlschrankes erfolgt nach internationalen Vereinbarungen nach dem 3-Stern-System. 1 Stern bedeutet -6 °C, 2 Sterne bedeuten -12 °C, 3 Sterne -18 °C oder niedriger. In allen 3 Gefrierfachtypen können Eisblöcke hergestellt bzw. kann Speiseeis fertiggestellt werden. Tiefkühlkost kann im 1-Stern-Gefrierfach 3...4 Tage, im 3-Stern-Gefrierfach bis zu 3 Mon. aufbewahrt werden. Kühlschränke mit einem 3-Stern-Gefrierfach sind mit einer automatischen Abtauvorrichtung versehen, die gewährleistet, daß beim Abtauen die Temperatur im Gefrierfach nicht ansteigt. Für das Einfrieren von Lebensmitteln ist das 3-Stern-Gefrierfach nicht geeignet, dafür sind Temperaturen unter -18 °C erforderlich. L.Machler. 7305.

E. WASCHEN UND KLEIDERPFLEGE

1-68/07-0252 A n o n y m. Miele-Bügelmaschine "B 850" - DLG-Prüfbericht. - DLG-Maschinenprüfber. Nr.1503. Gr. 13d/58. (1967) S. 1-6. - 1 Abb., 1 Tab.
Hersteller: Miele-Werke GmbH, Gütersloh. - Beschreibung: Die Bügelmaschine "B 850" ist ein Standgerät mit 850 mm breiter rechtsseitig gelagerter Walze. Die Beheizung der Bügelmulde erfolgt durch Rohrheizkörper (2 Heizstromkreise). - Prüfungsergebnis: Bei der Thermostateinstellung "Baumwolle" lag die mittl. Bügeltemp. bei 153 °C (129...173 °C). Der mittl. Bügeldruck betrug 38 p/cm^2, bei gleichmäßiger Druckverteilung über die Muldenbreite. Es wurde ein mittlerer Glättewert von 40 ermittelt. Die durchschnittliche Bügelqualität kann als gut bezeichnet werden. Der Stromverbrauch beim Bügeln von Haushaltswäsche lag bei 0,32 kWh/kg Trockenwäsche. Die Betriebssicherheit war gut. L.Machler. 7405.

IX. G A R T E N B A U E I N S C H L I E S S L I C H O B S T - U N D W E I N B A U

D. GARTENBAUTECHNISCHE BETRIEBSANGELEGENHEITEN

1-68/07-0253 D o v e r e n, R.J. van und B o e t z e l a e r, G.J. van. Vereinfachung des innerbetrieblichen Transports. - Erwerbsgärtner, Stuttgart 22 (1968) Nr. 9. S. 375-377. - 14 Abb.
In Betrieben mit Gewächshäusern, bes. wenn Topfpflanzen kultiviert werden, ist mit einem hohen Transportaufwand zu rechnen. Alle Möglichkeiten, Transporte einzuschränken und zu erleichtern, sollen genutzt werden. Dazu gehört in erster Linie eine rationelle Gestaltung des betrieblichen Wegesystems. Das Tragen von Hand ist bis zu Entfernungen von max. 5 m vertretbar. Etagenwagen eignen sich zum Transport von Kisten oder bei Bespannung mit Tüchern zum Schnittblumentransport. Kistenabmessungen und Transportfahrzeuge müssen aufeinander abgestimmt sein. Zur Rationalisierung von Sortierarbeiten (Schnittblumen) werden Drehtische empfohlen. I.Grittner. 9170.

E. GARTENBAUTECHNIK/MESS- UND PRÜFWESEN

1-68/07-0254 C h e s t n e y, A.A.W. A sampler for cutting sub-samples from fruit tree branches. (Ein Modell für die Entnahme von Schnittprober aus Obstbaumästen.) - J. agric. Engng. Res. 12 (1967) Nr. 4. S. 308-309. - 2 Abb.

Bereits im Jahre 1964 ist eine manuelle Sägevorrichtung zum Herstellen paralleler Holzscheiben, die man für mineral. Nährstoffuntersuchungen benötigte, entwickelt worden. Mit diesem Gerät war es sehr schwierig und zeitraubend, Scheiben gleichmäßiger Stärke zu erhalten. Um die Arbeit zu erleichtern, wurde deshalb eine Elektromotorsäge gebaut. Ein fahrbarer Tisch mit einziehbaren Rädern trägt die Welle mit dem Sägeblatt von 22 in. Dmr. (ca. 55,8 cm), den 5-PS-Motor und die Einspannklammer für den Ast. Die Stärke der Schnittproben kann zwischen $\frac{3}{16}$ und $\frac{3}{8}$ in. (ca. 4,76 und 9,52 mm) variiert werden.

S.Lehmann/Bornim. 9215.

F. GARTENBAU/ENERGIE, KRAFTMASCHINEN UND TRAKTOREN

1-68/07-0255 A n o n y m. Der Einachstraktor "Dzik-2" aus der VR Polen. - Dtsch. Agrartechn. 18 (1968) Nr. 4. S. 168. - 1 Abb., 1 Tab.

Der Einachstraktor, ausgestattet mit einem Einzylinder-Zweitakt-Vergasermotor, hat eine Nennleistung von 9 PS und eine Eigenmasse von 362 kg. 3 Vorwärtsgänge ermöglichen Höchstgeschwindigkeiten von 2,94, 4,56 und 15,75 km/h; der Rückwärtsgang von 4,13 km/h. Die Kraftübertragung ist auch durch eine Front- und Heckzapfwelle mit gangabhängigen Drehzahlen möglich. Mit dem Spezialkoppler "N 3" können Bodenfräsen, Spritzgeräte und Mähmaschinen betrieben werden. Die Universal-Kopplung "N 1" gestattet die Verbindung mit fast allen Landmaschinen. Bei Geräten ohne Fahrersitz kann der gummibereifte Sitzwagen "MWZ-2" verwendet werden. Der Traktor eignet sich ferner für den Antrieb von Pumpen, Kreissägen, Dresch- und Häckselmaschinen. Für Nahtransporte ist der Einachsenhänger "T 800" mit einer Tragfähigkeit von 800 kg vorgesehen.

G.Wünsche. 9265b.

H. GARTENARBEITEN - AUSSCHLIESSLICH ERNTE

1-68/07-0256 L i p o v, Ju.N. und M i k a j a, B.L. Rasčet vegetacionnych ustrojstv i režimov podači rastvora pri vyraščivanii rastenij bez počvy. (Berechnung von Hydroponikanlagen und der Nährlösungszufuhr.) - Mechanizacija i ėlektrifikacija socialističeskogo sel'skogo chozjajstva, Moskva 26 (1968) Nr. 3. S. 26-28. - 2 Diagr., 1 Schema.

Bei Hydroponikanlagen kann der Zufluß der Nährlösung auf der einen Seite und Abfluß auf der anderen, etwas tiefer gelegenen Seite oder es können Zu- und Abfluß an der gleichen Stelle ausgeführt werden. Die erstgenannte Ausführungsart gewährleistet eine bessere Verteilung der Flüssigkeit über die gesamte Beckenfläche. Vff. berechnen den Durchfluß der Nährlösung und bringen Gleichungen für die Flüssigkeitshöhe h_2 am Abfluß, eine Füll-Zeitkonstante τ, die Nährlösungsmenge beim Füllen und beim Ausfluß, den Füllöffnungsquerschnitt und das Verhältnis l/b zwischen Länge und Breite des Behälters. Ferner zeigen sie Kurven für $h_2 = f$ (t und t/τ) beim Füllen und Leeren sowie (l/b und l) = f(b). Mit dem dargelegten Berechnungsverfahren lassen sich die Kenngrößen von Hydroponikanlagen unter Berücksichtigung der für die Berührung zwischen Nährlösung und Wurzelsystem erforderlichen Zeit mit ausreichender Genauigkeit ermitteln. W.Balkin. 9405a.

1-68/07-0257 R o c k s t r o h, H. Die gesellschaftliche Organisation der Gemüseproduktion und ihre Auswirkung auf die Mechanisierung. - Dtsch. Agrartechn. 18 (1968) Nr. 3. S. 124-125. - 3 Tab., 1 Lit. 9405b.

1-68/07-0258 K o m a r o v, L. und K u b y š e v, G. Mašiny i prisposoblenija dlja vozdelyvanija chmelja. (Der Hopfenpflug "PRWN-1,5X" mit Vorrichtung zur Untergrundlockerung.) - Technika v sel'skom chozjajstve, Moskva 27 (1967) Nr. 12. S. 12-14. - 2 Abb.

Hersteller: Sonderkonstruktionsbüro des Werkes "Oktoberrevolution". - Der Hopfenpflug besteht aus Rahmen, Anbauvorrichtung, kleinen Anlegerahmen, Stützrädern und Längsstäben. Die Anlegerahmen ermöglichen die Verstellung der Arbeitsbreite je nach den Zwischenreihen (von 1,6 m und mehr). Mitgeliefert wird ein Satz von auswechselbaren Arbeitswerkzeugen, deren Arbeitstiefe durch Verstellung der Stützräder reguliert werden kann. Die Werkzeuge eignen sich zum Grubbern, zur Tieflockerung und zum Häufeln einschl. Einbringung von mineral. Düngemitteln. Bei einem Anbauschema von 1,6 x 1,6 m beträgt die Leistung des Aggregats 0,49 ha/h und damit läßt sich die Arbeitsproduktivität um das 2,2fache steigern. E.Kahn. 9415d.

1-68/07-0259 D e t z e l, W. und M a u l, D. Der Arbeitsbedarf verschiedener Verfahren zur mineralischen und organischen Düngung. - Dtsch. Weinbau 23 (1968) Nr. 8. S. 246.248.250.252.254. - 13 Abb., 2 Tab.

Die Arbeitsleistung des vom Pferd, Einachs- oder Zweiachstraktor gezogenen Kastendüngerstreuers ist nur bei größerer Zeilenbreite günstiger als beim Handstreuen, das noch in kleinen Betrieben verbreitet ist, Kreiseldüngerstreuer für 2 und 3 Zeilen am Zweiachstraktor eignen sich bes. für die Ausbringung von gekörnten Düngerarten. Bei normaler Zeilung sollten nicht mehr als 3 Reihen beworfen werden. Das Gleiche gilt für Pendeldüngerstreuer. Bei beiden in ihrer Leistung gleichwertigen Geräten ist der Arbeitsbedarf für die Ausbringung von Mineraldüngern am günstigsten. Beim Ausbringen organischer Dünger liegt das Arbeiten mit der Erdschaufel an der Spitze. Spezialstreuer sowie Kreisel- und Pendeldüngerstreuer sind nur bedingt zur Ausbringung organischer Dünger geeignet. Eine große arbeitswirtsch. Bedeutung bei der Zufuhr organischer Substanz im Weinberg kommt der Gründüngung zu.

K.Thiele. 9420e.

1-68/07-0260 G r a f, Josef. Neue Möglichkeiten der Düngung. - Dtsch. Weinbau 23 (1968) Nr. 8. S. 254-256. - 5 Abb.

Die vielfach in der Praxis angewendete Loch- und Lanzendüngung scheidet künftig wegen des zu hohen Arbeitsaufwandes aus. Zweckmäßiger und arbeitssparender ist die Einbringung von flüssigem Handelsdünger unter Druck mit Hilfe eines Untergrundlockerers. Der flüssige Dünger wird aus dem aufgebauten Plastikbehälter mit einem Druck von 10...15 atü in den Boden eingespritzt, so daß ab Düse eine 15 cm Breitbanddüngung erfolgt. Bei entspr. Einstellung kann eine Einbringtiefe bis zu 60 cm erzielt werden. Mit diesem Verfahren wird zugleich eine Bodenlockerung und Belüftung erreicht.

K.Thiele. 9420e.

1-68/07-0261 F ö r t s c h, Ch. und K a u f m a n n, H.G. Rationalisierung der Mineraldüngung in der GPG "Berlin-Treptow" durch den Aufbau einer Zentralen Flüssigdüngungsanlage. - Dtsch. Gärtnerpost 20 (1968) Nr. 12. S. 5.11. - 5 Abb., 1 Tab., 9 Lit.

Die Anlage arbeitet nach dem Wasserstrahlprinzip. Aus einem mit festen Düngern gefüllten Druckbehälter wird mittels mechanisch erzeugtem Überdruck Düngerlösung in die geschlossene Beregnungsanlage eingespeist. Die Konz. der Nährlösung im Gießwasser kann durch unterschiedliche Durchmesser der Stammlösungs-Zuleitungen variiert werden. Abhängig vom Füllungsgrad des Druckbehälters schwankt die Nährlösungskonzentration zwischen 1...0 %o. Es kann jeweils nur eine Stammlösung ausgebracht werden, so daß nur Kulturen mit annähernd gleichem Wasser- und Nährstoffbedarf und ähnlicher Salzverträglichkeit angebaut werden können. Die Grund- und Startdüngungen, die gesamte P-Düngung sowie Ausgleichsdüngungen innerhalb der Kultur sind weiterhin in fester Form vorzunehmen. - Die Anlage arbeitet rationell und ist zur automatischen Regelung vorgesehen. Unter den bekannten Methoden der Flüssigdüngung ist diese Abwandlung mit dem geringsten Aufwand am besten geeignet. Obwohl die kontinuierliche Flüssigdüngung wesentliche Vorteile aufweist, sind noch pflanzenbauliche, physiologische und technische Probleme kurzfristig wissenschaftlich zu lösen, bevor diese Methode verallgemeinert werden kann. H.-J.Herrmann. 9420e.

1-68/07-0262 G r u b e r. Erdtopfpresse mit hoher Leistung. - Erwerbsgärtner, Stuttgart 22 (1968) Nr. 6. S. 230. - 3 Tab.

Die Erdtopfpresse von Winel erfordert einen geringen Bedienungsaufwand, da die Erdtöpfe nicht individuell behandelt werden. Unmittelbar nach der Herstellung werden die Töpfe mit einer Einzelkornsävorrichtung besät. Trotz 15...20 % Fehlstellen unter Praxisbedingungen wird der Einzelkornaussaat der Vorzug gegeben. Die Kosten sind geringer, als wenn man 2 Korn/Erdtopf sät und anschließend vereinzelt. Die Tab. enthalten Angaben über die Maschinenleistung und eine Kalkulation für das beschriebene und ein herkömmliches Verfahren bei unterschiedlicher Kapazität. I.Grittner. 9430d.

1-68/07-0263 S z a b o, S.S. und L i m p e l, L.E. A seeder for greenhouse use. (Ein Sägerät für die Verwendung im Gewächshaus.) - Contr. Boyce Thompson Inst. 24 (1967) Nr. 1. S. 11-14. - 3 Abb., 1 Tab., 3 Lit.

Vff. beschreiben ein Gerät, mit dem Samen von 6 verschiedenen Pflanzenarten gleichzeitig auf Saatbeete oder in Anzuchtgefäße ausgesät werden können. Spezielles Anwendungsgebiet ist die Herstellung eines gleichmäßigen Pflanzenbestandes mit definierter Pflanzenzahl für Versuche zur Vor- und Nachauflaufanwendung von Herbiziden. - Das Gerät besteht aus einem Saatgutbehälter mit einer Größe von 10 x 4 1/2 x 3 in. (25,4 x 11,4 x 7,6 cm), der durch Zwischenwände in 6 Fächer geteilt ist. Die Trennwände stehen im gleichen Abstand wie die Saatreihen. Unter ihnen ist die Grundplatte mit Durchbrüchen versehen. Über der Grundplatte befindet sich ein Schieber mit Löchern, deren Größe und Form dem auszusäenden Samen und der gewünschten Aussaatdichte angepaßt ist. Innerhalb des Saatgutbehälters werden die Löcher mit Samen gefüllt, der beim Zurückziehen durch die Durchbrüche in der Grundplatte in vorbereitete Rillen im Erdboden fällt. Mit Stempeln, die sich in Führungen innerhalb der Trennwände befinden, können die Samen aus den Löchern gestoßen werden, wenn sie sich darin verklemmt haben. Das Gerät kann leicht entleert und gereinigt werden. Das Material ist für den Behälter Plexiglas und für den Schieber Holz. H.-H.Horn. 9435c.

1-68/07-0264 O ' D a n i e l, W. Kufen statt Räder am Mulchgerät! - Jber. Gartenbau-Versuchsanst. u. -Beispiels-betr. Landwirtsch.-Kammer Rheinland 1967 S. 193-194. - 1 Abb.
Höhere Leistungen beim Einsatz eines Mulchgerätes wurden erreicht, nachdem die Stützräder durch Kufen ersetzt wurden. Damit konnten die störenden Vibrationen des Gerätes ausgeschaltet werden, und gleichzeitig war eine höhere Fahrgeschwindigkeit möglich. Das Gerät glich sich Bodenunebenheiten besser an und außerdem konnte die Schnitthöhe verringert werden.
I.Grittner. 9440g.

1-68/07-0265 H l a d í k, J. Nesený rám k postriku herbicidy. (Anbaurahmen zum Spritzen von Herbiziden.) - Zahradnické Listy, Praha 61 (1968) Nr. 1. S. 12. - 4 Abb.
Das Spritzen von Obstkulturen wurde bisher mit Handstrahlrohren durchgeführt. Vf. bringt einen Vorschlag zur konstruktiven Lösung des Spritzrahmens mit Ausschwenksektionen als Adapter zu den Radtraktoren der Zetor-Reihe. Dieser Rahmen kann an alle Typen der gebräuchlichen gezogenen und angebauten Spritzmaschinen mit Hochdruck- und Mitteldruckpumpen, welche einen Druck von mindestens 2 kp/cm^2 gewährleisten, angesetzt werden.
ČSSR/ÚVTI. 9440k.

1-68/07-0266 S t a n n e k, B a n h o l z e r, G., B a s t i a n, P. und W a l t e r, E. Produktionsverfahren des Feldgemüsebaus. Arbeitsverfahren der Bodenbearbeitung, Düngung und Saatbettvorbereitung - Technologische Musterkarten. - Dtsch. Gärtnerpost 20 (1968) Nr. 16. Beil. 16 S. - 6 Tab., 57 Lit. 9445b.

1-68/07-0267 H a b e r l a n d, Rudolf. Düngung und Bodenbearbeitung im Feldgemüseanbau. - Ind. Obst- u. Gemüseverwert. 53 (1968) Nr. 5. S. 139-145. - 13 Abb., 3 Diagr., 3 Tab. 9445b.

1-68/07-0268 G r o e n e n d i j k, J. Technische ontwikkelingen in de bloemisterij. I (Techn. Entwicklung im Zierpflanzenbau. 1. Mitt.) - Vakbl. Bloemisterij 23 (1968) Nr. 6. S. 178-179. - 4 Abb.
Es wird ein allg. Überblick über die Entwicklungstendenzen im Zierpflanzenanbau gegeben. Im ITT, Wageningen, wurde begonnen, mit einem kleinen Mitarbeiterstab Fragen der Betriebsorganisation zu untersuchen. Die durchschnittl. Größe eines Schnittblumenbetriebes liegt bei 3500 m^2, 1 AK betreut 1000 bis 1500 m^2, im Topfpflanzenbetrieb dagegen betreut 1 AK 400 m^2 (Dänemark 1200 m^2). Hinsichtlich der Produktionsmittel wird festgestellt, daß vor allem für Schnittblumen Großraumhäuser (12 m breit) eingesetzt werden sollen. Hausbreiten über 12 m sind unwirtschaftlich. Für den Winteranbau sollten die Häuser in O-W Richtung stehen. Die Gewächshausabdeckung erfolgt noch mit Glas (aus wirtschaftlichen Erwägungen). Als Heizung wird eine Kombination von Luftheizung und Rohrheizung empfohlen. Ch.Förtsch. 9445c.

1-68/07-0269 S e a g e r, J.C.R. Day-length control facilities for glasshouse flowers. (Einrichtungen zur Kontrolle der Tageslänge bei Chrysanthemen und Poinsettien.) - Farm Res. News 8 (1967) Nr. 6. S. 128-129. - 1 Abb.
Es wird beschrieben, wie mit einer Verdunklungseinrichtung aus schwarzer Polyäthylenfolie und durch das Aufhängen von Glühlampen ein Kurztags- bzw.

Langtagseffekt erzielt werden kann. Das Ausbreiten der Polyäthylenfolie erfolgt automatisch von einem Motor, der von einer Zeituhr gesteuert wird. Auch die Zusatzlichtanlage wird von einer Uhr gesteuert. Zyklische Lichtgaben reduzieren den Stromverbrauch in größeren Betrieben (3 Min. Licht, 6 Min. Dunkelheit). Mit Hilfe dieser Maßnahmen können Topfchrysanthemen das ganze Jahr hindurch mit hoher Qualität und niedrigen Kosten produziert werden. Ch.Förtsch. 9445c.

1-68/07-0270 A n o n y m. Mechanization coming of age. (Mechanisierung wird aktuell (Schnittmechanisierung.) - Goodfruit Grower, Washington 18 (1968) Nr. 2. S. 10-11. - 6 Abb.

In einer zusammenfassenden Übersicht wird über den gegenwärtigen Entwicklungsstand von Arbeitsbühnen berichtet, die für die Durchführung der Schnittarbeiten an hohen Obstgehölzen entwickelt wurden. Es handelt sich dabei um selbstfahrbare Aggregate mit hydraulisch hebbaren Einmann-Arbeitsbühnen und um hydraulische Hebebühnen, die an Traktoren angebaut werden. Die Vor- und Nachteile der einzelnen Aggregate werden unter Berücksichtigung ihrer spez. Einsatzfähigkeit dargelegt. Bei allen Aggregaten arbeiten die AK mit pneumatisch oder hydraulisch angetriebenen Schnittwerkzeugen. Im einzelnen werden beschrieben: 1) "Layton Topper" der Fa. Layton Manufacturing Co., Saclem; 2) "Edwards Dyna-Soar" der Fa. Edwards Equipment Co., Yakima; 3) "Great Extender" der Fa. Irwin Research & Development Inc., Yakima; 4) "Hydra-Swing" der Fa. Edwards Equipment Co., Yakima; 5) "Orchard-Aide" der Fa. Wapato grower, Delt Clark; 6) "Trump Girette" der Fa. Trump Ltd.
W.Blasse. 9445d.

1-68/07-0271 A n o n y m. California firm develops mechanical hedge. (Kalifornische Firma entwickelt mechanische Heckenschneidemaschine.) - Goodfruit Grower, Washington 17 (1967) Nr. 19. S. 5. - 1 Abb.

Die fahrbare Maschine hat 2 senkrecht stehende Holme, die je 4 Kreissägeblätter tragen. Die Maschine kann also beidseitig arbeiten, wenn die Hecken nebeneinander gepflanzt wurden. Der Abstand der Holme ist verstellbar zwischen 4 und 12 ft. (ca. 122 und 366 cm) in der unteren Position und zwischen 18 in. (45,7 cm) und 20 ft. (610 cm) am oberen Ende der Holme. Dadurch können Hecken unterschiedlicher Form und Größe geschnitten werden. Ein Einsatz im Obstbau wird für möglich gehalten. I.Grittner. 9445d.

1-68/07-0272 O ' D a n i e l, W. Transport- und Pflückhilfen im Obstbau. - Jber. Gartenbau-Versuchsanst. u. -Beispiels.-betr. Landwirtsch.-Kammer Rheinland 1967 S. 190-192. - 4 Abb.

Außer der Heckgabel ist ein selbstgebauter Tieflader mit einem Stützrad, der starr am Traktor befestigt wird, für den Obsttransport in Kleinbetrieben geeignet. Zur Rationalisierung von Ernte- und Schnittarbeiten eignen sich 2 fahrbare Arbeitsbühnen. Die Arbeitsplätze sind in 2 Etagen angeordnet. I.Grittner. 9445d.

1-68/07-0273 T o m p s e t t, A.A. Cheddar strawberries the new look. (Neues von den Erdbeeren in Cheddar.) - Agriculture, London 75 (1968) Nr. 2. S. 76-79. - 2 Abb.

Im Gebiet von Cheddar, Somerset, werden etwa 300 acres (ca. 49 ha) Erdbeeren angebaut. Während die Gesamtanbaufläche relativ konstant bleibt, ist der Anteil der Erdbeeren, die zur Verfrühung oder Verzögerung der Ernte überbaut werden, auf 20 % angestiegen. Als Ursache dafür werden hohe Landpreise und die Notwendigkeit der Verteilung der Erntearbeiten angeführt. Die verschiedenen Bedeckungsverfahren (cloches, Folie) werden kurz beschrieben und die Preisprobleme erörtert. G.Schönberg/Pillnitz. 9445d.

1-68/07-0274 K i e f e r, W. Erfahrungen mit dem Einsatz von Stockräumgeräten im Weinbau. - Dtsch. Weinbau 23 (1968) Nr. 8. S. 256-257.260-263. - 11 Abb., 12 Lit.
Unter den verschiedenen Stockräumgeräten sind die Pendelmesser am Pferdepflug bzw. am Traktoranbaupflug seit langem im Weinbau bekannt; ihr großer Nachteil besteht in der Stockbeschädigung, die durch Verwendung von Rohr- oder Kunststoffmanschetten etwas gemindert werden kann. Spezielle im Handel befindliche Stockräumgeräte mit Zapfwellenantrieb arbeiten ein- und zweizeilig. Beide Typen haben Vor- und Nachteile. Eine bes. techn. Lösung liegt bei automatischen Stockräumern mit rotierenden Werkzeugen vor, wie z.B. beim Humus-Kreiselkrümler mit rotierenden Messern und bei der "Howard-Rotavette" mit zapfwellengetriebener Drehhacke. Alle Stockräumgeräte erfordern zur einwandfreien Arbeit gerade Stämme und eine exakte Zeilung. Es wird empfohlen, den Einsatz der Stockräumgeräte mit der Anwendung der chemischen Unkrautbekämpfung zu kombinieren. K.Thiele. 9445e.

1-68/07-0275 S c h e r e r, Fred. Neue Klammern für die Befestigung des Streckbogens im Drahtbau. - Schweiz. Z. Obst- u. Weinbau 104 (1968) Nr. 7. S. 160-162. - 5 Abb. 9445e.

1-68/07-0276 P r e c h l e r, S. Maschineneinsatz in der Baumschule. - Erwerbsgärtner, Stuttgart 22 (1968) Nr. 11. S. 479-481. - 10 Abb.
Eine Mechanisierung ist vor allem bei den Arbeitsgängen Bodenvorbereitung, Bodenpflege und Roden erforderlich. Zur Bodenvorbereitung werden die Spatenmaschine, "Rotavator"-Fräsen und Untergrundhaken empfohlen. Pflanzmaschinen, Topflochbohrgeräte und Rillenziehgeräte sind zur Rationalisierung der Pflanzarbeiten geeignet. Pflegearbeiten erfolgen mit Einachstraktoren oder bei Reihenabständen ab 1 m mit allradgetriebenen Kleinsttraktoren. Hochtraktoren aus dem Weinbau und Geräteträger finden Eingang in die Betriebe. Rotierende Hackgeräte werden immer häufiger verwendet. Unter den Rodepflügen sind solche mit Rütteleinrichtung zu bevorzugen oder Seilzuggeräte, die in gewissem Maß eine selektive Rodung erlauben. Transportfahrzeuge sollten möglichst Tieflader sein. I.Grittner. 9445f.

I. FRÜHBEETE UND GEWÄCHSHÄUSER

1-68/07-0277 S t i c k l e r, Peter. Das Gewächshaus. Teil I. - Erwerbsgärtner, Stuttgart 22 (1968) Nr. 7. S. 271-275. - 13 Abb., 1 Darst., 1 Tab.
Bereits zu Zeiten Plinius wurden Pflanzenhäuser mit Marienglas gedeckt. 1720 wurden Treibhäuser mit schräggestellten Fenstern von Boerhave errichtet. Für fast alle Früchte wurden Häuser mit bes. baulichen Anforderungen empfohlen. 1907 baute Trautmann den ersten Primitivblock und 1910 ein 13 m breites, freitragendes, 60 m langes Gewächshaus. Die gleichzeitig von Münz entwickelte Blockbauweise ist heute noch als süddeutsche Blockbauweise bekannt. 1937 wurden 6 Typenhäuser entwickelt. 1929 sind die ersten feuerverzinkten Gewächshäuser gebaut worden. Vom Vf. werden anschließend einige allg.

Angaben über den Gartenbau in einigen europäischen Ländern gemacht. So beträgt z.B. der Unterglasanbau in Belgien 1468 ha, in Dänemark 600 ha, in Westdeutschland 2233 ha, in Frankreich 1276 ha, in Italien 2412 ha und in den Niederlanden 6500 ha. Ch.Förtsch. 9505.

1-68/07-0278 S i e b e r t, L. Modellversuche zwecks Ermittlung der Windlasten an Gewächshäusern. III. Darstellung des gemittelten (C) und maximalen Druckverhältnisses (C_i max-) als Funktion des Windangriffwinkels α und der Modellform k. - Gartenbauwissenschaft 32(14) (1967) Nr. 2. S. 107-133. - 13 Abb., 3 Tab., 6 Lit. Zus. in Engl. Franz. - nach Zus.

Durch Modellversuche wurden die mittleren und max. Windlastbeiwerte an Gewächshäusern bestimmt und mit den Normvorschriften verglichen. Dabei konnte auf Abweichungen hingewiesen und es konnten Normänderungsvorschläge für den Gartenbau gemacht werden. Außerdem wurde die Windschutzwirkung auf die Windlastverteilung an den Gewächshäusern untersucht. Dabei ergaben sich Belastungserniedrigungen von über 50 % gegenüber der freien Anströmung.

9505.

1-68/07-0279 S t i c k l e r, Peter. Das Gewächshaus. Teil II. Grundlagen - Konstruktion - Planung - Kosten. - Erwerbsgärtner, Stuttgart 22 (1968) Nr. 12. S. 544-545. - 4 Abb.

Da das Licht im Winter im Minimum ist, muß versucht werden, die Lichtausbeute durch Auswahl der Lage des Gewächshauses, der Konstruktionen, der Aufstellungsrichtung u.a. zu steigern. - Die Luftfeuchtigkeit ist im Warmhaus oft zu niedrig und im Kalthaus oft zu hoch. - Das Gewächshaus hat beim Erwerbsgärtner in erster Linie eine wirtsch. Aufgabe zu erfüllen, so daß nicht alle Wünsche und kulturtechn. Anforderungen erfüllt werden können. Sonst würde die Existenz der Betriebe gefährdet werden. - UV-Strahlen werden vom Glas zurückgehalten, von Folie oder ähnlichem nicht. Dadurch zeichnen sich Pflanzen, unter Folie angebaut, durch gedrungenen Wuchs und durch eine besondere Farbintensität aus. Von der Lichtstrahlung sind für die Pflanzen vor allem der Rotanteil (Längenwachstum) und der Blauanteil (gedrungener Wuchs) von bes. Bedeutung. Ch.Förtsch. 9510a.

1-68/07-0280 A n o n y m. Rationalisieren beim Betreiben von Gewächshäusern - noch immer ein Stiefkind? - Dtsch. Agrartechn. 18 (1968) Nr. 3. S. 133-134.

9510a.

1-68/07-0281 W e r m i n g h a u s e n, B. und H i l d e b r a n d, H. Welche Bedeutung haben Kunststoffe im Gewächshausbau? - Erwerbsgärtner, Stuttgart 22 (1968) Nr. 4. S. 119-124. - 18 Abb.

Für die Gewächshausbedeckung kommen 2 Gruppen von Kunststoffen in Betracht: 1) Kunststoff-Folien (0,025...0,5 mm) aus Polyäthylen, PVC, Polyamiden, Polystyrol und Polyester und 2) halbsteife und steife Kunststofferzeugnisse in Form transparenter Bahnen, Platten oder Schalen (0,5...5,0 mm) aus PVC, Acrylglas oder aus glasfaserverstärktem Polyesterharz. Kunststoffolien sind zur Gewächshausbedeckung sinnvoll, wenn 1) Pflanzen kurzfristig überdeckt werden sollen, 2) für Kulturen, die keine hohen finanziellen Belastungen vertragen und 3) wo befristet genutztes Land hohe Investitionskosten nicht rechtfertigen. Bei Folien läßt die Lichtdurchlässigkeit im Laufe eines Jahres um 10...15 % nach. PÄ-Folie (= Polyäthylenfolie) läßt im Gegensatz zu PVC-Folie auch die langwelligen Wärmestrahlen hindurch, so daß bei niedrigen Außentemperaturen niedrigere Temperaturen als unter Glas vorhanden sind. Möglich sind Foliengewächshäuser ohne Unterkonstruktion und solche mit Unterkonstruktion. Hinsichtlich des Einsatzes von halbsteifem und steifem Kunststoff werden zahlreiche Gewächshaustypen beschrieben. Es sind Gewächshäuser mit Schiffbreiten bis zu 12 m bekannt, als Einzelhaus oder auch als Blockbau. In Gewächshäusern aus glasfaserverstärktem Polyester ist ein Schattieren überflüssig. Unter mittel- und nordeuropäischen Verhältnissen können unter ihnen Pflanzen mit geringer Wuchsleistung (Topfpflanzen) kultiviert werden. Bei Kulturen mit starkem Wachstum (Treibgemüse) kann vor allem in den lichtarmen Monaten eine Ertragsminderung eintreten. Ch.Förtsch. 9510bg.

1-68/07-0282 N i s e n, A. Anwendungsmöglichkeiten von glasfaserverstärkten Polyestern im Gewächshausbau. - Dtsch. Akad. Landwirtsch.-Wiss. Berlin, Tag.-Ber. 1967 Nr. 88. S. 197-211. - 4 Abb. Zus. in Russ., Engl.- nach Zus.
Vf. ist bemüht, sowohl die für den Gewächshausbau wichtigen Kriterien der Polyester-Materialien als auch die phys. Kennzahlen zu ermitteln, die nach seiner Auffassung speziell für den Gartenbau ausschlaggebend sind. Die verschiedenen konventionellen Dachformen werden mit gewölbten verglichen, und zwar auf der Grundlage einer theoret. Berechnung der im Laufe eines Tages bei verschiedenen Neigungswinkeln auftreffenden direkten Sonnenstrahlen und indirekten kosmischen Strahlung. Parallel mit diesen theoret. Untersuchungen gingen praktische Versuchsreihen einher. In vielen Fällen ist das Polyestererzeugnis dem Glas sogar unterlegen. Die Lichtverhältnisse lassen sich durch zweckentspr. Konstruktionen und Ausrichtung der Gewächshäuser in die günstigste Himmelsrichtung ausgleichen. Gewellte Polyesterelemente erscheinen weniger zweckmäßig als flache, weil erstere eine größere Abkühlungsfläche haben. Dadurch entsteht ein Mehrverbrauch an Heizmaterial von etwa 30 %. 9510bh.

1-68/07-0283 M a r t y n e n k o, I.I. und K o t o v, B.I. Issledovanie dinamiki nagreva parnika na ėlektričeskoj modeli-analoge. (Untersuchung der Erwärmung von Frühbeeten mit einem elektrischen Modell.) - Mechanizacija i ėlektrifikacija socialističeskogo sel'skogo chozjajstva, Moskva 26 (1968) Nr. 3. S. 24-26. - 3 Diagr., 2 Schemata.
Wärmeberechnungen für Frühbeete werden in der Regel unter der Annahme durchgeführt, daß die thermischen Vorgänge stationär sind, obgleich sich der Wärmezustand des Frühbeetes dauernd ändert. Direkte Messungen der Wärmevorgänge im Frühbeet sind schwierig, die Ermittlungen können jedoch durch elektrische Modellierung erleichtert und beschleunigt werden. Vff. betrachten ein aus 20 Rahmen bestehendes, mit Hilfe von im Boden verlegten Zementrohren geheiztes Frühbeet und stellen die Gleichungen für das Wärmegleichgewicht in den verschiedenen Schichten des schematisch dargestellten Frühbeetes auf. Danach besprechen sie das Schaltbild des diesen Gleichungen entsprechenden elektrischen Modells und geben die Maßstäbe für die einzelnen thermischen Kenngrößen an. Mit Hilfe des Modells wurden Kurven für die Temperatur in Abhängigkeit von der Zeit, der Schichttiefe und der Leistung der Heizelemente aufgenommen, die gut mit Kurven der im Beet gemessenen tatsächlichen Temperaturen übereinstimmen. W.Balkin. 9515.

1-68/07-0284 G e r m i n g, G.H. Kastypen voor de tomatenteelt. (Gewächshaustypen für den Tomatenanbau.) - Inst. Tuinbouwtechn. Wageningen, Meded. 1967 Nr. 59. S. 1-64. - 7 Abb.

Im Inst. für Gartenbautechnik Wageningen wurden 5jährige Untersuchungen an 4 verschiedenen Gewächshaustypen durchgeführt, um festzustellen, welcher Typ sich am besten für den Tomatenanbau eignet. Die Grundfläche betrug bei allen Gewächshaustypen 600 m^2. Unterschiede bestanden in der Spannbreite des Gewächshausdaches, wobei 8 x 3,20 m, 8 x 3,28 m, 4 x 6,56 m und 2 x 13,12 m verwendet wurden. Die höchsten Erträge wurden in dem Typ mit der größten Spannbreite des Daches erreicht. Die Klimaregelung erfolgt in allen Gewächshaustypen gleichmäßig durch ein Warmwasserwärmesystem, das mit einer Wärmeabgabe von 250 kcal/m^2 Bodenfläche ausgelegt war.

G.Müller/Bornim. 9520.

1-68/07-0285 S c h a l t, Wilhelm. Das Turmgewächshaus in betriebswirtschaftlicher Sicht. - Gartenwelt 68 (1968) Nr. 4. S. 82-83.

Die Herstellungskosten für ein Turmgewächshaus sind hoch. Bei einem Vergleich mit einem Normalgewächshaus gleicher Produktionsfläche ergibt sich eine Baukostenbelastung je m^2 Grundfläche von 915,- DM beim Turmgewächshaus gegenüber 125,- DM beim Normalgewächshaus. Diese Kosten müssen beim Turmgewächshaus z.T. noch auf eine geringere Nutzungszeit umgelegt werden. Bei den Betriebskosten lassen sich nur für Heizung wesentliche Einsparungen erzielen. Betriebswirtschaftlich kann das Turmgewächshaus nach den bisherigen Erkenntnissen nicht gestützt werden. Andererseits könnte das Turmgewächshaus für eine programmierte und gesteuerte Pflanzenproduktion eine bedeutsame Hilfe sein.

A.Jeske. 9520.

1-68/07-0286 O l d r o y d, Kenneth. When these mobiles move, the heating goes too. (Wenn Rollhäuser bewegt werden, läuft die Heizung mit.) - Grower, London 69 (1968) Nr. 7. S. 364-365. - 4 Abb.

Vf. berichtet über die Installation einer verrollbaren Luftheizung in Rollhäusern. Der Lufterhitzer rollt auf einer Schiene auf den neuen Standort des Rollhauses. Für jeden Standort sind gesonderte Anschlüsse für Elektrizität und Leichtöl vorgesehen (außerhalb des Gewächshauses). Die Warmluft wird mittels Polyäthylenschläuchen (Dmr. ca. 38 cm) auf der zu beheizenden Fläche verteilt. Es werden Kosten für die Heizungsinstallation angegeben.

Ch.Förtsch. 9520.

1-68/07-0287 V o g e l, G. und W e i c h o l d, R. Hinweise zur Konstruktion, technischen Ausrüstung und pflanzenbaulichen Nutzung von Plastfoliengewächshäusern. - Dtsch. Agrartechn. 18 (1968) Nr. 3. S. 131-133. - 2 Abb., 4 Tab., 2 Lit. - nach Zus.

Es wird nachgewiesen, daß es im Hinblick auf die weitere Rationalisierung und Intensivierung der Treib- und Frühgemüseproduktion notwendig ist, den Bau und die Nutzung von Plastfoliengewächshausanlagen zu verstärken. Die verstärkte Anwendung von Plastfoliengewächshäusern liegt im volks- und betriebswirtschaftlichen Interesse, weil für bestimmte Gemüsearten ein hoher Bedarf vorliegt und sie in Stahl-Glashäusern nicht oder nicht in ausreichenden Mengen angebaut werden können, weil man mit dem Einsatz von Plastfoliengewächshäusern betriebliche und örtliche Reserven nutzen kann und damit die Rentabilität und Akkumulation in den Betrieben entscheidend erhöhen

kann. Für den Aufbau von Plastfoliengewächshäusern in konstruktiver, ausrüstungstechnischer und pflanzenbaulicher Hinsicht werden Hinweise gegeben.
9520.

1-68/07-0288 P č e l k i n, Ju., L o p a t č e n k o, A. und K l i m e n k o, M. Plenočnaja teplica s èlektroobogrevom. (Elektrisch beheiztes Gewächshaus aus Polyäthylenfolie.) - Technika v sel'skom chozjajstve, Moskva 28 (1968) Nr. 1. S. 18-22. - 2 Abb., 7 Schemata, 2 Tab.
Das Gewächshaus hat eine Fläche von 1000 m^2, eine Breite von 6,2 m und eine Höhe von 2,3 m. In Abständen von 2,8 m sind tragende Bögen aus Stahlstäben von 19 mm Dmr. angeordnet. Sie sind an beiden Enden 0,3 m tief in den Boden gesteckt und miteinander mit 23 verzinkten Stahldrähten von 2,5 mm Dmr. verbunden. Oben in der Mitte ist ein Rohr von 33 mm Dmr. verlegt, das als Wasserleitung dient und Anschlußstutzen für das Gießen der Pflanzen besitzt. Über dieses Gerüst sind rechtwinklig zu seiner Längsrichtung 3,2 m breite Streifen aus 0,1 mm dicker Polyäthylenfolie gelegt, die sich jeweils über den Bögen 0,4 mm überdecken. Nachdem sie angespannt worden sind, werden sie an ihren Enden mit einem Traktor mit Erde angehäufelt. In bestimmten Abständen sind Belüftungsluken angeordnet. Die Stirnseiten des Gewächshauses sind Holzwände mit Toren, durch die ein Traktor fahren kann. Das Gewächshaus wird elektrisch mit Luftheizkörpern und im Boden verlegten Heizdrähten beheizt. Vff. beschreiben den Bau des Gewächshauses und die Ausführung der Elektrobeheizung und bringen in Tab. einige techn. und wirtsch. Daten.
W.Balkin. 9520.

1-68/07-0289 R o d w a y, Michael. Japan's portable greenhouses. (Japans transportable Gewächshäuser.) - Wld. Crops 19 (1967) Nr. 6. S. 28. - 2 Abb.
Vorfabrizierte Metallbügel werden in den Boden gesteckt und mit einer starken flexiblen Folie bedeckt. So entsteht eine vollständig geschlossene Halle ("hangar"). Derartige Hallen werden in mehreren Hundert Fuß Länge errichtet. Selbst die größten Hallen können von 2 oder 3 AK in wenigen Tagen errichtet werden. Diese Plastgewächshäuser sind für eine intensive Erdbeerproduktion geeignet. Im Gewächshaus wird der Boden mit dünnen schwarzen Plastikbahnen ausgelegt, in die in 8 in. (ca. 20,3 cm) Entfernung Löcher geschnitten werden. In diese Löcher wurden die Erdbeerpflanzen gepflanzt. Diese Plastgewächshäuser werden nur durch die Sonneneinstrahlung erwärmt. Selbst im Winter kann die Temperatur für eine kurze Zeit 40...45 °F (ca. +4,5...+7,5 °C) erreichen. Ch.Förtsch 9520.

1-68/07-0290 C e k l e e v, Georgi. Proučvane vlažnostta na vŭzducha v polietilenovi oranžerii. (Untersuchung der Luftfeuchtigkeit in Polyäthylengewächshäusern.) - Gradinarska i lozarska nauka, Sofija 27 (1968) Nr. 1. S. 27-35. - 8 Abb., 1 Tab., 8 Lit. Zus. in Russ., Engl. 9520.

1-68/07-0291 K a w a k a t s u, Y. und N a k a o, T. Environmental control of greenhouse and plastic cover. I. Climatic measurements in the cooling greenhouse with ornamental crops. (Kontrolle der Umweltbedingungen in mit Glas und Plasten bedeckten Gewächshäusern. 1. Mitt. Klimamessungen in gekühlten Gewächshäusern im Zierpflanzenanbau.) - J. Jap. Soc. horticult. Sci. 36 (1967) Nr. 3. S. 324-332. - 9 Abb., 3 Tab., 16 Lit. Orig.: jap., Ausz.: engl.
In mehrschiffigen Gewächshausblöcken, die mit einer Mattenkühlung ausgestattet sind, wurden die Klimafaktoren gemessen. Angebaut wurden Rosen und Nelken, im freien Grunde und auf Bankbeeten. Wurde der Luftstrom quer zur First-

richtung geführt, war die Temperatur unter dem First am höchsten und unter der Rinne am tiefsten. Im Gegensatz dazu war die Windgeschwindigkeit unter dem First am niedrigsten und unter der Rinne am höchsten. Die Temperatur stieg von der Mattenseite bis zur Gebläseseite an. Kurz vor den Gebläsen wurde die Außentemperatur erreicht. Wurde die Luft parallel zum First geführt, stieg die Lufttemperatur linear an. Der Temperaturgradient im Gewächshaus mit Luftführung parallel zum First war größer als bei einer Luftführung quer zum First. Der Wärmeaustausch des Wassers ist dann konstant, wenn auch die Temperatur und die Wassermenge konstant sind. Kühlung durch Evaporation ist abhängig von der Windrichtung, der Luftleistung der Gebläse und einigen Klimafaktoren. Ch.Förtsch. 9525.

1-68/07-0292 T a v e i r n e, W. Lichtafhankelijke temperatuurregeling in kassen. Deel I: Tekst. (Lichtabhängige Temperaturregelung in Gewächshäusern. 1. Mitt. Text.) - Merelbeke (Lemberge)/Gent: Rijksstation voor boerderijbouwkunde 1967. 17 x 24 cm. (117 S.)

Nachdem Vf. einleitend einige Fragen der Pflanzenernährung behandelt, erläutert er den Einfluß der Gewächshauskonstruktion auf einige Wachstumsfaktoren und gibt Definitionen von gebräuchlichen energetischen und photometrischen Begriffen und Maßeinheiten des Lichtes sowie der Strahlung. Es wird das Wirkungsprinzip von elektromechanischen, elektronischen und pneumatischen Temperaturreglern und die eigentliche lichtabhängige Temperaturregelung behandelt. Ferner bespricht Vf. Regler der Firmen Baelz & Sohn KG, Heilbronn, Landies & Gyr, Zug (Schweiz) und Sauter AG, Basel. Dieses Buch gibt einen guten Überblick über die physikal. und techn. Grundlagen der lichtabhängigen Regelung und ist für Wissenschaftler und Praktiker gleichermaßen geeignet. Ch.Förtsch. 9525.

1-68/07-0293 T a v e i r n e, W. Lichtafhankelijke temperatuurregeling in kassen. Deel II: Figuren. (Lichtabhängige Temperaturregelung in Gewächshäusern. 2. Mitt. Figuren.) - Merelbeke (Lemberge)/Gent: Rijksstation voor boerderijbouwkunde. 1967. 17 x 24 cm. (o.S. nur Abb., Diagr. u. Zeichn.)

In diesem Teil des Buches über lichtabhängige Temperaturregelungen sind alle Abb. enthalten, die den eigentlichen Textband ergänzen. In ihm sind z.B. folgende Abb. enthalten: die in den einzelnen Monaten auftretenden Belichtungsstärken, die Schaltschemata von elektromechanischen, elektronischen Reglern, von unterschiedlichen Regelkreisen, die Regelverläufe bei P-, I-, D-, PI-, PD- und PID Regelungen und Abb. der beschriebenen Regler von 3 verschiedenen Firmen. Auch ohne Textband ist dieser Teil sehr gut verständlich, da z.T. sehr umfangreiche Bildunterschriften die Abb. erläutern. Ch.Förtsch. 9525.

1-68/07-0294 B i e d e r m a n n, H. Klimatisierung der Gewächshäuser. - Erwerbsgärtner, Stuttgart 22 (1968) Nr. 16. S. 766-767. 9525.

1-68/07-0295 D r e n t h, A. van. Kunstlicht bij plantenbestraling in kassen. (Kunstlicht zur Pflanzenbestrahlung in Gewächshäusern.) - Meded. Directie Tuinbouw, 's Gravenhage 31 (1968) Nr. 1. S. 38-44. - 9 Abb., 1 Tab.

Nach einigen einleitenden Ausführungen über die spektrale Zusammensetzung der Strahlungsenergie, über Lichteinheiten (lux, lumen, Beleuchtungsstärke, Lampenvermögen W/m^2, Bestrahlungsstärke mW/m^2, Energiewert mW/lumen) gibt Vf. einige praktische Hinweise über den Einsatz der Zusatzbeleuchtung. So werden anhand von zahlreichen Abb. und Diagr. Hinweise gegeben, wie eine gleichmäßige Energieverteilung auf der gesamten Pflanzenoberfläche erzielt werden kann. So sollen z.B. die Lampen im Zentrum der bestrahlten Fläche höher als am Rand hängen. Für die Wahl des geeigneten Lampentyps sind die erforderlichen Investitionskosten und das Verhältnis der aufgenommenen elektrischen Energie zur abgegebenen Strahlungsenergie entscheidend. Fluoreszenslampen haben Investitionskosten von ca. 5,40 f/m^2 und einen Nettostrahlungsertrag von 8,3 W/m^2. Die große Anzahl von Lampen wirft tagsüber jedoch Schatten auf die Kulturen. Hochdrucklampen haben dagegen Investitionskosten von ca. 2,70 f/m^2 und einen Nettostrahlungsertrag von 8,1 W/m^2. Empfohlen werden Hochdrucklampen vom Typ "HPLR" mit Investitionskosten von 2,35 f/m^2 und einem Nettostrahlungsertrag von 7 W/m^2. Ch.Förtsch. 9535.

1-68/07-0296 A n o n y m. Untersuchungen über die Einsatzmöglichkeiten von Gasstrahlern im Gemüsebau unter Glas. - Jber. Gartenbau-Versuchsanst. u. -Beispiels-betr. Landwirtsch.-Kammer Rheinland 1967 S. 17-32. - 4 Abb., 13 Tab.

Es wird über einen Versuch berichtet, bei dem Gas als Heizquelle für Strahler eingesetzt wurde. Dieses Verfahren erschien erfolgversprechend, da die erforderliche Wärmeenergie ohne Verluste direkt im Gewächshaus frei gesetzt wird und die bei der Verbrennung freiwerdenden CO_2 -Mengen unmittelbar ausgenutzt werden können. Es zeigte sich jedoch, daß im Gegensatz zur üblichen Konvektionsheizung die Blätter unter einer Strahlerheizung kleiner blieben, teilweise ledrig wurden und z.T. Blattrandverbrennungen bei verstärkter Nervatur auftraten (Kohlrabi, Tomate, Salat und Gurke). Diese Schäden verstärkten sich mit zunehmender Anwendungsdauer. Eine direkte Einstrahlung der Energie auf den Boden führte zu einer erhöhten Evaporation vermutlich auch zu einer erhöhten Transpiration. Neben verzögertem Ertragsbeginn waren beachtliche Ertrags- und Qualitätseinbußen und damit verminderte Rohererlöse zu verzeichnen. Bei der Strahlerheizung wurde ein um 50 % geringerer Gasverbrauch festgestellt, der die Ertragsausfälle nicht ausgleichen konnte. Die Wärmeverteilung im Gewächshaus war vor allem in den Wintermonaten sehr ungünstig, da die Wärmeabschirmung des Gewächshauses an den Außenwänden gegenüber einer Konvektorheizung unzureichend war. Es war leider nicht möglich, den trotz der vorhandenen Zwangslüftung deutlich wahrnehmbaren Gasgeruch näher zu analysieren (organischer Gasschwefel, Zyanwasserstoff, Stickstoffoxyd, Formaldehyd). Ch.Förtsch. 9545b.

1-68/07-0297 R e i n k e n, G. Die Einsatzmöglichkeiten von Gasstrahler-Heizung im Unterglasgemüsebau. - Gartenbauwissenschaft 32(14) (1967) Nr. 3. S. 273-290. - 3 Abb., 12 Tab., 5 Lit. Zus. in Engl., Franz. - nach Zus.

Bei der Verwendung einer Gasstrahlerheizung der vorliegenden Art in Gewächshäusern ergibt sich zwar ein wesentlich geringerer Gasverbrauch gegenüber der Konvektorheizung, jedoch treten bei Gemüsekulturen, wie Salat, Kohlrabi und Gurken, beachtliche Ertrags- und Qualitätsminderungen auf. Insbesondere bei stärkerer Verwendung der Gasstrahler während kalter Wintermonate konnten auch bei niedrig wachsenden Gemüsearten, wie Salat und Kohlrabi, starke Beeinträchtigungen des Pflanzenwachstums beobachtet werden. Ein Einsatz der Gasstrahlerheizung im Winter bei Tomaten und Gurken würde sicherlich zu sehr schwerwiegenden Beeinträchtigungen des Wachstums dieser Pflanzen führen. Die direkte Einstrahlung der Energie auf den Boden führte zu einer erhöhten Transpiration. Neben verzögertem Ertragsbeginn waren bei der Gasstrahlerheizung auch beachtliche Ertrags- und Qualitätseinbußen und damit verminderte Roherlöse je Flächeneinheit zu verzeichnen. 9545b.

1-68/07-0298 Z a n t e n, E. van. Ontwikkeling en perspectief bij de lichte kasverwarming. (Entwicklung und Perspektive einer leichten Erwärmung von Gewächshäusern.) - Groenten en Fruit, Den Haag 23 (1967) Nr. 22. S. 954 bis 955. - 8 Abb.

Vf. gibt einen allg. Überblick über die bisher in den Niederlanden eingesetzten ölbeheizten Lufterhitzer. Z.T. wurden diese Geräte von den Gärtnern selbst gebaut. Vf. weist daraufhin, daß es praktisch besser wäre, ein Heizungsrohr je Gewächshausschiff zu installieren. Die Investitionskosten würden dabei max. 5,- f betragen. Die Vorteile einer derartigen Rohrheizung liegen in der besseren Wärmeverteilung und in der Möglichkeit, die Gewächshausluft trockenzuheizen. Ch.Förtsch. 9545b.

1-68/07-0299 M ü l l e r, H. Erfahrungen beim Verlegen der Bodenheizung. - Jber. Gartenbau-Versuchsanst. u. -Beispiels- betr. Landwirtsch.-Kammer Rheinland 1967 S. 99-101. - 1 Abb.

Es wird über das Verlegen einer Bodenheizung aus Polyäthylen (hart) mit Hilfe einer Kabelfräse berichtet. Die mit der Kabelfräse ausgehobenen Rohrgräben sind 10 cm breit. Stündlich können 60 lfd. m Rohrgräben ausgefräst werden. Es entstanden folgende Kosten: PÄ-Rohr 1,20 DM/m^2, Sammelrohre 0,80 DM/m^2, Pumpe und Handmischer 0,55 DM/m^2, Sammelschacht mit Abdeckung 1,00 DM/m^2. Sonst. Zubehör 0,25 DM/m^2, insgesamt 3,80 DM Material/m^2. An Arbeitslohn wurden folgende Aufwendungen erreicht: Kabelfräseneinsatz 0,80 DM/m^2, PÄ-Rohre verlegen 0,30 DM/m^2, Sammelschacht mauern 0,70 DM/m^2, PÄ-Rohre anschließen 0,80 DM/m^2, sonst. 0,60 DM/m^2. Es werden demnach 3,20 DM/m^2 an Arbeitslohn benötigt. Die Gesamtkosten der Bodenheizung betragen 7 DM/m^2 (= 3,50 DM/lfm). Ch.Förtsch. 9545b.

1-68/07-0300 S i v a š i n s k i j, I. Gazovyj obogrev plenočnoj teplicy. (Gasbeheizung von Gewächshäusern aus Plastfolie.) - Technika v sel'skom chozjajstve, Moskva 28 (1968) Nr. 2. S. 4-7. - 2 Abb., 2 Diagr., 1 Schema.

Für das Beheizen von Gewächshäusern aus Plastfolie sind ortsveränderliche Elektro- oder Gasheizgeräte am zweckmäßigsten. Vf. beschreibt eine Gasheizanlage für ein Gewächshaus von 860 m^2, die aus 2 an den Enden des Gewächshauses aufgestellten Heizgeräten besteht. Jedes Gerät hat 3 Brenner mit Düsendurchmessern von 2,6 mm und einem Gasverbrauch von 6 m^3/h je Düse. Das Gas verbrennt in einem keramischen Verbrennungsraum, durchströmt dann einen Wärmeaustauscher, in dem es Wasser auf 95...100 $^\circ$C erwärmt, und tritt dann in eine Mischkammer ein, in der es mit Umluft oder Frischluft gemischt wird. Das 50...60 $^\circ$C heiße Gasgemisch wird dann durch gelochte Polyäthylenrohre von 560 mm Dmr. im Gewächshaus verteilt. Direkte Zufuhr ohne Rohre ist unbefriedigend, weil sich dabei vertikale Temperaturunterschiede von 10° und mehr ergeben. Das Warmwasser wird zum Beheizen des Bodens, Anfeuchten der Luft und Begießen der Pflanzen verwendet. In 2 Diagr. zeigt Vf. die Vertikalverteilung der Temperatur, der Feuchte und des CO_2-Gehalts beim Zuführen der Luft mit und ohne Polyäthylenrohre. W.Balkin. 9545b.

1-68/07-0301 P č e l k i n, Ju.N. und L o p a t č e n k o, A.V. Električeskij obogrev v plenočnoj teplice. (Elektrobeheizung eines Plastfolien-Gewächshauses.) - Mechanizacija i ėlektrifikacija socialističeskogo sel'skogo chozjajstva, Moskva 26 (1968) Nr. 3. S. 22-24. - 6 Diagr., 6 Schemata.

Vff. beschreiben die vom Zentralen Forschungsinst. für Mechanisier. und Elektrifizier. der Viehzucht entwickelte elektrische Beheizung eines halbtonnenförmigen Gewächshauses aus Plastfolie von 1000 m^2 Grundfläche und 2,7 m Höhe. Die Luft wird mit einem Elektroofen für 70 kW und der Boden mit Heizdrähten für 30 kW erwärmt. Die vom Elektroofen kommende Warmluft wurde dem Raum versuchsweise an den Enden oder in der Mitte über Rohre konzentriert zugeführt bzw. in ihm über perforierte Rohre gleichmäßig verteilt. Bei konzentrierter Zufuhr ergaben sich höhere Wärmeverluste und eine ungleichmäßigere Wärmeverteilung als bei Verwendung von perforierten Rohren. Die Temperaturverteilung wird in Längs- und Querschnittsdiagrammen veranschaulicht. Am günstigsten war die Luftverteilung mit einem einzigen in der Mitte an der Decke verlegten perforierten Rohr. Der Gesamt-Wärmeverbrauch beträgt in der Saison 25 kWh/m^2. W.Balkin. 9545b.

1-68/07-0302 A n o n y m. Aardgas duurder dan u denkt? (Erdgas teurer als wir dachten?) - Tuinderij, Doetinchem 8 (1968) Nr. 4. S. 166-169. - 7 Abb.

Es wird von einigen Betrieben berichtet, die auf Grund von Empfehlungen ihre Heizungsanlage auf das Verbrennen von Erdgas umstellten. Es wird festgestellt, daß das Verbrennen vón Erdgas im allgemeinen teurer als das von schwerem Öl ist, obwohl oft gegenteiliges genannt wird. Die Jahreskosten für 10000 m^2 Gewächshausfläche (2,5 Mill. kcal/h) betragen beim Heizen mit Schweröl 52570,- f und beim Heizen mit Erdgas 56020,- f. Da jedoch beim Heizen mit Erdgas elektrische Energie und Arbeitszeit eingespart werden können, sollten neue Kessel mit Brennern ausgestattet werden, mit denen sowohl Schweröl als auch Erdgas verbrannt werden kann. Es wird allgemein gefordert, daß der Erdgaspreis speziell für Gärtner in irgendeiner Weise gestützt werden sollte. Gegenüber Leichtöl ist Erdgas jedoch schon jetzt wirtschaftlicher. Ch.Förtsch. 9545e.

1-68/07-0303 A n o n y m. Zur Umstellung von Heizungsanlagen von festen auf flüssige Brennstoffe. - Zierpflanzenbau 8 (1968) Nr. 7. S. 259. - 1 Abb. 9545e.

1-68/07-0304 F ö r t s c h, Ch. und G r o l l, O. Der Aufbau einer zentralen BMSR-Anlage in der GPG "Berlin-Treptow". - Dtsch. Agrartechn. 18 (1968) Nr. 3. S. 134-137. - 4 Abb.

Es wird über ein Projekt berichtet, mit Hilfe dessen mit einem Mindestaufwand an Regelungsgeräten folgende Parameter geregelt werden können: die Heißwasservorlauftemperatur in Abhängigkeit von der Außentemperatur, die Lufttemperatur in Abhängigkeit dreier diskret einstellbarer Werte (Nacht, Tag trüb und Tag hell) hinsichtlich Heizung und Lüftung und die Luftfeuchtigkeit bei Überschreiten eines oberen Grenzwertes. Die Regelung wurde so aufgebaut, daß alle Einrichtungen (Luftheizer und Lüftungseinrichtungen) wahlweise von Hand, über Automatik oder gar nicht gefahren werden können. Bei Baukosten dieser Regelanlage von ca. 5,- M/m^2 kann sie sich in 2 Jahren amortisieren: wenn 10 % der bisher benötigten Brennstoffe eingespart werden, wenn eine Ertragserhöhung von 1 % eintritt und der Elektroenergieverbrauch der Luftheizung um 25 % gesenkt wird. Ch.Förtsch. 9545f.

1-68/07-0305 L i e t h, L. Bewässerung der Topfpflanzen von unten über eine mit Wasser gesättigte Sandschicht. - Jber. Gartenbau-Versuchsanst. u. -Beispiels- betr. Landwirtsch.-Kammer Rheinland 1967 S. 240-241.

Die Pflanzentische wurden mit Kunststoffolie und mit einer Sandschicht von 3...4 cm Stärke bedeckt, in die die Töpfe leicht eingesenkt wurden. 2 Kunststoffschläuche, im Abstand von 1 m verlegt, reichten aus, um auf 2 m breiten Pflanztischen die Sandschicht ausreichend zu durchnässen. Die Schläuche hatten im Abstand von 20 cm Sprühöffnungen. Die Feuchtigkeit der Sandschicht reichte nach einer Bewässerung bei Usambaraveilchen im Sommer 5...6 und im Winter 10...14 Tage. Auch die Kombination von Bewässerung und Düngung nach dieser Methode hat sich bewährt. Topfpflanzen, für die Erfahrungen vorliegen, werden angegeben. Der Sand muß eine gute kapillare Wasserführung haben. Der Arbeitsaufwand bei der Topfpflanzenbewässerung konnte erheblich gesenkt werden. I.Grittner. 9550.

1-68/07-0306 R i c h a r d s o n, P. und P h i l l i p s o n, A. Takeley glasshouse trickle irrigation equipment. (Die Tröpfchenbewässerung aus Takeley - N.I.A.E.-Test.) - Nat. Inst. agric. Engng., Rep. Nr.526. (1967) S. 1-6. - 4 Tab.

Die Tröpfchenbewässerungsanlage besteht aus schwarzem Polyäthylenrohr mit Öffnungen von 1/32 in. (ca. 0,8 mm) Dmr. Der Lochabstand beträgt 13 in. (ca. 33 cm). Die Überprüfung ergab, daß 92...96 % aller Löcher Differenzen im Wasseraustritt von mehr als 10 % vom Mittelwert hatten. Der geringste Wasseraustritt betrug 0,017 gal/h (ca. 0,077 l/h) und der höchste 0,083 gal/h (ca. 0,376 l/h). Die Anlage ist leicht zu handhaben, die Erstinbetriebnahme jedoch dauerte mehr als 2 h. Falls keine gleichmäßige Wasserverteilung gefordert wird, ist die Anlage rel. wenig aufwendig. Sie ist für gut dränierte Böden akzeptabel, wo ein Wasserüberschuß keinen schädigenden Einfluß auf die Pflanze ausübt. Es ist wegen der ungleichmäßigen Wasserverteilung nicht sinnvoll, dem Wasser Dünger zuzusetzen. Ch.Förtsch. 9550.

K. GARTENBAU/ERNTE

1-68/07-0307 S c h e r t z, C.E. Human energy expenditure for picking oranges. (Der menschliche Energieaufwand beim Pflücken von Apfelsinen.) - J. agric. Engng. Res. 12 (1967) Nr. 4. S. 281-284. - 4 Diagr., 1 Tab.

Der für das Pflücken erforderliche Energieaufwand ist mit Hilfe eines Respirations-Kalorimeters bestimmt worden. Hierbei ergibt sich der Energiebedarf aus dem eingeatmeten Luftvolumen und der Änderung des Sauerstoff- und Kohlendioxydgehaltes. Die Meßapparatur besteht aus Atemmaske, Respirationsmesser, Zuführungsbehälter und Auffangblase für die verbrauchte Luft. Die einzelnen Arbeitsgänge, wie Tragen des Erntekorbes und Pflücken in der Boden- bzw. Leiterzone, werden getrennt untersucht. Die aufgezeigte Untersuchungsmethode ist als Maß für die Brauchbarkeit von Neuerungen betreffs der Erntemethoden und der Baumstruktur geeignet. S.Lehmann/Bornim. 9555d.

1-68/07-0308 A n o n y m. Patente für "Gemüse- und Obstbau". - Dtsch. Agrartechn. 18 (1968) Nr. 4. S. 193-195. - 6 Zeichn. - nach Zus.

1) Wirtschaftspatent Nr. 52 572 Klasse 45c, 45/26 (Ausgabetag 5. Dez. 1966)

"Erntegerät Kohl" Erfinder: Dipl.-Landw. P. Struck, W. Pielow, H. Müller. 2) USA-Patent Nr. 3,300,954 Deutsche Klasse 45 c, 45/00 (erteilt 31.1.1967) "Tastvorrichtung zur Anwendung beim Ernten von Salatköpfen" Patentinhaber: Arizona Research Foundation, Inc. 3) USA-Patent Nr. 3.300.955 Deutsche Klasse 45 c, 45/00 (erteilt 31.1.1967) "Schneidvorrichtung zur Anwendung beim Ernten von Salatköpfen" Patentinhaber: Arizona Research Foundation, Inc. 4) Deutsches Bundespatent Nr. 1.234.084 Klasse 45 c, 45/22 (ausgelegt 9.2.1967) "Bohnenpflückmaschine mit verstellbarer Kämmtrommel" Inhaber: H. Bleiroth. 5) UdSSR-Urheberschein Nr. 175.342 Klasse 45 f, 19/08 (veröffentlicht 21. Sept. 1965) "Anbau-Obstauffangvorrichtung" Erfinder: V.A. Bondarew u.a. 6) Deutsches Bundespatent Nr. 1.227.278 Klasse 45 f, 19/08 (ausgelegt 20.10.1966) "Greifvorrichtung für Maschinen zum Schütteln von Obstbäumen" Inhaber: Allunions-Forschungsinst. für Landmaschinen, Moskau.

9560.

1-68/07-0309 T i t z e. Erntegeräte für den Freilandgemüsebau. - Rhein. Mschr. Gemüse, Obst, Schnittblumen 56 (1968) Nr. 2. S. 42-43. - 8 Abb.

9560.

1-68/07-0310 L o v e l i d g e, Brian. A mechanized system of sprout harvesting. (Ein mechanisiertes System zur Rosenkohlernte.) - Farm Mechanizat. & Buildings, London 20 (1968) Nr. 221. S. 52-53. - 6 Abb.

Vf. beschreibt ein mech. System zur Ernte von Rosenkohl. Ein Nachteil der bisherigen Ernte bestand darin, daß die ganzen Pflanzen zum Betrieb gefahren wurden und diese nach Entfernung der Röschen wieder zum Feld zurückgefahren werden mußten. Bei dem neuen System wird deshalb zur Vermeidung des unnötiger Transportes wie folgt vorgegangen: 1 AK übernimmt das Abschneiden der Strünke mit Hilfe eines langstieligen Messers. 2 AK entfernen die Blätter und transportieren die Strünke zu der Abpflückvorrichtung. Letztere ist auf dem 3-Punkt-Hydraulikgestänge eines Traktors in Form eines Zeltes aufgebaut. In diesem befinden sich 2 Maschinen, die einmal die Rosen von den Strünken trennen und zum anderen die Strünke nach Art eines Häckslers zerkleinern. Zu ihrem Betrieb sind 2 AK notwendig. Während der so geerntete Rosenkohl mittels eines Förderbandes auf den nebenherfahrenden Hänger verladen wird, werden die gehäckselten Strünke auf dem Feld als Gründüngung abgelegt. Im Betrieb selbst wird der Rosenkohl dann nur noch mit einer Spezialvorrichtung, deren Arbeitsweise ebenfalls beschrieben wird, der Größe nach sortiert. Abfälle treten in diesem Falle nicht mehr auf. Durch dieses neue Erntesystem werden jetzt 12 Säcke à 42 lb. (19,05 kg) /Tag und AK geerntet, während es vor Einführung dieser Methode lediglich 7 Säcke waren.

W.Bohrisch/Bornim. 9560b.

1-68/07-0311 D a l l a r i, Franco A. Le macchine per la roccolta del pomodoro. (Maschinen zur Tomatenernte.) - Agricoltura, Roma 17 (1968) Nr. 3. S. 113-117. - 4 Abb. 9560d.

1-68/07-0312 S e m e n o v, I. und M a c h l i n, B. Mašina dlja uborki luka. (Ein Anbaugerät zum Bergen von Zwiebeln.) - Technika v sel'skom chozjajstve, Moskva 27 (1967) Nr. 12. S. 34-35. - 1 Abb.

Das Leitkonstruktionsbüro für Mechanisier. des Gemüsebaus entwickelte das Anbaugerät Typ "ULSch-2M" für den Geräteträger "T-16M". Dieses Gerät unterfährt die Zwiebeln in einer Tiefe von 5 cm und legt sie zum Trocknen und

Nachreifen im Schwad ab (Höhe 11,4 cm, Breite 33 cm). Nach 15 Tagen nimmt das gleiche Gerät die Zwiebeln aus dem Schwad auf und wirft sie in das nebenherfahrende Fahrzeug. Bei einer Arbeitsgeschwindigkeit von 4,7 km/ha leistet das Gerät 0,31 ha/h. Der Arbeitsaufwand beträgt 14,8 AKh und die Direktkosten der Bergung belaufen sich auf 15,08 Rubel, bei Handarbeit entsprechend 200 AKh und 57,90 Rubel. E.Kahn. 9560m.

1-68/08-0313 P i s a n i, P.L. und S a n s a v i n i, S. Rassegna bibliografica sistematica delle pubblicazione relative alla raccolta della frutta. (Verzeichnis systematischer Bibliographien über Veröffentlichungen zum Thema Obsternte.) - Riv. Ortoflorofrutticolt. ital. 52 (1968) Nr. 1. S. 131-141. 9570.

1-68/08-0314 M a t t i n g l e y, W.J. Harvesting of strawberries. (Ernte von Erdbeeren.) - Agriculture, London 75 (1968) Nr. 3. S. 110-113. - 2 Abb.
Arbeitsstudien zeigten, daß die Arbeitszeit der Pflücker nur zu 71 % produktiv, d.h. durch Pflücken, ausgenutzt wird. Die restliche Zeit entfällt auf Wegezeit, Wartezeit an der Waage und die Zeit, die benötigt wird, um die Schachteln, in die die Früchte gepflückt werden, aus den kleineren Feldkisten in die größeren Kisten zu setzen, in denen die Früchte zum Markt transportiert werden. Ein gewisser Anteil an Wegezeiten ist erwünscht, um die einseitige Körperbelastung durch die anstrengende Pflückarbeit zu unterbrechen, jedoch sollten die Reihen nicht länger als 70...90 m sein. Eingespart werden kann die Zeit für das Umsetzten der Schachteln aus den Feldkisten in die Transportkiste, dazu wurde ein spezieller Träger entwickelt, mit dem die Transportkisten bereits beim Pflücken verwendet werden können. R.Schuricht/Pillnitz. 9570b.

1-68/07-0315 C i c i v, M.V. O parametrach vilki vibracionnoj mašiny dlja uborki urožaja jagodnych kustarnikov. (Über die Kenngrößen der Gabel der Rüttelmaschine für die Beerenobsternte.) - Traktory i sel'chozmašiny, Moskva 1967 Nr. 12. S. 29. - 2 Zeichn. 9570c.

1-68/07-0316 L o v e l i d g e, Brian. Mechanical harvesting of apples and plums. (Mechanisiertes Ernten von Äpfeln und Pflaumen.) - Farm Mechanizat. & Buildings, London 20 (1968) Nr. 223. S. 31-32. - 4 Abb.
Aus ökon. Gründen und aus Mangel an Arbeitskräften findet auch in England die mech. Ernte von Äpfeln und Pflaumen eine immer größere Verbreitung. Die Apfelernte erfolgt hierbei auf 2 verschiedene Arten. Einmal durch Schüttler, die am Baumstamm angesetzt werden und reifes und unreifes Obst abschütteln. Zum anderen durch eine Vorrichtung, die manuell betätigt wird und jeden Apfel einzeln mit Hilfe eines Druckluftstrahles vom Zweig abtrennt. In beiden Fällen sind unter den Bäumen Planen oder Netze aufgespannt, die das abfallende Obst auffangen und es durch die trichter- oder dachförmige Aufstellung automatisch in eine Transportkiste leiten. Zum Einsammeln dieser gefüllten Kisten wird ein Spezialfahrzeug benutzt, das einen Rollboden und eine Art schräge Rampe zum Aufnehmen besitzt. Das Fahrzeug wird von 1 AK bedient. Mit Zusatzeinrichtungen kann das Fahrzeug zur Grasmahd sowie zum Sprühen von Bäumen eingesetzt werden. An seiner Verbesserung wird gearbeitet, da die Maschine z.Z. wegen ihrer Länge schlecht zu manövrieren ist. Die Zusammenfassung von jeweils 5 Kisten zu einer Transporteinheit (Palettierung) hat eine weitere erhebliche Zeiteinsparung zur Folge. Mit diesen

neuen Ernte-, Verlade- und Transportmethoden ergibt sich gegenüber der alten Methode, wo 2 AK mit 2 Traktoren und 2 Hängern 50 bu./h (181850 l) Obst ernteten und transportierten, jetzt nur der Bedarf von 1 AK, die in der gleichen Zeit 450 bu./h (1636650 l) Obst erntet und transportiert.
W.Bohrisch/Bornim. 9570d.

1-68/07-0317 A n o n y m. Mechanical tree wall picking aid tested. (Erprobung einer Obsterntemaschine [Pflückbühne]) - Goodfruit Grower, Washington 17 (1967) Nr. 17. S. 1. - 5 Abb.
Eine selbstfahrende Pflückarbeitsbühne für die Aberntung von Niederstammobstanlagen wurde entwickelt und erprobt. Es handelt sich um einen vierachsigen Fahrgestellrahmen mit Arbeitskanzeln für jeweils eine seitlich sitzende und stehende AK. Das Fahrzeug fährt langsam in der Arbeitsgasse. Die Pflück-AK beernten einen festgelegten Kronenbereich bis zu 1 m Kronentiefe. An jedem Arbeitsplatz befindet sich ein Förderband, auf das die Früchte abgelegt und von dort abgeführt werden. Elastische Schaumgummibänder halten die Früchte beim Vertikal-Transport. Die Förderbänder legen die Früchte schonend in Großkisten ab. Die im Fahrgestell befindlichen Großkisten werden nach Füllung hydraulisch rückseitig abgesetzt. Eine neue Großkiste wird automatisch zugeführt. Erst wenn der Kistenwechsel vorgenommen ist, setzen sich das Aggregat und die Förderbänder wieder in Bewegung. Diese Vorrichtungen werden automatisch gesteuert.
W.Blasse. 9570d.

1-68/07-0318 A u d i b e r t, Maurice. La mécanisation de la vendange. (Die Mechanisierung der Weinernte.) - Génie rural 61 (1968) Nr. 1. S. 21-28. 33. - 5 Abb.
Sowohl aus Gründen der Rentabilität, als auch aus Gründen des Arbeitskräftemangels ist die Mechanisierung der Weinernte in Frankreich eine dringende Notwendigkeit geworden. Ausgangspunkt aller Mechanisierungsmaßnahmen ist der kostenaufwendigste Teil der Ernte, das Abschneiden und Zusammentragen der Trauben, das ca. 1/5...1/3 der Gesamterntekosten beansprucht. Unter Angabe von techn. Details werden 7 verschiedene Ernte- und Transporteinrichtungen vorgestellt, deren Arbeitsweise beschrieben und teilweise auch anhand von Abb. verdeutlicht wird. Je nach der vorliegenden Geländeneigung sowie nach Art der Plantage, werden häufig Traktoren als Bewegungsquelle benutzt, auf die dann die entspr. Pflück- und Transporteinrichtungen aufgebaut sind. Derartige Traktoren sind meistens Spezialfahrzeuge. Die neuesten Entwicklungen haben eine oder mehrere Plattformen als Arbeitsbühne, deren Höhe hydraulisch verstellt werden kann. Von diesen Bühnen aus werden die Trauben zumeist manuell geerntet. Bei den neuesten Geräten wird ein aus Düsen, die senkrecht auf die Trauben gerichtet sind, strömender Luftstrom von 2 kg/cm^2 Stärke dazu benutzt, die einzelnen Beeren von der Traube abzulösen. Abschließend wird die Mechanisierung der Weinernte in Australien, der UdSSR, den USA und in Italien vorgestellt, wobei jeweils die neuesten und wichtigsten Geräte angegeben werden.
W.Bohrisch/Bornim. 9575.

1-68/07-0319 A u d i b e r t, Maurice. La mécanisation de la vendange. (V) (Die Mechanisierung der Weinernte. [5. Mitt.]). - Progr. agric. viticole 85 (1968) Nr. 5. S. 123-131. - 6 Abb.
Bei einem neuen, in Kalifornien angewandten System stößt einen Kreisbogen

beschreibender Stahlfinger im oberen Teil seiner Bahn gegen den Draht mit den Reben. Die dadurch abgeschüttelten Beeren werden aufgefangen und mittels Gebläse von den Blättern befreit. Eine andere Maschine mit Messerbalken schneidet die in einem (durch T-Träger gebildeten) Tunnel hängenden Trauben ab und legt sie auf einen gleichzeitig abrollenden Papierstreifen. Dabei werden 62...87 % der Trauben mechanisch geerntet und etwa 40 Pflükker ersetzt. Der Reihenabstand beträgt 4,5...5,5 m. Die verschiedenen Ernteverfahren erfordern entspr. Anbausysteme. Das Schüttelprinzip ist nur bei leicht abbeerenden Sorten anwendbar. Maschinen mit Messerbalken erfordern Sorten mit elastischen und mindestens 5...6 cm langen Traubenstielen sowie Spaliere mit gleichem Abstand der Trauben vom Boden. Ohne bes. Vorbereitung der Anlagen können die Trauben durch Schläuche angesaugt (mit viel Blättern) oder die Beeren durch Luftstrahle abgeblasen werden.

H.Kaiser. 9575.

1-68/07-0320 A u d i b e r t, Maurice. La mécanisation de la vendange. (VI) (Die Mechanisierung der Weinernte [6. Mitt.].) - Progr. agric. viticole 85 (1968) Nr. 6. S. 157-160.

Französische Experimente befaßten sich mit einer Lizenz von Calvet der Fa. Garnier. Voruntersuchungen hatten gezeigt, daß die Funktion der Schneidwerkzeuge von der Lage der Trauben und ihren charakteristischen Eigenschaften, insbesondere der Länge und Elastizität der Stiele, abhängig ist. Zum Einsatz der Erntemaschine wurde die Reihenlänge der Anlage auf 150...200 m vergrößert. In einer Skizze wird dargestellt, wie die Reben auf horizontale Spaliere gezogen wurden. Als Spaliere dienen metallische T-Träger in 5 m Abstand mit 6 Drähten. Die Drähte verlaufen 90 cm über der Erdoberfläche und sind für 10 kg Belastung ausgelegt. Die beiden äußeren Drähte liegen 60 cm auseinander. Die langen Ranken werden mit Plastbändern locker an die Drähte gebunden. Nach oben stehende Augen und solche in unmittelbarer Nähe der Weinstöcke werden ausgebrochen, da vom Messerbalken solche Trauben nicht erreichbar sind.

H.Kaiser. 9575.

1-68/07-0321 P a v l e n k o, E.Ja. Vinogradouboročnyj agregat VUA-1. (Weinlesegerät "VUA-1".) - Sadovodstvo, vinogradarstvo i vinodelie Moldavii, Kišinev 23 (1968) Nr. 2. S. 47-49. - 2 Abb., 1 Diagr.

Das Weinlesegerät "VUA-1" ist ein mit Spannseilen versteifter, etwa 15 m langer Träger, der mit einem Gestell auf einem Traktor quer zur Fahrtrichtung montiert wird und an Seilen befestigte flache Mulden trägt, die in die Rebgassen hineinhängen. Hinter dem Traktor ist eine Mulde gesondert angeordnet. Der Traktor fährt langsam durch eine Gasse und hinter den Mulden schreiten Weinleser und legen die Trauben in die Mulde. An einer Quergasse hält der Traktor an und die Mulden werden mit einem fahrbaren Kran entladen, übereinander gestapelt und mit einer Kette verbunden. Eine Muldenstirnwand ist sehr schräg ausgeführt, so daß die Muldenstapel im Weingut als ganzes durch Kippen mit einem Elektrozug entladen werden können. Vf. bringt ein Nomogramm zum Ermitteln der Anzahl der erforderlichen Mulden.

W.Balkin. 9575.

L. GARTENBAU/ERNTE-AUFBEREITUNG UND -LAGERUNG

1-68/07-0322 L u t h e r, W. Wirtschaftlichkeitsberechnung eines elektronischen Wäge- und Auszeichnungsautomaten für die Herstellung von Obst-Kleinpackungen. - Obstbau, Berlin 8 (1968) Nr. 3. S. 37-38. - 2 Abb.

Auf Grund der Anforderungen, die der Handel an vorverpackte Lebensmittel stellt, ist eine Rationalisierung der Abpackung erforderlich. Die Arbeitsweise der elektronischen Wäge- und Preisauszeichnungsanlage wird erläutert (ohne Fabrikatangabe). Voraussetzung für einen erfolgreichen Einsatz ist eine optimale Technologie, bei der die Kapazität des Automaten voll ausgenutzt werden kann. Bei Folienbeuteln mit 1 kg Obst werden 12 Stück/min abgewogen. Unter Berücksichtigung der AKh - Einsparung beim Wiegen und der zusätzlichen Einnahmen wird eine hohe Rentabilität erreicht, wie anhand der Kalkulation gezeigt wird. I.Grittner. 9605.

1-68/07-0323 V o s s, R. Probleme und Aufgaben bei der Vermarktung von Gemüse. - Dtsch. Agrartechn. 18 (1968) Nr. 3. S. 126-128. - 10 Lit. 9605.

1-68/07-0324 V o s s, R. und Z a n n e r, L. Möglichkeiten der maschinellen Gurkensortierung. - Dtsch. Agrartechn. 18 (1968) Nr. 3. S. 129-131. - 2 Abb., 5 Lit. - nach Zus.

Die Sortierung von Freilandgurken erfordert in den meisten Produktionsbetrieben gegenwärtig noch einen hohen Arbeitszeitaufwand. Die durch die Entwicklung vielfältiger Kooperationsbeziehungen erfolgte Konzentration des Anbaues von Freilandgurken schuf günstige Voraussetzungen für die gemeinsame Einrichtung und rationelle Nutzung leistungsfähiger Sortieranlagen. Mit dem Übergang zur Bandsortierung von Gurken wurde in einigen Betrieben und Kooperationsgemeinschaften eine beachtliche Steigerung der Arbeitsproduktivität erreicht. Das ist jedoch hauptsächlich auf die arbeitsorganisatorischen und arbeitstechn. Vorteile der Fließarbeit zurückzuführen. Eine entscheidende Steigerung der Leistung kann erst durch den Übergang zur maschinellen Kalibrierung erreicht werden, weil dabei nur noch der Anteil der nicht handelsüblichen Früchte manuell ausgesondert werden muß. Das bekannteste Verfahren zur Dickenkalibrierung von geeigneten Gurkensorten ist das Prinzip der weichenden Bänder. Durch den Einsatz der in der DDR noch vorhandenen Seilsortiermaschinen bzw. neuer Seilsortiermaschinen aus Ungarn in Produktionszentren ist eine wesentliche Steigerung der Arbeitsproduktivität bei der Gurkensortierung erreichbar. 9610.

1-68/07-0325 S k a t o v, Ju. Ovoščnoj uboročno-sortiroval'nyj agregat. (Eine Gerätekombination zum Bergen und Sortieren von Tomaten.) - Technika v sel'skom chozjajstve, Moskva 27 (1967) Nr. 12. S. 9-12. - 7 Abb.

Der Sowchos "Slatinski", Gebiet Charkow, entwickelte ein Anbaugerät zum Traktor "Belaruß". Es besteht aus zwei U-Trägern, die als Rahmen am Traktor angebracht werden. Dieser Rahmen trägt das Förderband, die Sortiervorrichtung und die gelenkig angebrachten Bühnen. Techn. Daten: Länge 4,1 m, Breite 10,16 m (Arbeit), 3,9 m (Transport). Tragfähigkeit beider Bühnen 1000 bis 1200 kg. Neben dem Traktoristen sind für die Bedienung des Aggregats noch 14 AK erforderlich. Bei der Bergung von Tomaten beträgt die Schichtleistung 450...600 kg je AK. E.Kahn. 9610.

1-68/07-0326 U m i e c k a, L. Opakowania jednostkowe w obrocie warzywami. (Einheitsverpackungen im Gemüseumsatz.) - Ogrodnictwo, Warszawa 1967 Nr. 12. S. 360-362. - 2 Abb.

Der Artikel enthält eine Übersicht über die verschiedenen Arten von Verpackungseinheiten, die im Ausland für den Verkauf von Gemüse in Straßenkiosken und in Selbstbedienungsläden verwendet werden. Behandelt werden Packungen aus perforierter und nicht perforierter Polyäthylenfolie sowie aus Schrumpffolie. PRL/CBR. 9620.

1-68/07-0327 D e t z e l, W. und M a u l, D. Leistungen und Kosten verschiedener Traubentransport- und Abladeverfahren. - Wein-Wiss. 23 (1968) Nr. 3. S. 111-141. - 13 Abb., 5 Tab., 10 Lit.

Das Heraustragen der Trauben aus dem Weinberg mit der Logel ist noch verbreitet. Die Leistung bei diesem Verfahren ist gering. Höher sind die Leistungen beim Transport mit handgezogenen Wagen. Mit dem Einachs- und Zweiachstraktor-Aufbau werden mehrere Logel auf einmal transportiert. Zweckmäßiger ist der Aufbau von Spezialbehältern. Bei Traktor-Anhängern wird die höchste Leistung mit Spezialanhängern in Form einer Wanne erzielt. Zum Abladen der Trauben dienen verschiedene Verfahren: das Abladen von Hand, das Abkippen der Behälter und der Rolle, das Absaugen, das Leeren der Direkttransporter und der Einsatz des Hubstaplers. Die Leistungen dieser Verfahren weisen erhebliche Unterschiede auf. Vor der Anschaffung der zum Traubentransport und Abladen erforderlichen Maschinen und Geräte ist zur Vermeidung von Fehlinvestitionen eine genaue Kalkulation nötig.

K.Thiele. 9645.

1-68/07-0328 K r i j g s m a n, H.K. De afmetingen van de stapelkist. (Abmessungen von Stapelkisten.) - Fruitteelt 58 (1968) Nr. 14. S. 476. 9645.

M. GARTENBAU/PFLANZENSCHUTZ

1-68/07-0329 S c h u r i c h t, R. Technologische Probleme des Pflanzenschutzes III. Einstellung von Pflanzenschutzmaschinen. - Obstbau, Berlin 8 (1968) Nr. 3. S. 42-44. - 1 Tab., 1 Lit.

Der Brühebedarf beim Spritzen in l/ha ergibt sich aus Kronenhöhe (m) x Kronendurchmesser (m) x 0,2 x Baumzahl/ha. Beim Sprühen wird die Brüheaufwandmenge gegenüber dem Spritzen um mindestens 80 % gesenkt, die Brühekonzentration dafür im gleichen Verhältnis erhöht. Faktoren, die auf die Brüheaufwandmenge (l/ha) Einfluß haben, sind: die Düsenzahl und -größe, der Druck, die Arbeitsbreite und Fahrgeschwindigkeit, Bei der Einstellung der Maschine ist es ratsam: 1) den Druck weitestgehend auszunutzen: 2) mit mindestens 4 (besser 6) Düsen nach jeder Seite zu arbeiten; 3) Düsen mit 1,2 mm Bohrung zu verwenden; 4) kaum schneller als 4...5 km/h zu fahren (beim Sprühen nur 3...4 km/h). A.Jeske. 9705b.

1-68/07-0330 Zusammengest. von W e g e n a a r, C. und L i e f t i n k, D.A. Rugspuit Typ Vermorel-Tecnoma 15. (Rückenspritze Typ "Vermorel-Tecnoma 15" - Prüfber. ITT Wageningen.) - Inst. Tuinbouwtechn. Wageningen, globale Beoordel. Nr.6711. (1967) 6 S. - 1 Abb.

Die Rückenspritze ist für den Einsatz im Gartenbau bei Kulturen bis zu 2 m Höhe einzusetzen. Bei Spritzungen in Feldkulturen wurde eine Leistung von 0,05 ha/h und bei Sträuchern und niedrigen Bäumen 0,04 ha/h erreicht. Der rechteckige Brühebehälter hat ein Fassungsvermögen von 16,5 l und ist aus rostfreiem Stahlblech gefertigt. Weiterhin gehören zur Spritze eine Handsaugpumpe und ein Handspritzbalken. Die Verbindungsleitung zwischen Behälter und Spritzbalken ist 1,30 m lang, Länge des Spritzbalkens 0,60 m. Bei 30 Pumpenschlägen/min und einem Druck von 2...3 at ist die Pumpenleistung 1,7 und 1,5 l/min. Die Brüheabgabe bei einer Durchlaßöffnung an der Sprühdüse von 2,3 mm beträgt bei einem Betriebsdruck von 2 und 3 at 1,3 bzw. 1,5 l/min. G.Müller/Bornim. 9705b.

1-68/07-0331 Zusammengest. von W e g e n a a r, C. und L i e f t i n k, D.A. Nevel - snelspuit "Tornado". (Pflanzenschutzmaschine "Tornado" der Fa. Kinkelder zum Nebeln und Spritzen - Prüfber. ITT-Wageningen.) - Inst. Tuinbouwtechn., Wageningen, globale Beoordel. Nr.6703. (1967) 6 S. - 1 Abb.
Diese Pflanzenschutzmaschine ist für die Bekämpfung von Krankheiten und Schädlingen im Obstbau vorgesehen. Die Maschine verfügt über einen zylinderförmigen Tank mit einem Fassungsvermögen von 620 l, eine Zentrifugalpumpe, einen Ventilator und eine Blaseinrichtung mit 2 Ausbringöffnungen, wobei an jede Ausbringöffnung 5 Nebeldüsen angeschlossen sind. Die Maschine ist 4,15 m lang, 1,13 m breit und 1,17 m hoch. Masse der Maschine: 560 kg. Die Gewichtsverteilung der Maschine bei gefülltem Tank ermöglicht es, daß 210 kg auf dem Traktor lasten. Die Pumpenleistung beträgt bei einer Zapfwellendrehzahl von 540 U/min und einem Betriebsdruck von 1,5 at 90 l/min., die max. Mittelausbringung beim Nebeln bei 1 at Betriebsdruck 1575 l/h. Bei zweiseitigem Arbeiten und einer Fahrgeschwindigkeit von 2,5 km/h wird eine Arbeitsbreite von 6,25 m erreicht. Die Flächenleistung wird beim Nebeln mit 1 ha/h angegeben. Die Maschine kann zusammen mit Traktoren, die über eine Leistung von 25 PS verfügen, eingesetzt werden.
G.Müller/Bornim. 9705b.

1-68/07-0332 Zusammengest. von W e g e n a a r, C. und L i e f t i n k, D.A. Nevel-snelspuit "Kombi". (Pflanzenschutzmaschine "Kombi" der Fa. Kiekens zum Nebeln und Spritzen - Prüfber. ITT-Wageningen.) - Inst. Tuinbouwtechn., Wageningen, globale Beoordel. Nr.6705. (1967) 6 S. - 1 Abb.
Diese Pflanzenschutzmaschine ist für den Einsatz im Obstbau vorgesehen. Die Maschine verfügt über eine selbstansaugende Zentrifugalpumpe, ein Gebläse und einen Brühebehälter aus Polyester mit einem Fassungsvermögen von 590 l. An den 2 Ausbringöffnungen der Blaseinrichtung ist jeweils ein Düsenrohr mit 10 Düsen angebracht. Abmessungen der Maschine: Länge 4,05 m, Breite 1,24 m Höhe 1,21 m, Masse 510 kg. Die Gewichtsverteilung bei vollem Tank ermöglicht, daß 280 kg auf dem Traktor lasten. Die Pumpenleistung beträgt bei einem Betriebsdruck von 2 at 106 l/min. Die Arbeitsbreite beträgt 5,70 m bei 2seitigem Arbeiten, einer Fahrgeschwindigkeit von 2,50 km/h, einer Gebläsedrehzahl von 3320 U/min sowie einer Mittelausbringung von 380 l/h. Die Flächenleistung beträgt beim Nebeln 1 ha/h. Die Maschine kann zusammen mit Traktoren, die über eine Leistung von 28 PS verfügen, eingesetzt werden.
G.Müller/Bornim. 9705b.

1-68/07-0333 Zusammengest. von W e g e n a a r, C. und L i e f t i n k, D.A. Membraanpomp met elektromotor Typ Comet P35. (Membranpumpe mit Elektromotor Typ "Comet P 35" - Prüfber. ITT-Wageningen.) - Inst. Tuinbouwtechn., Waningen, globale Beoordel. Nr.6706. (1967) 6 S. - 1 Abb.
Die Pumpe kann in Verbindung mit einem 2,8-kW-Elektromotor zur Bekämpfung von Schädlingen und Krankheiten im Gartenbau eingesetzt werden. Erfolgt der

Einsatz in Gewächshäusern, so können 2 AK 0,25...0,50 ha/h mit diesem Aggregat besprühen. Die Pumpenleistung bei Betriebsdrücken von 10,20 und 30 at ist ungefähr gleich und beträgt 33 l/min. Der Pumpendruck ist einstellbar von 7 bis max. 30 at. Die Pumpe verfügt über eine Druckregeleinrichtung sowie einen Windkessel. Der Elektromotor wird durch einen Sterndreieckschalter betätigt, der mit einem thermischen Sicherheitsschutz versehen ist. Die Abmessungen des Pumpenaggregates sind: 0,72 m lang, 0,41 m breit und 0,36 m hoch. Die Masse beträgt 76 kg. G.Müller/Bornim. 9705b.

1-68/07-0334 Zusammengest. von W e g e n a a r, C. und L i e f t i n k, D.A. Rugnevelspuit Typ Metro. (Rückennebelspritze Typ "Metro" - Prüfber.ITT-Wageningen.) - Inst. Tuinbouwtechn., Wageningen, globale Beoordel. Nr.6708. (1967) 6 S. - 1 Abb.

Die Nebelspritze ist vorgesehen für den Einsatz in gärtnerischen Kulturen bis zu einer Höhe von 6,75 m. Die Spritze verfügt über ein Zentrifugalgebläse, das von einem 2,3-PS-Benzinmotor bei einer Drehzahl von 7000 U/min angetrieben wird. Der Motor hat einen Kraftstoffverbrauch von ca. 1,4 l/h. Der Brühebehälter hat ein Fassungsvermögen von 10 l, der Kraftstofftank von 1,9 l. Der Brüheausfluß kann mit Hilfe eines Dosierhahnes von 0,8 bis 1,9 l/min eingestellt werden. In dichten Feldkulturen wird mit dem Gerät eine max. Arbeitsbreite von ca. 6 m und eine Flächenleistung von 0,5 ha/h bei einer Ausbringmenge von 100 l/ha erreicht. Die Leermasse des Gerätes: 9,8 kg, Höhe 0,64 m, Breite 0,47 m. G.Müller/Bornim. 9705b.

1-68/07-0335 Ř e h á č e k, V. Úsporné postřiky - nová technologie v ochraně jabloní. (Sprühen - eine neue Technologie zum Schutz von Apfelbäumen.) - Zahradnické Listy, Praha 61 (1968) Nr. 2. S. 60. - 1 Schema.

Im Apfelbau ist die Bekämpfung des Schorfes notwendig. In großen Anlagen wurden automatische Düsenrahmen eingesetzt, welche die Spritzung mit Schläuchen ersetzten. Beim Sprühen wird mit niedrigen Aufwandmengen je Flächeneinheit aber mit hoher Konzentration gearbeitet. Dabei ist ein Gebläseluftstrom erforderlich. Die Wirksamkeit des Sprühens ist größer als die der klassischen Spritzmethode. ČSSR/ÚVTI. 9705b.

1-68/07-0336 A n o n y m. Granulatstreuen im Hopfenbau. - Hopfen-Rdsch. 19 (1968) Nr. 6. S. 109.

Die Ausbringung von Insektizid-Granulaten kann mit den serienmäßig umgebauten, rückentragbaren Geräten "Fontan R 9" bzw. "Fontan R 10" erfolgen. Ebenfalls mit Erfolg erprobt wurde ein Streusystem mit 2 Streubändern zum Aufsattelgerät "Fontan-Roll-Sprayer". A.Jeske. 97o5b.

1-68/07-0337 R i c h t e r, Wolfram. Ein interessantes Dämpfgerät. - Erwerbsgärtner, Stuttgart 22 (1968) Nr. 6. S. 228. - 2 Abb.

Das englische Gerät der Fa. Ferra Force Ldt. zur Erddämpfung arbeitet nach dem patentierten "Kontakt - Flammverfahren". Der Dämpfung liegt folgendes Prinzip zu Grunde: Die Erde wird von oben in eine geneigte, rotierende Stahltrommel gefüllt. Am unteren Trommelende montierte Dieselölbrenner erhitzen das Substrat in 30 Sek. auf 100 °C. Ein direkter Kontakt zwischen Flammen und Substrat findet nicht statt. Die Geschwindigkeit des Erddurchlaufs kann variiert werden, die max. Leistung des genannten Gerätes beträgt 8 m^3/h. Mit anderen Geräten der gleichen Baureihe können bis zu 20 m^3/h gedämpft werden. Die Dämpfgeräte sind mit Elektro- oder Benzinmotor ausgerüstet, die Brenner werden mit Dieselöl gespeist. Vorteilhaft ist weiter die geringe Rüstzeit. I.Grittner. 9715c.

1-68/07-0338 A n o n y m. Wat is er met methylbromide aan de hand? (Wie steht es mit der Anwendung von Methylbromid?) - Tuinderij, Doetinchem 8 (1968) Nr. 6. S. 276. - 2 Abb.

Es wird damit gerechnet, daß die maschinelle Ausbringung von 98 %igem Methylbromid verboten wird. Ursache dafür waren einige Vergiftungsfälle im Sommer 1967. Das Mittel wird mit einem Druck von 12 at in den Boden gebracht. In einer Abb. wird eine fahrbare Maschine für die Methylbromid-Ausbringung gezeigt, die sich bewährt haben soll. Ein wesentliches Moment der Sicherheit ist die ständige Überprüfung der Maschine auf Dichtheit und Betriebssicherheit. A.Jeske. 9715d.

O. GARTENBAU/AUSSTELLUNGEN, TAGUNGEN, VORFÜHRUNGEN, REISEN, ÜBERSICHTEN

1-68/07-0339 G r o e n e n d i j k, J. Technische ontwikkelingen in de bloemisterij. (II) (Technische Entwicklungen im Zierpflanzenbau [2. Mitt].) - Vakbl. Bloemisterij 23 (1968) Nr. 7. S. 210-211. - 3 Abb.

Vf. gibt einen allg. Überblick über folgende techn. Entwicklungen: Matten- und Sprühkühlung, Dachbesprühung, Erdgasanwendung im Zierpflanzenbau, CO_2-Dosierung, Temperaturregelung in Abhängigkeit vom Licht (nach Strijbosch), Bodenheizung, Beregnungsautomaten, Bodendämpfung, Anzuchtgefäße, Transport, industrieller Pflanzenbau (Turmgewächshaus- Pflanzenrad). Im Gegensatz zum Turmgewächshaus, wo das Licht der begrenzende Faktor für ein ausreichendes Wachstum ist, sollte das Pflanzenrotorsystem weiter beachtet werden. Vf. weist daraufhin, daß alle neuen Entwicklungen aufmerksam beobachtet werden müssen. Ch.Förtsch. 9820.

X. FORSTWIRTSCHAFT

A. ALLGEMEINES

1-68/07-0340 B u r e n k o v, P. NTO i ėkonomičeskaja reforma. (NTO und die ökonomische Reform.) - Lesnoe chozjajstvo, Moskva 21 (1968) Nr. 2. S. 17-21. - 11 Abb.

Im Forstkombinat Maikop/RSFSR ist seit 1966 das neue ökonomische System eingeführt. Im Betrieb gibt es 105 Mitglieder der NTO (wiss. techn. Gesellschaft für Holzindustrie und Forstwirtschaft), die von einem Rat aus 15 Personen geleitet werden. Auf ihre Initiative sind im Betrieb viele techn. Neuerungen durchgeführt worden. Zum Transport von Stämmen wurden 12 Zweiachsanhänger "MAZ-5243" angeschafft, die eine doppelt so große Auslastung der Zugmaschinen ermöglichten und ihre Produktivität um 32 % steigerten. Für Verladearbeiten wurden Kabelkrane eingesetzt; dadurch erhöhte sich die Produktivität der Rücketraktoren und die Beladezeiten verkürzten sich. Zum Verladen, Transport und Ausladen bestimmter Rohstoffe wurden Container verwendet, wodurch die Kosten gesenkt werden konnten. Alle diese Maßnahmen haben die Ökonomie des Betriebes günstig beeinflußt; in 2 Jahren hat sich die Arbeitsproduktivität um 19 % erhöht, die Rentabilität des Betriebes hat sich fast verdoppelt. A.Grönholm. 10005.

1-68/07-0341 V i t o l s, L. NTO Latvii-v pervych rjadach ėntuziastov techničeskogo progressa. (NTO Lettlands in den ersten Reihen der Anhänger des Fortschritts.) - Lesnoe chozjajstvo, Moskva 21 (1968) Nr. 2. S. 10-12. - 4 Abb.

Die Wissenschaftlich-technische Gesellschaft für Holzindustrie und Forstwirtschaft der Lettischen SSR (NTO) führt seit 1962 jährlich eine öffentliche Überprüfung der Planerfüllung der Forschungsarbeiten und ihrer Einführung in die Praxis durch, an der sich alle 39 Grundorganisationen der Gesellschaft beteiligen. Von Forschungsgruppen der Gesellschaft sind verschiedene Probleme mit Erfolg gelöst worden; z.B. die Konstruktion der Verschulmaschine "Kalsnava 2", die Maschine erhöht die Arbeitsproduktivität um etwa das 7-fache im Vergleich zur manuellen Arbeit. Zur Jungbestandspflege sind die Spezialmaschinen "Djatel 1" und "Djatel 2" entwickelt worden. "Djatel 1" zum Fällen von Bäumen mit max. 17 cm Dmr. vorgesehen, ist auf dem Radtraktor "MTZ-52" aufgebaut, besitzt einen mit Greifer versehenen Ausleger von 5,5 m Ausladung und eine in 2 Führungsrahmen laufende hydr. betätigte Vorrichtung zum spanlosen Schneiden. "Djatel 2" auf dem Raupentraktor "TDT-55M" montiert, kann Stämme mit einem Dmr. bis zu 40 cm durchschneiden. Die Ausladung des Greifers beträgt 10,5 m. Zum Holzrücken werden umgebaute Traktoren "Belarus" verwendet, die mit Winde und Rückeschild versehen wurden. Zum Verladen von schwächeren Stämmen und Sortimenten dient die Vorrichtung "Saičik", die auf dem LKW "ZIL-175" montiert ist und einen hydr. Lastenheber mit 0,5 t Hubkraft besitzt. A.Grönholm. 10005.

1-68/07-0342 S a p o t o z k i j, B. Zur Mechanisierung der Arbeiten in der Forstwirtschaft. - Internat. Z. Landwirtsch., Sofia/Berlin 1967 Nr. 1. S. 97-101. - 3 Abb.

Die Forstwirtschaft der ČSSR wird vorwiegend aus eigenen Maschinenbaubetrieben mit Spezialtechnik versorgt, In Forstbaumschulen kommt neben dem "RS 09" der tschechische Geräteträger "TN-4K2-10" zum Einsatz. Wenig mechanisiert sind die Aufforstungs- und Pflegearbeiten. Bei letzteren orientiert man sich auf chem. Verfahren. Die Holzaufbereitung erfolgt mit Motorkettensägen. Die Aufbereitung des Holzes läßt sich am besten auf zentralen Ausformungs- und Verladeplätzen mechanisieren. Für den Langholztransport stehen LKW zur Verfügung, die eine Ladekapazität von 5 t haben und mit einer Doppeltrommelwinde ausgerüstet sind. G.Wünsche/Bornim. 10005.

1-68/07-0343 A n o n y m. Tendencje rozwojowe radzieckiego przemysłu leśnego i drzewnego. (Entwicklungstendenzen der sowjetischen Forst- und Holzindustrie.) - Las Polski 41 (1967) Nr. 21. S. 15-17.

Der Holzvorrat der SU wird auf 80 Milliarden fm geschätzt. Der Anteil des Nadelholzes beträgt 84 %. Der Hauptteil liegt im asiatischen Teil der UdSSR, während sich der größere Teil der Bevölkerung und der Industrie im europäischen Teil befindet. Diese Disproportionen versucht man durch Entwicklung der Industrie, des Transports und der Landwirtschaft in Sibirien auszugleichen. Die Wälder der SU sind in 3 Bewirtschaftungsgruppen eingeteilt. Die Gruppe I (12,8 %) umfaßt Schonforsten, die Gruppe II (8,2 %) Landschaftsschutzgebiete, die Gruppe III (79 %) Wirtschaftswald. Die Anstrengungen der sowjetischen Forstwirtschaft richten sich auf eine höhere Mechanisierung. Gegenwärtig werden bereits 56 % der Läuterungen und 77 % der Durchforstungen mechanisch durchgeführt. Bereits 1965 wurden 70 % des eingeschlagenen Holzes mit Krone auf Holzausformungsplätze transportiert. Die neuen sowjetischen LKW haben eine Tragfähigkeit von 30...40 fm Holz. Besondere Aufmerksamkeit wird der Mechanisierung auf den Holzausformungsplätzen gewidmet. Im zweiten Teil des Artikels wird die Entwicklung der Holzindustrie dargelegt. E.Bunk. 10005.

1-68/07-0344 A n o n y m. Virkesbalanser 1967. (Holzbilanz 1967.) - Skogen 55 (1968) Nr. 5. S. 120-122.125. - 3 Diagr., 1 Zeichn.

Im Jahre 1964 wurde beim Landwirtschaftsministerium Schwedens ein Komitee von Sachverständigen gebildet, das durch Gegenüberstellung der zu erwartenden Holzproduktion und dem Bedarf der Holzveredlungsindustrie an Rohstoffen eine Bilanz aufstellen sollte. Als Ergebnis wurde festgestellt, daß das zum Jahre 1970 berechnete Holzaufkommen Schwedens eine volle Auslastung der zu diesem Zeitpunkt vorhandenen Industriekapazität gewährleistet.

A.Grönholm. 10005.

1-68/07-0345 S a m s e t, Ivar. Den generelle utvikling i skogbruket en utfordring til skogforskningen. (Die Entwicklung der Forstwirtschaft stellt Anforderungen an die Forstforschung.) - Norsk Skogbruk 14 (1968) Nr. 3. S. 75-81. - 4 Abb., 4 Diagr., 1 Zeichn.

Aufgabe der Forstforschung ist es, für die weitere Entwicklung in der Forstwirtschaft den Weg zu weisen. Die Nachfrage nach Holzprodukten ist in der ganzen Welt im Steigen begriffen; die Holzvorräte sind ausreichend (z.B. beträgt der Jahreseinschlag in Kanada und der UdSSR nur 45...60 % des Zuwachses), jedoch befinden sie sich z.T. in schwer zugänglichen Gebieten, daher müssen die notwendigen techn. Hilfsmittel entwickelt werden. Vf. schildert die bisherige Entwicklung der Forstwirtschaft und weist darauf hin, daß die Fortschritte nur durch die wissenschaftliche Forschung ermöglicht wurden, z.B. auf dem Gebiet der Provenienz- und Erblichkeitsforschung, Entwicklung der Holztechnologie, Einführung neuer Arbeitsmethoden und moderner Arbeitsmaschinen, die eine starke Herabsetzung der Produktionskosten ermöglicht haben. Gestützt auf die allgemeine techn. Entwicklung, findet heutzutage eine Industrialisierung der Forstwirtschaft statt. Vf. nennt verschiedene Probleme, die noch gelöst werden müssen; hierzu ist ein enger Kontakt zwischen den einzelnen Zweigen der Forstforschung, ebenso aber auch zwischen Forschung und praktischer Forstwirtschaft erforderlich. Es bleibt zu hoffen, daß der Forschung genügende Mittel zur Verfügung gestellt werden, damit sie den großen Anforderungen gerecht werden kann.

A.Grönholm. 10005.

1-68/07-0346 S a g l. Spezialisierung in der Forstwirtschaft. - Allg. Forst-Z. 23 (1968) Nr. 8. S. 128-129. - 2 Lit.

Die Spezialisierung als Vorgang der Arbeitsteilung bedingt den Einsatz von Spezialisten. Nur noch einen Teilbereich der Produktion beherrschend, treten durch diese Einengung unbestreitbare Einseitigkeiten auf, die zu anthropologischen Problemen führen. Am Beispiel des Funktionsförsters werden die Vor- und Nachteile der Spezialisierung dargestellt. Nach Ansicht des Vf. besteht unter westdeutschen Verhältnissen keine Notwendigkeit einer Spezialisierung auf Försterebene. Trotz der nicht zu leugnenden Vorteile der Spezialisierung wird zum Zwecke der Erhaltung der Gesamtübersicht der Einsatz von universellen Leitern gefordert. W.Jacob. 10005.

B. FORSTTECHNISCHE GRUNDLAGEN

1-68/07-0347 W a w r z y ń s k i, Jan. Ogólne zasady projektovania maszyn leśnych. (Allgemeine Grundsätze der Projektierung von Forstmaschinen.) - Las Polski 41 (1967) Nr. 19. S. 9-11.

Vf. legt die forsttechnischen Anforderungen an Forstmaschinen, deren Konstruktionsgrundsätze, den Inhalt des techn. Projekts, die Bedingungen der techn. Abnahme, die Ausführung sowie Prüfung des Prototyps dar.

E.Bunk. 10065.

1-68/07-0348 W a w r z y ń s k i, Jan. Komisja oceny maszyn. Dokumentacja techniczno-ruchowa. Nowe maszyny dla leśnictwa w latach 1966-1970. (Von der Idee zur neuen Maschine. (2.+ 3. Mitt.) - Las Polski 41 (1967) Nr. 20. S. 8-10; Nr. 24. S. 10-11.

Von 1966...1970 werden weitere 40 Maschinen für die Forstwirtschaft entwikkelt. Sie entfallen auf folgende Bereiche: Saat 2, Kampwirtschaft 9, Walderneuerung 11, Pflege und Forstschutz 1, Nutzung 1, Holztransport 1, Ausformungsplätze 2, Nebenproduktion 1, forstliches Bauwesen 2 Maschinen. Allein 17 Maschinen sind mit dem Traktor "Ursus C-328" bzw. "Ursus C-325" gekoppelt. E.Bunk. 10065.

D. FORSTWIRTSCHAFT/ENERGIE, KRAFTMASCHINEN UND TRAKTOREN

1-68/07-0349 H a s c h k e, P. und B a n d t, W. Traktoren für die Holzbringung. - Beitr. Forstwirtsch., Eberswalde 1967 Nr. 1. S. 3-17.

Vff. stellen technische Forderungen auf für die Radtraktoren der 0,9- und

1,4-Mp-Klasse. Es sollen Seilwinden mit einer Mindestzugkraft von 2...3 Mp (0,9-Mp-Klasse) und von 4...6 Mp (1,4-Mp-Klasse) verwendet werden. Weiterhin gehört zu einem Rücketraktor eine Tragbergstütze mit einer effektiven Hubkraft von 2 Mp, Differentialsperre, Einzelradbremse, hohe Geschwindigkeit (bis 30 km/h), motor- und getriebeabhängige Zapfwelle mit Fahrt-Stand-Kupplung, Bodenfreiheit mindestens 40 cm; zum Schichtholzrücken ein hydr. Aufbaukran mit Auslage von mindestens 5000 mm und Hubkraft am Haken von 500 kp. Abschließend werden in kurzer Charakteristik die einzelnen Traktorentypen dargestellt. W.Jacob. 10235a.

1-68/07-0350 A n o n y m. Bättre komfort skapar säkrare förare. (Größerer Komfort - größere Sicherheit des Fahrers.) - Skogen 55 (1968) Nr. 5. S. 126-128. - 4 Abb.

Die modernen Forsttraktoren sind meist so konstruiert, daß sie mittels verschiedener Arbeitsorgane mehrere Arbeitsvorgänge gleichzeitig oder in schneller Reihenfolge ausführen können; daher muß der Sitzplatz des Traktorfahrers ein unbehindertes Arbeiten ermöglichen. In Zusammenarbeit einiger forstlicher Organisationen Schwedens sind diesbezügliche Untersuchungen an 20 Forsttraktoren verschiedener Typen durchgeführt worden, wobei festgestellt wurde, daß kein einziger den ergonomischen und arbeitshygienischen Anforderungen voll entsprach. An Mängeln wurde u.a. folgendes hervorgehoben: Der Fahrersitz genügt meist der Breite nach, die Höhe ist aber nicht verstellbar, er müßte drehbar sein; der Abstand von der Rückenlehne bis zur Pedalmitte sollte 900 mm ± 75 mm betragen. Die manuell zu betätigenden Steuervorrichtungen erfordern allzugroßen Kraftaufwand; die Sicht nach oben und nach allen Seiten ist bei vielen Typen behindert. Besonders bei Rücketraktoren ist ein öfteres Ein- und Aussteigen erforderlich, was aber bei den meisten Traktoren beschwerlich und anstrengend ist und oft den Grund zu Verletzungen bildet. Die Temperatur in der Fahrerkabine ist oft zu hoch, sie sollte nicht mehr als 15...22 °C betragen; der Zutritt von Wärme und Abgasen vom Motor muß verhindert werden. Vf. analysiert die durch konstruktive Mängel hervorgerufenen Ursachen. A.Grönholm. 10235a.

H. FORSTWIRTSCHAFT/BESTANDESGRÜNDUNG UND -PFLEGE EINSCHLIESSLICH KAMPBETRIEB

1-68/07-0351 G r u z d e v, D. und Ž u č k o v, A. Kompleks mašin dlja oblesenija gornych sklonov. (Maschinensatz für die Aufforstung von Berghängen.) - Technika v sel'skom chozjajstve, Moskva 28 (1968) Nr. 1. S. 15-18. - 3 Zeichn.

Für die Kultivierung von Berghängen mit einer Neigung bis zu 45° wurden 4 neue Anhängegeräte zum Traktor "DT-54" konstruiert. Der Terrassenschneider "TR-2" besteht aus dem vor dem Kühler angebrachten, beweglich gelagerten Rahmen und dem Terrassierschar. Das Schar wird durch eine Zugvorrichtung und 2 seitlich angebrachte hydr. angetriebene Teleskopstoßstangen nach rechts oder links gewendet. An dem vorderen Querbalken des Rahmens, hinter dem Schar, sind in Scharnieren die zur Bodenlockerung dienenden 9 Messer angebracht. Die Arbeitstiefe des Schares und der Messer wird hydr. geregelt. Das Schar schneidet während der Vorwärtsbewegung des Traktors eine Erdschicht ab und schüttet sie unter die Raupenketten. Am Ende der Terrasse wird das Schar gehoben und auf der Rückfahrt im Rückwärtsgang der Boden gelockert. Die Forstpflanzen werden auf die Terrasse 1,8 m von der oberen Böschung entfernt in Reihen von einer Pflanzmaschine gepflanzt, die seitlich an den Rahmen des Terrassiergerätes "TR-2" gehängt wird.

A.Mueller. 10255.

1-68/07-0352 M e n c k e. Das Ausheben großer Pflanzen aus dem Verschulbeet. - Forst- u. Holzwirt 23 (1968) Nr. 6. S. 109-111. - 4 Abb.

Bei dem beschriebenen Aushebepflug wurde auf die bei den meisten Typen vorhandene Rüttelautomatik verzichtet, was sich günstig auf den Verschleiß und Preis des Gerätes auswirkte. Die Wurzeln der auszuhebenden Pflanzen werden durch Schar und Messer von drei Seiten beschnitten. Die hinten am Schar befestigten aufwärts weisenden Zinken heben die seitlich abgetrennten Pflanzen nur an. Bis zur endgültigen Entnahme durch die AK bleiben die Wurzeln vom gelockerten Boden umgeben. Als Zugkraft werden Traktoren benötigt mit einer Leistung von 24 PS für leichte Böden und mindestens 30 PS für starkwurzelnde Pflanzen.

W.Jacob. 10260a.

1-68/07-0353 E l p a t ' e v s k i j, M.M., K n i z e, A.A., K o n s t a n t i n o v, V.K. und P i s a r e v, M.M. Frezernye kanalokopateli na osušenii lesov. (Grabenfräsen für die Waldentwässerung.) - Gidrotechnika i melioracija, Moskva 20 (1968) Nr. 2. S. 50-54. - 3 Abb.

Vom Leningrader Forschungsinst. f. Waldwirtsch. wurden 1965...67 die Grabenfräsen "MK-1,2", "MK-1,8P", "KFN-1200" und "Oja Viska" (Finnl.) bei der Waldentwässerung erprobt. Die Aufsattelfräsen "MK-1,2" und "MK-1,8P" (für Moortraktor "T-100 MBGS") haben 1,2 bzw. 1,8 m Tiefgang und arbeiten bei geringmächtiger Torfauflage mit einer Tragfähigkeit von 0,28...0,30 kg/cm^2 gut, insbes. im Juli-August und in der Frostperiode von Dez.-März. Das Kettenlaufwerk des "T-100" wird mit speziellen Stahlplatten ausgerüstet. Er trägt vorn ein Gerüst zum Aufnehmen von Baumstämmen, die bei weichem Boden untergelegt werden. Neben speziellen arbeitstechnischen Hinweisen werden die wichtigsten Parameter dargestellt.

R.Teipel. 10265c.

1-68/07-0354 M a r č e n k o, N.D. und Ž a r o v, V.I. Rezul'taty zavodskich ispytanij traktornogo podborščika-pogruzčika. (Neuer Spezialtraktor für Schlagreinigung.) - Lesnoe chozjajstvo, Moskva 19 (1968) Nr. 1. S. 58-63. - 2 Abb., 1 Tab., 3 Zeichn.

Von der Kaukasischen Filiale des CNIIME in Zusammenarbeit mit 2 Traktorenwerken ist ein zur Schlagreinigung vorgesehener Spezialtraktor auf der Basis des Raupentraktors "TDT-55" entwickelt worden, dessen Konstruktion und Betätigung vom Vf. beschrieben wird. Die Hauptteile sind: eine vorn am Traktor angebrachte harkenähnliche Sammelvorrichtung für Abfälle mit 6 einzeln in Scharnieren beweglichen Zinken; ein hydraul. betätigter Hebekran mit Greifer; eine Winde zum Heranholen von außerhalb der Reichweite des Greifers liegenden Schlagabraums; ein nach hinten kippbarer Wagenkasten in Schweißkonstruktion mit einem Ladevermögen von 8 m^3 (4000 kg). Techn. Daten: Motorleistung 62 PS; Spurweite zwischen Mittellinien der Raupen 1680 mm; Bodenfreiheit 525 mm; Fahrgeschwindigkeiten 2,48...10,99 km/h; Breite der Sammelvorrichtung 2400 mm; max. Hubkraft des Kranes 400 kg bei 4 m Ausladung; Aktionsradius des Greifers 4000 mm. Eintrommelwinde mit 40 m Seil von 12,5 mm Dmr.; Geschwindigkeit des Zugseils 0,6 m/s. Gesamtlänge des Traktors im Transportzustand 6670 mm, Höhe 3300 mm; Gesamtmasse 11000 kg. - Der Traktor hat die praktischen Prüfungen mit Erfolg bestanden; die Ergebnisse sind in einer Tab. dargelegt. - A.Grönholm. 10265f.

1-68/07-0355 Č e r n y š e v, V.V. Modernizirovannja lesoposadočnaja mašina dlja gornych sklonov. (Modernisierte Forstpflanzmaschine für Berghänge.) - Lesnoe chozjajstvo, Moskva 21 (1968) Nr. 2. S. 70-72. - 2 Zeichn.
Von einem wiss. Forschungsinstitut der UdSSR ist eine Forstpflanzmaschine zum Einsatz auf Terrassen und Hängen (bis zu 12°) konstruiert worden. Die verbesserte Konstruktion der Pflanzmaschine "SLT-2" besitzt 2 nebeneinander liegende Pflanzvorrichtungen; die Arbeitstiefe der Schare wird begrenzt durch vor ihnen befestigte Kufen (auf lockeren Böden Räder); der Antrieb jeder Pflanzvorrichtung erfolgt über eine Zahnradübertragung von den schräggestellten Andruckwalzen. Techn. Daten: Länge 2620 mm, Breite 3745 mm, Höhe 1950 mm. Masse 950 kg. Arbeitstiefe der Schare 30 cm; Pflanzabstand 50, 75, 100, 150 cm. Breite der Zwischenfurchen 1,25...2,5 m. Dmr. der Walzen 500 mm, Reifenbreite 100 mm, Neigungswinkel 20°, Abstand zwischen den Walzen eines Paares 100 mm. Leistung 1,6...3 km/h. Die mit dem Traktor "DT-54A" oder "DT-75" aggregatierte Pflanzmaschine wird vom Traktorfahrer und 4 AK bedient. - A.Grönholm. 10285a.

1-68/07-0356 C h o d o r e v s k i j, V.A. und S e m i n, A.F. Vyraščivanie lesnych nasaždenij bez primenenija ručnogo truda. (Anbau von Kulturen ohne manuelle Arbeit.) - Lesnoe chozjajstvo, Moskva 21 (1968) Nr. 2. S. 73-75. - 2 Abb., 1 Tab.
Um die manuelle Arbeit bei der Bodenlockerung und Unkrautbekämpfung in Kulturen möglichst auszuschalten, sind verschiedene Geräte erprobt worden. Vielfach wird die Rotationshacke "MVN-2,8" angewendet, deren Arbeitsorgane aus mehreren gezähnten Scheiben bestehen. Sie kann aber nur dort verwendet werden, wo die Pflanzenhöhe geringer als der Radius der Scheiben ist, da größere Pflanzen beschädigt werden würden. Auch der mit schaufelförmigen Arbeitsorganen versehene Rotationskultivator "KRL-1" ist gut geeignet, jedoch müssen die Pflanzen mindestens 25 cm hoch sein, da sie sonst zugeschüttet werden. Die durch die Bearbeitung an den Pflanzen hervorgerufenen geringen Beschädigungen üben keinen schädlichen Einfluß auf ihr weiteres Wachstum aus. Am besten bewährte sich ein Anhängegerät zum Kultivator "KRN-2,8". Es besitzt 2 Arbeitsorgane in Form von Sternen mit einem Dmr. von 800 mm, bestehend aus je 10 auf einem Ring sitzenden Stahlstäben aus 16 mm-Rundstahl, deren Führungswelle um 10...15° zur Senkrechten verschoben ist. Die Stäbe sind untereinander durch 3 mm starken Stahldraht verbunden. Die Arbeitsorgane werden zu beiden Seiten der Pflanzenreihe bewegt und bearbeiten einen Streifen von 60...80 cm. A.Grönholm. 10290a.

I. HOLZ, RINDE, HARZ- GEWINNUNG UND TRANSPORT

1-68/07-0357 P a t a l a s, Z. Gegenwärtige Lage und perspektivische Möglichkeiten der Forstnutzung in der VR Polen. - Sozialist. Forstwirtsch. 18 (1968) Nr. 2. S. 58-60.
Ausgehend von der Struktur des Holzbestandes und der Struktur nach Altersklassen je Flächeneinheit wird die Nutzungsmenge dargestellt. Da der volks-

wirtschaftliche Bedarf größer als das eigene Rohholzaufkommen ist, müssen in der VR Polen alle verfügbaren Reserven genutzt werden. Die Gewinnung von Dünnholz für die Faserplattenproduktion stieg von 74000 m^3 im Jahre 1960/61 auf 268940 m^3 im Jahre 1964/65. Während sich die Nadelsägeholzverarbeitung im Perspektivzeitraum um 10 % verringern wird, steigen der Bedarf an Holz für die Faserplattenproduktion auf 1200000 m^3 und das Faserholz um 10 %.

W.Jacob. 10305a.

1-68/07-0358 O r e š k i n, S. Ėtapy bol'šogo puti. (Etappen einer großen Entwicklung.) - Lesnaja nov', Moskva 11 (1967) Nr. 11. S. 3-5. - 3 Abb.
Vf. gibt einen Überblick über die Entwicklung der Forstwirtschaft der SU in den 50 Jahren seit Begründung der Sowjetmacht. Um 1935 begann eine umfassende Mechanisierung der Holzabfuhr, anfangs mit Traktoren und Anhänger, später mit LKW auf Waldstraßen mit Holzgeleisen. Nach dem Kriege begann eine verstärkte komplexe Mechanisierung; es wurden Spezialgeräte wie der Rücketraktor "KT-12", die Rückewinde "TL-3", die Elektromotorkettensäge CNIIME-K5" entwickelt; erst nach 1957 gelangten die moderneren Traktorentypen "TDT-40M", "TDT-55", "TDT-75" und "TT-4" sowie Spezial-LKW zum Einsatz. Durch Einführung der Benzinmotorkettensäge "Družba" konnte auf die transportablen elektrischen Kraftstationen verzichtet werden. Gleichzeitig wurde eine neue Arbeitstechnologie eingeführt (Stammrücken und Verlagerung verschiedener Arbeitsgänge auf mechanisierte Ausformungsplätze) und Maßnahmen zur Qualifizierung der AK durchgeführt. Im Jahre 1957 waren 89,9 % aller in der Forstwirtschaft tätigen AK Ganzjahresarbeiter. In jüngster Zeit ist eine Industrialisierung und Automatisierung der Waldarbeiten zu verzeichnen. Vf. beschreibt einen Arbeitszyklus: Fäll-Rückevorrichtung "VTM-4", Spezial-LKW "MAZ-501B", Entladevorrichtung"RRU-10M" und automatische Anlage zum Entasten, Einschneiden und Sortieren auf dem Ausformungsplatz.

A.Grönholm. 10305a.

1-68/07-0359 D i e t z, P. Verkauf von Industrieholz nach Gewicht. - Forsttechn. Inform. 1968 Nr. 2. S. 9-14. - 4 Abb., 6 Diagr., 3 Lit.
Der Verkauf des Industrieholzes nach Masse hat bestimmte Vorteile. Während beim Schichtholzverkauf mit einem Fehler von ± 7 % gerechnet werden muß, ist der Verkauf nach Masse rel. genau. Da die Grundlage des Holzverkaufs nach Masse auf der Basis atro (absolut trocken) beruht, liegt die Schwierigkeit in der Feuchtebestimmung des Holzes. Hierfür werden eine Reihe von Verfahren dargestellt mit den jeweiligen meßtechnischen Vor- und Nachteilen.

W.Jacob. 10305a.

1-68/07-0360 D i e t z, P. Vermessung von Industrieholz. - Schweiz. Z. Forstwes. 119 (1968) Nr. 1. S. 45-78. - 13 Abb., 4 Darst., 8 Tab. 18 Lit.
Für die industrielle Verarbeitung des Holzes ist die Holztrockensubstanzmenge (atro) von Bedeutung. Für die Gewinnung, die Aufbereitung, den Transport und die nachfolgende Verwertung des dünnen Industrieholzes gilt es Rationalisierungsmaßnahmen zu entwickeln, welche zumindest kostendeckende Preise erbringen. Ausgehend von den neuen Verkaufsbedingungen, des Verkaufs nach atro-Holzmasse, wurde als Vermessungsgrundlage die Massenermittlung mit notwendiger Holzfeuchtetestung durchgeführt. Die Vermessung wird vom

Wald in das Werk verlegt. Das wirkt sich auf die Verlohnung in der Forstwirtschaft sowie auf die gesamte technologische Gestaltung der Verfahren aus. Der Beweis einer rationelleren Produktionsgestaltung wurde in einem Großversuch erbracht. W.Jacob. 10305a.

1-68/07-0361 K u r i l o, V.S. K perspektive valki derevev s kornjami. (Das Fällen von Bäumen mit den Wurzeln.) - Lesnoe chozjajstvo, Moskva 21 (1968) Nr. 2. S. 76-77. - 2 Abb., 1 Zeichn.
Das Stockholz, das etwa 18 % des Stammvolumens beträgt, kann durch chemische und mechanische Bearbeitung zu wertvollen Produkten verarbeitet werden; als günstigste Methode kann das Fällen der Bäume mit gleichzeitigem Ausheben des Wurzelwerks bezeichnet werden. Vf. beschreibt das vom Werk "Stroidormasch" in Kiew hergestellte Versuchsexemplar der Fällvorrichtung "DK-1 Vepr". Es ist ein Anbaugerät zum Traktor "T-100 GP"; seine Hauptarbeitsorgane sind eine Stoßstange mit Klauengreifer, ein Stoßrahmen und ein Zangengreifer zum Ausheben des Wurzelwerks. Der Traktor fährt an den Stamm heran und legt den Greifer der Stoßstange in etwa 3,5 m Höhe an; darauf wird der Baum durch den Druck der Stange und des Stoßrahmens umgekippt. Bei Erreichen des kritischen Fallwinkels fährt der Traktor 2...2,5 m rückwärts und schiebt den unteren Zangengreifer unter das Wurzelwerk des Baumes, wonach er den Baum abschleppt. Techn. Daten: Länge 5560 mm, Breite 2760 mm, Höhe 3059 mm. Masse des Traktors mit Fällvorrichtung 14400 kg. Bodenfreiheit beim Transport 350 mm. Max. Hubkraft 5000 kg. Alle Arbeitsorgane werden hydr. betätigt; bedient wird das Gerät vom Traktorfahrer. Es können Bäume mit einem unteren Stamm-Dmr. bis zu 100 cm gefällt werden. Zeitstudien haben als durchschnittlichen Zeitaufwand für das Fällen eines Baumes einschl. Heranfahren und Manövrieren 2 min. 55 s. ergeben. A.Grönholm. 10305ba.

1-68/07-0362 D a n i e l, J.II. Miedzynarodowe zawody w ścince piłami mechanicznymi.(II. Internationaler Wettbewerb der Motorsägenführer.) - Las Polski 41 (1967) Nr. 24. S. 12-13.
In der Zeit vom 11.-16. September 1967 fand der internationale Wettbewerb der Motorsägenführer in den Obf. Rycerka und Andrychow statt. Am Wettbewerb nahm je eine Mannschaft aus der ČSSR, der DDR und Polen teil. Beurteilt wurden der Zeitaufwand und die Qualität beim Fällen von Kiefer und Fichte mit der polnischen Einmannmotorkettensäge "BK-3a". Die polnische Mannschaft siegte in der Gesamtwertung vor der DDR. E.Bunk. 10305bc.

1-68/07-0363 S t r e h l k e, B. Künftige Mechanisierung des Faserholzeinschlages in Ostkanada. - Forstarchiv 39 (1968) Nr. 1. S. 31-32. -
Bis zum Jahre 1965 waren Einmannmotorkettensägen und Spezialrücketraktoren die dominierenden Maschinen. In diesem Zeitraum stieg der Maschineneinsatz von 5,9 auf 26,5 PS/AK/Arbeitstag, erhöhte sich die Arbeitsleistung je AK um ca. 50 % und sank die Anzahl der AK von 58000 auf 32000. Die neue Epoche in der techn. Entwicklung ist durch den Einsatz von Kombines geprägt. Es sind unterschiedliche Maschinen mit folgenden Kombinationen im Einsatz: Fällen-Entasten, Fällen-Entasten- Einschneiden, Entasten-Entrinden-Einschneiden. Die 1975 durch weitere Einführung von Kombines noch benötigten 20000 AK werden ein völlig neues, den technisch-organisatorischen Bedingungen angepaßtes Ausbildungsprofil besitzen. W.Jacob. 10305bd.

1-68/07-0364 S e f e r o v i c h, Geo. H. New mechanization frontier - southern pulpwood forests. (Neue Mechanisierungswege in den südlichen Gebieten der Faserholz-Wälder.) - Implement & Tractor Farm Implement News 83 (1968) Nr. 2. S. 24-26. - 8 Abb.

Um eine durchgehende Mechanisierung der Holzernte zu ermöglichen, ist der Bau leistungsfähiger und schnell arbeitender Maschinen notwendig. Während einer Exkursion in den Staat Mississippi (USA) wurden den Teilnehmern 2 verschiedene Erntemethoden für Faserholz vorgeführt. In dem einen Fall handelt es sich um den Einsatz einer "Busch-Kombine", die von einer AK bedient wird und welche die Arbeitsgänge Fällen, Entasten, Rücken, Palettieren und Beladen hintereinander durchführt. Die Fällung erfolgt mit einem hydr. Messer, das die Bäume abschneidet. Der gefällte Baum wird von hydr. betätigten Haken erfaßt und durch einen Messerring gezogen, der die Äste abschert. Anschließend werden die entasteten Stämme im Stapelschnitt mit einer hydr. Vorrichtung in Blöcken zu 6 ft. (1,83 m) Länge gesschnitten. Das Faserholz wird in einer Palette gesammelt, auf ein Transportfahrzeug geladen und direkt zur Fabrik gefahren. - Die zweite Erntemethode basiert auf dem Einsatz einer Fäll-Rücke-Kombine -"Pettibone skidder"- und einer hydr. angetriebenen, transportablen Ausformungsmaschine. Die Entastung der Bäume wird nach der Fällung mit Motorkettensägen durchgeführt. Die Beladung der Transportfahrzeuge mit Faserholz erfolgt mit Hilfe eines Krans.

M.-O.Barucha. 10305bd.

1-68/07-0365 S z e l e s s, Stefan. Auf dem Wege zur technischen Rationalisierung im Forstbetrieb. 4. Fortsetzung.) - Allg. Holz-Rdsch., Wien 24 (1968) Nr. 505/506. S. 60.

In einer technologischen Beschreibung der Arbeitsverfahren Entrinden am Lagerplatz werden die damit zusammenhängenden Probleme des Rückens mit Rinde und des Lagerns - sortiert oder unsortiert - dargestellt. Bei dünnerem Holz werden die Vorteile der konzentrierten, maschinellen Entrindung durch den hohen Aufwand beim manuellen Rücken wieder aufgehoben. Eine Gesamteffektivität der maschinellen Entrindung am Lagerplatz wird erst bei dickerem Holz nach Einsatz von Rücketraktoren erreicht. Besonders herausgestellt werden die Unterschiede des Rückens sortenweise oder in Stammlängen.

W.Jacob. 10305cc.

1-68/07-0366 C h i r i l a, AL. und G e o r g e s c u, N. Coaja de lemn ca materie primă destinată elementelor pentru construcţie. (Die Rinde als Rohstoff für Bauplatten.) - Rev. Pădurilor, Bucureşti 83 (1968) Nr. 1. S. 40-42. - 5 Tab., 7 Lit.

10305cc.

1-68/07-0367 V i l l a, W. Möglichkeiten der Anwendung der Netzwerkplanung in der Forstwirtschaft bei Investitionsvorhaben in der Forstwirtschaft unter besonderer Berücksichtigung der Anlage zentraler Holzausformplätze. - Beitr. Forstwirtsch., Eberswalde 1967 Nr. 1. S. 18-37.

Die Netzwerktechnik ist eine zweckmäßige Methode zur Planung, Kontrolle und operativen Leitungstätigkeit. In den Grundzügen werden die zwei bekanntesten Methoden, die CPM (Critical Path-Method) und PERT (Programm Evaluation and Review Technique) dargestellt. Während die CPM-Methode für streng determinierte Modelle eingesetzt wird, verwendet man PERT für solche Modelle, deren Zeitaufwand geschätzt ist. Da für den Bau von zentralen Holzausformungsplätzen gegenwärtig noch keine allgemein anwendbaren Ablaufpläne mit

Normzeiten vorhanden sind, wurde das vorliegende Beispiel nach der Methode PERT berechnet. W.Jacob. 10305ce.

1-68/07-0368 S t e i n, W. Maschinensystem für die Holzausformung - MaSG 945. - Dtsch. Agrartechn. 18 (1968) Nr. 3. S. 139-141. - 8 Abb.,- nach Zus.
Das Maschinensystem "MaSG 945" des VEB Forsttechnik Oberlichtenau ist zum Ausformen (Einschneiden, Entrinden, Bündeln) von Langrohholz zu Gruben- und Faserholz einsetzbar. Mit diesem Maschinensystem ist bei guter Arbeitsorganisation eine Steigerung der Arbeitsproduktivität und eine erhebliche Arbeitserleichterung für die Arbeitskräfte möglich. Gegenüber der herkömmlichen Methode der Ausformung mit Gelenkkreissäge auf Kleinplätzen bei schwerer körperlicher Arbeit tritt eine Selbstkostensenkung von mindestens 2,34 M/sfm ein. 10305ce.

1-68/07-0369 S i m a, P. Fenomenul frecării de alunecare la lemn. (Die Gleitreibung beim Holz. - Rev. Pădurilor, Bucureşti 83 (1968) Nr. 1. S. 28-34. - 1 Abb., 12 Diagr., 11 Lit.
Zu den Fragen der Gleitreibung des Holzes, vorwiegend für den Riesenbau von Bedeutung, sind die Gleitreibungserscheinungen umrissen sowie Berechnungsmethoden und Werte der Gleitreibungsziffer für die genannten Fälle angegeben. Mit Hilfe von Diagrammen werden Variationen der Gleitreibungsziffer des Holzes in Abhängigkeit von dem Neigungswinkel der Riese, der Querneigung der Gleitbahn in der Kurve und der Geschwindigkeit, bei der die Gleitreibungsziffer bestimmt wird, genannt. Weiterhin wird eine dynamische Methode beschrieben, die mit Hilfe eines im Labor entwickelten Gerätes erprobt wurde. W.Jacob. 10305da.

1-68/07-0370 P e s t a l, E. Zur Rationalisierung der Holzernte mit Hilfe von Knickschleppern. - Allg. Holz-Rdsch. 24 (1968) Nr. 505/506. S.47-49. - 4 Abb.
Ausgehend von den unterschiedlichen Lenksystemen beschreibt Vf. die Vorteile der mit Knicklenkung versehenen Traktoren. Während bei den bisher üblichen Rücketraktoren Masse des Einzelstückes und Länge der Rückestrecke die leistungsbestimmenden Faktoren waren, sind dies beim Einsatz von Traktoren mit Knicklenkung die Ladezeit und Lademenge. So gehen z.B. bei einer 500 m langen Rückestrecke die Fahrzeiten voll in den Lade- und Störzeiten unter. Ein besonderer Vorteil im Vergleich zum Einsatz von Universaltraktoren besteht in der Benutzung spezieller Knicktraktorenwege. Diese Wege können 40...50 % Neigung besitzen, ihre Ausbaukosten liegen wesentlich unter denen normaler Hangwege. W.Jacob. 10305da.

1-68/07-0371 A n o n y m. Timberjack-Vorführung in Kärnten. - Allg. Holz-Rdsch., Wien 24 (1968) Nr. 505/506. S. 50-51. - 4 Abb.
Der Spezial-Rücketraktor "Timberjack-205" wurde unter schwierigen Gebirgsverhältnissen getestet. Es wird neben einer Angabe über erzielte Leistungen, allerdings ohne hinreichende Fixierung bestimmter Ausgangsgrößen, auf die Sicherheit des Rücketraktors verwiesen. Hierbei sind bestimmte Merkmale genannt worden, die vom Bedienungsmann einzuhalten sind und solche, die durch die techn. Konstruktion festliegen. Beschrieben werden die Stabilität, die Schutzeinrichtungen der Vorderseite, die Besonderheiten des Fahrerhauses, die Einrichtungen der Hinterseite, das doppelte Bremssystem und die Pendelachssperre. W.Jacob. 10305da.

1-68/07-0372 P a r i l o v, P. Agregaty na plombiščach. (Aggregate auf Floßbindestätten.) - Lesnaja nov, Moskva 12 (1968) Nr. 1. S. 14-15. - 2 Abb.

Über die Hälfte des 3,18 Mill. m^3 großen Jahreseinschlages der ASSR Komi wird geflößt. Vf. beschreibt 2 hauptsächlich verwendete Aggregate zum Bündeln von Stämmen: das mit dem Traktor "T-80" oder "T-100" aggregatierte Anhängegerät "V-28" und die an dem Traktor "TDT-75" oder "T-100" angehängte Vorrichtung "AS-3". Letztere besteht aus 2 geschweißten Stahlkufen, die vorn durch Scharniere mit einem Querträger verbunden sind, auf dem ein schwenkbarer Rahmen befestigt ist; mit dem Traktor ist das Gerät durch eine starre Zugstange verbunden. Bei Rückwärtsgang des Traktors werden die Kufen unter einen Balkenstapel geschoben und die Balken mittels 2 Stroppen und dem Seil der Traktorwinde gebündelt und mit Draht umwunden. Die Länge der von 2...4 AK bedienten Vorrichtung beträgt 5,9 m, die Breite 2,4 m, die Höhe 2,85 m; Bodenfreiheit 20 cm, Masse 1,8 t. Mit ihr können Bündel bis zu 25 m^3 formiert werden. Das Aggregat "V-28", mit dem Bündel bis zu 30 m^3 hergestellt werden können, arbeitet nach demselben Prinzip und unterscheidet sich durch einige konstruktive Einzelheiten und Abmessungen. Diese Aggregate sind nur im Winter auf Schnee verwendbar.

A.Grönholm. 10310fg.

K. FORSTWIRTSCHAFT/SCHÄDLINGSBEKÄMPFUNG

1-68/07-0373 V e l i č k o, Ja. M. und Z a g o r s k i j, I.M. Primenenie ručnych aėrozol'nych generatorov dlja osvetlenija chvojnych porod. (Verwendung von Hand-Aerosolgeneratoren beim Auslichten von Nadelholz.) - Lesnoe chozjajstvo, Moskva 21 (1968) Nr. 2. S. 66-67. - 1 Abb.

Zur aerosol-chemischen Jungbestandspflege von Nadelholzkulturen wurde der neuentwickelte, tragbare Aerosolgenerator "RAA-1" des reaktiv-pulsierenden Typs, der auf thermomechanischer Grundlage arbeitet, eingesetzt. Techn. Daten des Gerätes: Länge 1250 mm, Breite 320 mm, Höhe 410 mm. Volumen des Benzintanks 1,1 l, der chem. Lösung 4 l. Arbeitsbreite 10...20 m, Arbeitshöhe bis 6 m. Aerosolleistung 0,3...0,5 l/min; Arbeitsdauer mit einer Füllung 7...15 Min.; Tagesleistung 3...5 ha. Das von 1 AK bediente Gerät wiegt leer 9 kg, mit vollen Tanks 13 kg. Bei einer Vergleichsprüfung in einer 14 ha großen, 6 Jahre alten Kiefern- und Fichtenkultur mit einzelnen Birken und Aspen durchwachsen, wurden mit dem westdeutschen Gerät "Swingfog" fast gleiche Ergebnisse erzielt: Anzahl der vollkommen abgestorbenen Pflanzen: Birke 85...86 %, Aspe 79...77 %; Anzahl der unbeschädigten Pflanzen: Kiefer 91...95 %, Fichte 100 %. Verwendet wurde eine Mischung der Butyläther 2,4,5-T und 2,4-D (1:1) in einer Dosierung von 2 kg/ha. Aufwand an Öllösung 10 l/ha. -

A.Grönholm. 10350a.

1-68/07-0374 B a z d y r e v, N.D. Nakonečnik-raspylitel'dlja vnutrkronnogo opryskivanija. (Zerstäuber zum Besprühen des Kroneninneren.) - Lesnoe chozjajstvo, Moskva 21 (1968) Nr. 2. S. 68-69. - 1 Zeichn.

In der SU ist ein Gerät zum Besprühen von Schädlingsbekämpfungsmitteln entwickelt worden, welches die Baumkronen sowohl von innen als auch von außen besprüht. Entsprechend der Größe der Baumkrone kann die Aerosolwolke reguliert werden, dadurch ist eine Senkung des Verbrauchs an Chemikalien um 50 % möglich. Die Produktivität ist fast doppelt so groß wie diejenige der sonst üblichen Geräte dieser Art. A.Grönholm. 10350a.

M. FORSTLICHES BAUWESEN

1-68/07-0375 M i h ă i l ă, I., L u c h i a n, O., P ă t r u, Gh., V a i d a, I. und D r o n, F. Cercetări ergonomice la construcţia drumurilor forestiere (I). (Arbeitswissenschaftliche Untersuchungen beim Bau von Waldstraßen [1. Mitt.].) - Rev. Pădurilor, Bucureşti 83 (1968) Nr. 2. S. 86-90.

Untersucht wurde die physiologische Belastung der AK beim Bau von Waldstraßen. Es wurden Aussagen über die Anpassung der AK an die neuen, maschinenbedingten Arbeitsgewohnheiten erwartet, die gleichzeitig Grundlage für eine arbeitswissenschaftlich fundierte rationelle Gestaltung der Arbeitsverfahren ist. Ermittelt wurden: der Energie-Aufwand nach der Douglas-Haldane-Methode, Chronogramme des Arbeitsablaufs, Veränderungen der Muskel- und Nervenreizbarkeit sowie die Bestimmung der schädlichen Einwirkungen von Lärm und Vibrationen auf die AK. W.Jacob. 10465a.

1-68/07-0376 O p r i ţ a, V. und P o t î r n i c h e, Z. Eficacitatea economică a mecanizării în construcţia drumurilor forestiere experimatǎ prin gradul de mecanizare complexă a execuţiei lucrărilor. (Die im komplexen Mechanisierungsgrad ausgedrückte wirtschaftliche Wirksamkeit der Mechanisierung von Waldwegebauarbeiten.) - Rev. Pădurilor, Bucureşti 83 (1968) Nr. 1. S. 34-39. - 1 Diagr., 7 Tab. 10465a.

XI. P F L A N Z E N S C H U T Z

B. CHEMISCHE VERFAHREN

1-68/07-0377 J e s k e, A. Verfahrenstechnik im Pflanzenschutz. - Aktuelles aus Wiss. u. Praxis für d. sozialist. Landwirtsch.-Betriebe Bezirkes Leipzig 1967 Nr. 6. S. 16-22. - 4 Abb.

Vf. gibt einleitend einen Überblick zum Einfluß der wesentlichen Faktoren beim Einsatz einer Pflanzenschutzmaschine auf die Arbeitsleistung und -qualität. Danach wird ausführlicher auf die Arbeitsverfahren Spritzen, Sprühen, Stäuben, Feinsprühen, Nebeln und Beizen eingegangen. Dabei werden auch die Varianten dieser Arbeitsverfahren erklärt (z.B. Bandspritzung, Unterblattspritzung, Baumstreifenspritzung, Gebläsespritzen, Driftsprühen, Naßstäuben, Schlämmbeizung u.a.). Der Praxis werden beachtenswerte Hinweise zum Einsatz der Maschinen und zur sinnvollen Nutzung rationeller Arbeitsverfahren gegeben. A.Jeske. 11105.

1-68/07-0378 J e s k e, A. und S c h u b e r t, H. Methodische Hinweise zur Einrichtung von Stützpunkten für Pflanzenschutzmittel und -maschinen in agrochemischen Zentren. - Nachr.-Bl. dtsch. Pflanzenschutzdienst, Berlin [N.F.] 22 (1968) Nr. 4. S.76-79. - 2 Abb.

Der zentrale Stützpunkt für Pflanzenschutzmittel und -maschinen einschl. der Stationierung eines Landwirtschaftsflugzeuges ist die materiell-techn. Basis für die Organisation des Pflanzenschutzes in agrochemischen Zentren. Wichtig bei der Errichtung von Pflanzenschutzmittellagern ist die richtige Standortwahl, die Berechnung des Lagerraumbedarfes auf der Grundlage des zu erwartenden Arbeitsumfanges und der Lagerungszeiten sowie die Lagergestaltung. In Verbindung damit ist auch die Unterbringung und Pflege der Pflanzenschutzmaschinen zu lösen. Im letzten Teil werden die zu veranschlagenden Kosten angeführt und der allgemeine Nutzen einer solchen Einrichtung herausgestellt. A.Jeske. 11105.

1-68/07-0379 B r a d f o r d, Michael. Move to chemicals. (Der Trend zu den Chemikalien.) - Power Farming 40 (1968) Nr. 3. S. 12-13.15. - 5 Abb.
Bereits geringfügige oberflächliche Veränderungen der Früchte, die auf die Einwirkung von Chemikalien zurückzuführen sind, bewirken erhebliche Absatzschwierigkeiten. Die Befürchtungen des Käufers wegen möglicher Vergiftungen und anderer schädlicher Nebenwirkungen sind nicht ohne weiteres zu übersehen. - Ein weiteres Problem besteht bei einigen Schädlingen in der sich herausbildenden Resistenz gegen bestimmte Pflanzenschutzmittel. Derartige Probleme, die mit der Praxis des modernen Pflanzenschutzes eng verbunden sind, stellt Vf. in den Mittelpunkt seiner Betrachtungen und zeigt die zukünftigen Entwicklungstendenzen auf diesem Gebiet auf.
S.Lehmann/Bornim. 11105.

1-68/07-0380 Š t e r e n t a l ', M.I. Zavisimost' kačestvennych charakteristik aėrozol'nogo tumana ot režimov raboty aėrozol'nogo generatora. (Abhängigkeit qualitativer Aerosol-Kennwerte von den Betriebsdaten des Aerosol-Erzeugers.) - Traktory i sel'chozmašiny, Moskva 1968 Nr. 3. S. 22-24. - 2 Diagr., 2 Schemata, 5 Lit.
Eine Aerosolwolke besteht aus den sogenannten "primären" Tröpfchen, die sich beim Zerstäuben der Flüssigkeit bildeten und unvollkommen verdampften, und den "sekundären" Tröpfchen, die durch Kondensation der übersättigten Flüssigkeitsdämpfe entstanden und Durchmesser von 0,4...4/um haben. Das Volumenverhältnis der in den primären und sekundären Tröpfchen enthaltenen Flüssigkeit gibt mit ausreichender Genauigkeit den Verdampfungsgrad ϵ an, der eine Funktion einer dimensionslosen Kenngröße I ist, für die Vf. eine Gleichung bringt. Qualitative Kenngrößen eines Aerosols sind ϵ und der mittlere Dmr. d_m der primären Tröpfchen. Vf. beschreibt eine Anlage für das Bestimmen von ϵ, die aus dem Aerosolerzeuger und einem 4stufigen Filter besteht, in dem die primären und sekundären Tröpfchen getrennt aufgefangen werden. Durch Wiegen der Filterstufen vor und nach dem Versuch wird ϵ ermittelt. Ferner beschreibt Vf. eine Anlage zum Bestimmen von d_m, für das er eine empirische Gleichung angibt. Die Versuchsergebnisse werden in Diagr. für $\epsilon = f(I)$ und $d_m = f(G_F/G_G)$ mit der Verbrennungsraumtemperatur als Parameter angegeben (G_F/G_G-Gewichtsverhältnis zwischen Flüssigkeit und Gas). W.Balkin. 11105.

1-68/07-0381 K a m m, L. Wirtschaftlicher Pflanzenschutz. - Hopfen-Rdsch. 19 (1968) Nr. 8. S. 139-141. - 2 Abb.
In der DBR ist die dt Trockenhopfen mit 60,- DM Ausgaben für Pflanzenschutzmaßnahmen belastet. Nur amtlich anerkannte Präparate und den Anforderungen entsprechende Geräte verwenden. Die Brühemenge (l/ha) ist der Pflanzenhöhe anzupassen, um Überdosierungen zu vermeiden. A.Jeske. 11105.

1-68/07-0382 A n o n y m. Liegt es am Spritzen. - Bayer Pflanzenschutz-Kurier 13 (1968) Nr. 2. S. 28-29. - 4 Abb., 2 Schemata.
Ungenügende Wirkung oder Kulturpflanzenschäden können ihre Ursache in der Mittelverteilung haben. Bei Einhaltung von ± 15 % Abweichung zur geplan-

ten Ausbringmenge sind solche Auswirkungen jedoch kaum zu erwarten. Um negative Erscheinungen durch das Pendeln der Ausleger zu vermeiden, sollten Düsen mit mind. 110° Spritzwinkel im Abstand von 50 cm Verwendung finden. Erfahrungsgemäß sollte ein Düsensatz nach 500 ha Leistung ausgewechselt werden. Zu jeder noch so guten Pflanzenschutzmaschine gehört ein erfahrener und geschickter Bedienungsmann. A.Jeske. 11115.

1-68/07-0383 O s t a r h i l d, Heinrich. Der Stand der Technik im Pflanzenschutzgerätebau. - Landtechnik 23 (1968) Nr. 6. S. 155-161. - 6 Abb., 2 Tab.

Der Stand der Technik und die erkennbaren Entwicklungstendenzen kombinierter Pflanzenschutzmaschinen, die in mehreren Kulturen eingesetzt werden können, werden in Übersichten dargestellt. Thematik: Gerätetypen und ihre Ausstattung für verschiedene Arbeiten (Geräte-, Arbeitstechnik, Anforderungen an die Spritzmittel); Schwierigkeitsgrad bei Pflanzenschutzmaßnahmen in verschiedenen Kulturarten. Funktion, techn. Anforderungen, Wirkungsweise, Verschleiß, u.a. der einzelnen Bauelemente, wie Pumpen (Kolben-, Membran-, Rollen- Kreiselpumpen). Radial- und Axialgebläse, Behälter (insbesondere Kunststoffbehälter), Armaturen (Druckregler, Rücksaugvorrichtungen), Düsen (Feld- und Baumbehandlung) sowie Nebenelemente: Rührwerke, Filter, Fülleinrichtungen. Aktuelle Probleme zwischen der Technik und Pflanzenschutz bei der Anwendung von Granulaten, dem ULV (ultra low volume)- Verfahren, der Flüssig- und Spritzdüngung und dem Flugzeugeinsatz werden erläutert. Höhere Tagesleistungen mit größeren Gerätetypen, großen Behältern und Arbeitsbreiten bedingen im Feldbau stärkere Schwankungen und Ungenauigkeiten. Verbesserungen der Dosiergenauigkeit, Abkürzen der Rüstzeiten, größerer Bedienungskomfort, Sprühen und Feinsprühen in Sonderkulturen sind Tendenzen für die weitere Entwicklung. E.Becker/Bornim. 11115.

1-68/07-0384 G ö h l i c h, Horst und Z a s k e, Jürgen. Beeinflussung der Spritzverteilung durch Düsenart und Düsenanordnung beim Feldspritzen. - Landtechnik 23 (1968) Nr. 6. S. 162-170. - 13 Abb.

Zur Erzielung hoher Flächenleistungen mit geringen Fahrspuren ist man bemüht große Spritzbreiten zu verwenden. Bei großen Spritzbreiten sind Höhenschwankungen und horizontale Schwankungen des Spritzbalkens, Schwankungen in der Überlappung beim Anschlußfahren und das Zusammenwirken einzelner Düsen im Verband neben der bestimmten Arbeitshöhe der Düse und der konstanten Arbeitsgeschwindigkeit entscheidend für optimale Verteilungen. Rechteckverteilung, Trapezverteilung, Dreieckverteilung sowie deren Überlappungsmöglichkeiten werden erläutert und die entsprechenden Fehlerursachen aufgezeigt. Dabei wird bes. der Einfluß des Druckes, auf die Strahlform, den Spritzwinkel und der Verteilung, und der Einfluß der Düsenhöhe sowie die gegenseitige Beeinflussung der Spritzkegel ausführlich beschrieben. Untersuchungen zur Erzielung einer optimalen Überlappung sowie Messungen über Balkenschwankungen und Balkenneigungen bei 10 m Arbeitsbreite und 6 km/h Fahrgeschwindigkeit und techn. Möglichkeiten zur Anschlußfahrt mit Überlappung durch Verwendung verschiedener Markierungseinrichtungen dienen zur weiteren Verbesserung der Verteilung und Vermeidung von Spritzfehlern.
E.Becker/Bornim. 11115.

1-68/07-0385 G o f f r e und M u s i l l a m i. Quelques considérations techniques sur l'emploi de rampes de pulvérisation "cultures basses". (Einige technische Betrachtungen über die Verwendung von Spritzeinrichtungen bei "niedrigen Kulturarten".) - Génie rural 61 (1968) Nr. 2. S. 113-116. - 4 Abb., 3 Tab.

Spritzbalken können bei niedrigen Kulturen folgende 4 Aufgaben übernehmen: Schädlingsbekämpfung, Unkrautbekämpfung, Flüssigdüngung, Beregnung. Je nach dem vorgesehenen Verwendungszweck ist die verlangte Tröpfchengröße und Ausbringmenge der zerstäubten Flüssigkeit verschieden groß, was außer von der Höhe des Spritzdruckes hauptsächlich von der benutzten Düsenart abhängt. In Tab. werden für Wirbeldüsen, Schlitzdüsen und Spiegeldüsen die techn. Daten (Spritzdruck, Ausbringmenge, Spritzwinkel und Tröpfchengröße) angegeben. Die 3 Düsenarten sind im Abstand von 30...50 cm am Spritzbalken befestigt. Der Abstand ist entweder konstant oder veränderbar. Bei konstantem Düsenabstand erfolgt die Einstellung der richtigen Verteilung (Überschneidung, Gleichmäßigkeit) durch Variation des Spritzdruckes oder durch Veränderung der Höhe des Spritzbalkens über dem Erdboden. Bei variablem Düsenabstand muß der Abstand sich bei allen Düsen im gleichen Maße ändern und die Parallelität der Strahlachsen beachtet werden.

W.Bohrisch/Bornim. 11115.

1-68/07-0386 Z a m o t a e v, A.I., M o s i n, M.A. und Č e r n i k o v, V.I. Mechanizacija obrabotki klubnej jadochimikatami. (Mechanisierung der Behandlung von Kartoffelknollen mit Fungiziden.) - Zaščita rastenij, Moskva 13 (1968) Nr. 4. S. 30-31. - 2 Abb., 2 Tab.

Die Behandlung von Kartoffelknollen mit TMTD ist in vielen Gebieten der SU zu einer obligatorischen Maßnahme geworden. Das Bestäuben von Hand sowie das Besprühen hatte Nachteile. Zu deren Ausschaltung wurde ein Aggregat entwickelt, mit dem eine Behandlung gleichzeitig mit dem Legen ermöglicht wird. Als Spritzgerät dient das "GAN" mit einigen Veränderungen. Die Zerstäuberdüsen sind so angebracht, daß die Knollen während des Legens durch eine dichte Zone des zerstäubten Fungizids gelangen, wobei sie von allen Seiten mit dem Fungizid bedeckt werden. Ein Teil der Suspension bedeckt gleichmäßig den Furchenboden, wodurch die Gefahr einer Infektion über den Boden herabgesetzt wird. Die Gleichmäßigkeit der Bedeckung der Knollen verschiedener Größen lag bei 71...93 %. Das Verfahren erwies sich als wirtschaftlich vorteilhaft, einfach und leistungsfähig.

I.Giesecke. 11115.

1-68/07-0387 Z a p e v a l o v, P.P., M i l a š č e n k o, N.Z. und M a r i n č e n k o, M.Z. Primenenie butilovogo efira bez emulgatorov. (Anwendung von Butylester ohne Emulgatoren.) - Zaščita rastenij, Moskva 13 (1968) Nr. 4. S. 32. - 1 Abb.

Gerät für die Zubereitung der Spritzbrühe. Die Besonderheit des Verfahrens besteht in einem Einspritzen des Herbizides unter Druck unmittelbar in Wasser. Das Herbizid wird aus dem Mittelbehälter mit 100...120 kp/cm^2 Druck über einen Verteiler zur Düse transportiert, die in das Wasser des Mischbehälters eintaucht. Das Herbizid wird während des Austrittes aus der Düse und durch die Bewegung des Wassers mit diesem vermischt. Mit einer solchen Vorrichtung lassen sich 3...5 Spritzgeräte versorgen. Bei der Prüfung unter Praxisbedingungen brachte das Verfahren gute Ergebnisse. Außerdem stellt es sich billiger als die Ausbringung des Herbizides mit Emulgatorzusatz.

I.Giesecke. 11115.

1-68/07-0388 F a r i d, Uddin Ahmed und A b d u r R a h m a n, S.M. Aerial application of Malathion low-volume concentrat with ultra-low-volume technique against cotton pests in West Pakistan. (Flugzeugeinsatz mit Malathion Sprühkonzentrat im ULV-Verfahren gegen Baumwollschädlinge in Westpakistan.) - Agric. Aviation, The Hague 10 (1968) Nr. 2. S. 49-52. - 3 Tab., 1 Lit.

Das ULV-Verfahren (0,6 l/ha Aufwandmenge, 30...80 um Tropfengröße) wurde angewendet, wobei gleichzeitig die Brauchbarkeit von speziellen Teejet-Düsen erprobt wurde. Vorteile gegenüber der herkömmlichen Arbeitsweise sind: 1) Anwendung des unverdünnten Konzentrates, 2) größere Flugsicherheit durch größere Flughöhe (7,5 m statt 1,5 m), 3) 2...3mal so große Arbeitsbreite, 4) höhere Leistung und geringere Kosten. - Die biol. Wirksamkeit gegenüber 2 Baumwollschädlingen war gut. A.Jeske. 11120.

C. MECHANISCHE VERFAHREN

1-68/07-0389 S t i c k l a n d, R.E. Insect suction trap for collecting segregated samples in a liquid. (Insektensaugfalle zum Auffangen von getrennten Proben in einer Flüssigkeit.) - J. agric. Engng. Res. 12 (1967) Nr. 4. S. 319-321. - 2 Abb.

Das Auffanggerät enthält auf einer drehbar gelagerten waagerechten Kreisscheibe mehrere PVC-Behälter von 12 in. Dmr. und 1/8 in. Wandstärke. Ein Behälter befindet sich jeweils unter dem Ansaugzylinder, dessen Innenwand aus Nylongaze gefertigt ist und auf den Gefäßrand hin konisch zusammenläuft. Durch ein Motorgebläse wird die Luft in die Richtung der Flüssigkeitsgefäße, welche die Insekten auffangen, gesaugt. Als Auffangflüssigkeiten werden Äthylen-Glycol oder eine Mischung von Alkohol, Wasser und Glycerol im Volumenverhältnis 14:5:1 verwendet. S.Lehmann/Bornim. 11225.

D. THERMISCHE VERFAHREN

1-68/07-0390 N i e m c z y k, H.D. Flaming the alfalfa weevil. ("Abflammen" gegen Luzernerüsselkäfer.) - Crops & Soils 20 (1968) Nr. 4. S. 21. - 1 Abb.

Das Abflammen der Luzerneschläge im Spätwinter verfolgt das Ziel, die in abgestorbenen Stengeln überwinternden Eier von Rüsselkäfern abzutöten. Gleichzeitig wird die Anzahl der Adulten dabei reduziert und eine Wirkung auf einjährige Unkräuter erzielt. Zum Zeitpunkt des 1. Schnittes der Luzerne muß eine zusätzliche Insektizid-Behandlung gegen die zuwandernden Adulten vorgenommen werden. Der Nutzen des Abflammens gegenüber einer ausschließlich chem. Bekämpfung der Luzernerüsselkäfer kann noch nicht eingeschätzt werden, da die positiven wie negativen Nebenwirkungen - auch auf die Luzerne - noch wenig untersucht sind. Die Rentabilität des Abflammens hängt in erster Linie vom Schädlingsbefall ab, wird jedoch auch von der Größe der Behandlungsfläche beeinflußt. Die Kosten werden mit 9,78 bzw. 5,21 je 0,4 ha angegeben, wenn mit einem Gerät 20 ha bzw. 120 ha behandelt werden. A.Jeske. 11320.

XII. AUSSTELLUNGEN, TAGUNGEN, VORFÜHRUNGEN, REISEN, ÜBERSICHTEN

A. AUSSTELLUNGEN

1-68/07-0391 I s s e l s t e i n, Rudolf und S c h w a r z, Helmuth. Smithfield-Show 1967: Im Schatten von Finanz- und Wirtschaftskrise. - Landtechnik 23 (1968) Nr. 4. S. 86.88.90.92-94. - 7 Abb., 7 Tab.

Neben den britischen Traktoren deren Leistungsbereiche weitgehend angeglichen worden sind, waren zahlreiche Firmen des Kontinents mit ihren Angeboten vertreten. Perry-Jeffen-Hitch stellte eine neue automatische Kupplung für Dreipunkt-Geräte vor. Ferner waren überschwere Kultivatoren, 4...6furchige Pflüge mit Steinsicherungen sowie universelle Anbau-Heckladekräne und Frontlader vertreten. Den Rotormähern versucht man durch Antrieb von unten eine neue Form zu geben. Für die Futtergewinnung wurde ein Ballenelevator als Traktoranbaugerät gezeigt. Die neuen Kartoffel- und Rübenvollerntemaschinen waren mit hydraulisch gesteuerten Rodescharen ausgestattet. Interessant bei dem Boxen-Laufstall waren Fangboxen mit abklappbaren Rohrrahmen. Für das Füllen und Entleeren von Traktorreifen mit Luft und Wasser wurde eine Luft- Wasserpumpe vorgestellt. G.Wünsche/Bornim. 12005.

1-68/07-0392 A n o n y m. Geräte an der Königlichen Smithfield-Schau in England. - Traktor u. Landmaschine , Brugg 30 (1968) Nr. 3. S. 141-147. - 12 Abb.

Vf. beschreibt einen Mehrzweck-Anbaubagger für Kultur- und Pflegearbeiten; eine Einrichtung zur Steuerung von Richtung und Charakteristik des Sprühstrahls beim Besprühen von Obstanlagen vom Fahrersitz des Traktors aus; einen Doppelrotor-Heuwender; eine Hochleistungspresse mit gleichmäßigem Ausstoß bei schwerem Erntegut; einen selbstaufnehmenden Vibrations-Bandförderer für Kartoffeln und Getreide; einen seiten- und neigungsverstellbaren Gabelstapler für Zugmaschinen und einen Schneckenförderer für die automatische oder halbautomatische Förderung von Trockenfutter.

G.Wünsche/Bornim. 12005.

1-68/07-0393 A n o n y m. The machinery you might have seen. (Diese Maschinerie müßten Sie gesehen haben.) - Power Farming 40 (1968) Nr. 1. S. 8-16.39. - 43 Abb.

Vf. gibt einen umfassenden Einblick in die auf der "Royal Smithfield Show" im Dezember 1967 gezeigten landwirtsch. Geräte. Unter den Traktoren hoher Leistung dominierten allradgetriebene Modelle, die sowohl von britischen als auch anderen Firmen angeboten wurden. Bes. hervorzuheben waren die Hydraulik-Grabenräumer, eine Grabenfräse für Dränage-Rohre und ein Pflug mit hydraulisch verstellbaren Scharen. Weiter waren einfache Hänger und komplizierte Spezialhänger für jeden nur erdenklichen Zweck und verschiedene Gabelstapler zu sehen. Ein weiter sehr umfangreicher Ausstellungskomplex war der Getreidetrocknung und -speicherung sowie der Fütterungsmechanisierung gewidmet. S.Lehmann/Bornim. 12005.

1-68/07-0394 A n o n y m. Het Landbouwwerktuig 1968 (II). (Das Landbauwerkzeug 1968 [2. Mitt.]) - Landbouwmechanisatie 19 (1968) Nr. 3. S. 263-271. - 20 Abb.

Trommelzetter und Kreiselzetter behaupten ihre führende Position, ihre

Arbeitsbreite stieg auf 2,25...2,30 m. Beachtung fanden der PZ-Kreiselmäher (als Frontanbaumaschine mit 4 Elementen arbeitend) und neue Feldhäcksler für die Maisernte (Jaguar, Speiser, John Deere 34). Ein interessanter Prototyp für die Ernte von Welkgras ist der Kehro-Aufsammelblaser von J. van Kerkhof-Broekhoven, Dongen. Aufsammelwagen werden generell mit Messern, hydraulischer Bedienung der Aufsammeleinrichtung und z.T. auch mit hydraulisch verstellbarer Zugstange (zum Überfahren von Haufen) geliefert. Weitere Neuheiten: Mähdrescher New Holland-Clayson "M 122" (Mähbreite 2600 bis 2350 mm); Welger-Aufsammelpresse "AP 71" (Aufsammelbreite 1630 mm, Leistung 20 t/h). Bei den Kartoffelrodern nimmt die Zahl der 2reihigen Maschinen zu (Amac, BAV, Krakei, Grimme, Romas, Hagedorn). Importiert wird der 2reihige Sammelroder "E 660/3" aus der DDR. Neue Rübenroder: 1reihiger Catchpole Wagenroder; Kleine "5000 Automatic". Einachskipper mit 4...5 t bestätigen den Trend zum leistungsfähigeren Transportmittel. Neu vorgestellt wurden: Dosiereinrichtungen für Heugebläse (Mullos, Stille, Hassing) sowie eine automatisch arbeitende Einrichtung (hydraulisch) zum Koppeln von Schlauch und Vakuum-Gülletankwagen (Lely). E.Kraaz/Bornim. 12005.

1-68/07-0395 A n o n y m. Agrima-67 en annorlunda utställning. (Agrima-67 - eine Ausstellung anderer Art.) - Traktor J., Stockholm 13 (1968) Nr. 1. S. 22-27.31. - 14 Abb.

Die Agrima-67 war nach 10 Jahren wieder die erste internordische Landwirtschaftsausstellung vor allem als Exportmesse der nordischen Länder gedacht (11.-15. Dezember, Kopenhagen; 165 Aussteller aus 32 Ländern mit 10500 Besuchern). Gezeigt wurden: Anhängemähdrescher mit 8 Fuß Arbeitsbreite; 8 1/2 Fuß selbstfahrender Mähdrescher (68-PS-Vierzylinder-Dieselmotor, hydraulische Regelung, Bunker für 20 hl, Entleerung in 2 Min., Leistung 50 dt/h); finnischer Anhängeladebock zum Holzrücken mit radiokontrollierter Winde; Ballenpresse mit Wurfeinrichtung, Leistung 1200...1500 Ballen/h; Vario-Traktor mit verlängerter Radbasis und Ladefläche; finnische Vorrichtung zur Ausnutzung von PKW als Kraftquelle (Hinterräder treiben eine Welle an); Plantagenegge mit verstellbarer Arbeitsbreite; Mähmaschine mit 2 Rotoren; Kartoffelvollerntemaschine mit Sammelbunker und Frontlader und Bodenentleerung; finnischer Hecklader (Hubkraft bis zu 900 kp, Hubhöhe 250...280 cm); 15-PS-Gebläse, Leistung 150 dt/h; Düngeregge in Kombination mit Sämaschine; Getreidesilo auf leicht montierbarem Rahmenwerk, Verkleidung aus Jute oder Plast, Aufbau in 3 Std., Demontage 1/2 Std.

E.Kahn. 12005.

1-68/07-0396 A n o n y m. 39. Pariser Landmaschinensalon. - Landmaschinen-Markt 47 (1968) Nr. 7. S. 378.380-382.384.386. - 10 Abb.

Aus 25 Ländern zeigten 835 Aussteller über 10000 Maschinen und Geräte. Es werden vorgestellt: Die neue Traktorenreihe von Renault mit Leistungen von 25...60 DIN-PS; eine Scheibenegge mit unabhängig gelagerten Scheiben; eine Gerätereihe bestehend aus Rüttelgerät, Tiefgrubber; Feingrubber und Croskill-Walze; eine weiterentwickelte Einzelkorndrillmaschine; ein Hochleistungsmähwerk, ein Scheibenmähwerk und ein selbstfahrender Ladewagen; eine Traktorkabine mit Warmluftheizung und ein Körnersammelwagen mit Entladevorrichtung. Für die Innenwirtschaft zeigte man eine Mehretagen-Trockneranlage für die Grünfutteraufbereitung; eine Körnertrocknungsanlage; Lagersilos aus Stahlblechelementen mit einem Spezialbelüftungsaggregat; Saatgutbeizer; eine Preßballen-Förderanlage; einen Tauchkühler und einen Kälbermilcherwärmer. G.Wünsche. 12005.

1-68/07-0397 P i l l e t, M. Quelques nouveautés intéressantes vues au 39 ème salon international de la machine agricole. (Einige interessante Neuigkeiten, die auf der 39. internationalen Landmaschinenausstellung gesehen wurden.) - Génie rural 61 (1968) Nr. 3. S. 191-193. - 6 Abb.

Unter Angabe der wichtigsten techn. Daten werden folgende landwirtsch. Maschinen und Geräte erläutert. 1) Eine neue Traktorenreihe der Mittelklasse der Fa. Renault mit 25, 28, 35, 42, 43, 57 und 60 PS. Diese Traktoren, die teils luft-, teils wassergekühlt sind, haben neben einem neuen Aussehen mehrere Verbesserungen gegenüber den früheren Modellen. 2) Ein halbautomatisch arbeitender Umkehrpflug Typ "1274" von McCormick, dessen Arbeitsbreite von 53...78 cm verstellbar ist. 3) Eine 1reihige Maiserntemaschine als Aufbaugerät von McCormick, die als Antrieb einen 35 PS Traktor mit Zapfwelle (540 U/min) benötigt. 4) Eine Sammelpresse der gleichen Firma die zum Antrieb Traktoren von 35...40 PS erfordert. Diese Presse hat eine Arbeitsbreite von 1,39 m und produziert Heuballen von mittlerer Dichte. 5) Eine Mähmaschine für Traktoren von 25...30 PS. Ihre Arbeitsbreite beträgt 1,40 m, die Arbeitsgeschwindigkeit bis zu 15 km/h. 6) Eine Art Schnellkupplung für das Mähwerk der großen Kombines von Massey-Ferguson, wodurch diese Baugruppen von der Maschine leicht getrennt werden können und ein Befahren von Straßen mit normaler Breite möglich wird. Von der gleichen Firma werden noch gezeigt: 2 Motoren für Traktoren von 62 und 73 PS. Eine Kupplungs- und Zugvorrichtung für eine breite Bodenbearbeitung. Das Gerät hat 69 Zinken und eine Arbeitsbreite von 7,35 m. Ein Gabelstapler mit einer Hubhöhe von 3 m bei einer Hubkraft von 550 kp. Verbesserungen der Sicherheit und des Fahrerkomforts bei Traktoren für den Weinbau.

W.Bohrisch/Bornim. 12005.

1-68/07-0398 A n o n y m. Die Internationale Pariser Woche 1968. - Traktor u. Landmaschine, Brugg 30 (1968) Nr. 3. S. 133-139. - 12 Abb.

Die Landmaschinenausstellung vom 5.-10.3.1968 zeigt folgende von einem Fachausschuß prämiierte Maschinen: Rübenroder "Agram"; Rübenköpfer "Campinaire"; Futterwagen für Rinder "Bovi-Reflex"; Sammelpresse für Rebholz "Garnier"; vereinbarte Seiten- und Längsachsverstellung eines Drehpfluges "Huard"; ein Stalldungstreuer mit schwenkenden Zinken; Mehrzweckspritzgerät "Jurdyc"; Dauer-Wechselgetriebe für Sämaschinen "Someca", Futterrübenköpfer "Texier". Wünschenswert und vom Fachausschuß gefördert wird die Entwicklung eines Spritzmengen-Reglers, eines Ansaugapparates für Flüssigmist auf Beregnungsanlagen und eines pneumatischen Futterverteilers.

G.Wünsche/Bornim. 12005.

1-68/07-0399 L ü d e m a n n, Horst. Die Landtechnik auf der 50. DLG-Ausstellung. - Mitt. dtsch. Landwirtsch.-Ges. 83 (1968) Nr. 20. S. 740-746. - 5 Abb.

Die Entwicklung zum Traktor mit hoher Motorleistung bei gleichzeitiger Verringerung der Leistungsmasse (kg/PS) hält weiter an. Die Pflüge, auch die Drehpflüge, sind für die stärkeren Traktoren entsprechend größer und breiter. Eine lebhafte Entwicklung zeigt sich bei den Kreisel-, Rotor- und Schlegelmähwerken. Daneben dürften Seiten-, Heck- und Doppelmessermähwerke ihre Bedeutung behalten. Für die Futterbergung gibt es ein reichhaltiges Angebot von Ladewagen, Pressen, Schlegel- und Exaktfeldhäckslern. Die Tendenz bei den Drillmaschinen führt zu Anbaumaschinen mit großen Arbeitsbreiten. Mähdrescher, ohne Absackstand und Anbaupresse, sind mit größeren Korntanks sowie größeren Sieb- und Schüttlerorganen ausgestattet. Kartoffellegemaschinen weisen Verbesserungen an Furchenscharen und am Fehlstellenausgleich auf. Große Aufmerksamkeit wird der chem. Unkrautbekämpfung geschenkt. Auch an Sammelrodern, Vorratsrodern, Förderelementen und Sortiereinrichtungen sind Verbesserungen zu finden. Einzelkornsägeräte, blindmechanische und automatische Vereinzelungsgeräte sowie Bunkerköpfroder sind für den Rübenbau verbessert worden. Bei Schleuderdüngerstreuern führt die Entwicklung zu Großflächenstreuern. G.Wünsche/Bornim. 12005.

C. ÜBERSICHTEN

1-68/07-0400 Š k a r u p a, V.T. Perspektivy razvitija mašin dlja techničeskich kul'tur, ovoščej i sadov. (Zukünftige Entwicklung der Maschinen für technische Kulturen, Gemüse und Gärten.) - Traktory i sel'chozmašiny, Moskva 1967 Nr. 12. S. 19-21. - 3 Abb., 1 Tab.

Vf. bringt zunächst Zahlen über die produzierten und in Betrieb befindlichen Maschinen für Anbau und Ernte von techn. Kulturen und bespricht anschließend kurz folgende vorhandene oder in Entwicklung befindliche Maschinen: Kartoffelsammelroder, Kartoffelroder und -schwadableger für das Schwadsammelroden, Rübenvollerntemaschinen für das Rauf- und das Pommritzer Verfahren, Leinerntemaschinen, Tee-Erntemaschinen, Weit- und Mittelstrahlregner, Bewässerungspumpen, Möhrenerntemaschinen, Kohlerntemaschinen, Kohltransportwagen, Zwiebel- und Erbsen-Erntemaschinen, Maschinen für die Gurken-, Tomaten- und Melonen-Samengewinnung, Maschinen für Anbau und Pflege von Frühbeet- und Gewächshauskulturen, Maschinen und Vorrichtungen für das Formen von Obstbaumkronen und Ernten von Baumobst, Rüttelmaschinen für die Kern- und die Beerenobsternte, Maschinen für das Sichten von Früchten nach der Größe und dem Gewicht, Wein-Anbau- und Erntemaschinen.

W.Balkin. 12205.

1-68/07-0401 A n o n y m. Vom IMA in den Jahren 1966 und 1967 geprüfte und anerkannte Maschinen (2. Teil). - Grüne, Zürich 96 (1968) Nr. 11. S. 353-386.

Vom IMA sind 2 Mähdrescher, die sich im hügeligen Gelände immer mehr durchsetzen, geprüft worden. Ladewagen, für extreme Gebäude und Geländeverhältnisse verwendbar, konnten sich sehr verbreiten. Eine große Zukunft dürfte der selbstfahrende Ladewagen haben. Es wurden 14 Ladewagen geprüft. Neben Ablade- und Fördereinrichtungen, 2 Heu- und Garbengebläse wurden geprüft, haben Heulüfter eine große Bedeutung. Insgesamt sind 17 Heulüfter geprüft worden. Die automatische Futterentnahme und -verteilung hat nicht die erwarteten Vorteile gebracht. Für die Hofdüngerwirtschaft prüfte man 5 Güllemixer und eine Zentrifugalpumpe. Auf dem Gebiet der Milchwirtschaft sind eine Melkmaschine, ein Milchdurchflußmesser, ein Spülautomat, ein Milchkühltank, eine Milchkühlwanne, ein Milchtauchkühler, 2 Selbsttränkebecken und eine Viehputzmaschine geprüft worden. Die geprüften Maschinen und Geräte sind kurz beschrieben. G.Wünsche. 12205.

XIII. LÄNDLICHES BAUWESEN

A. ALLGEMEINES

1-68/07-0403 Hutschenreuther, Günter. Zur Perspektive der Land- und Nahrungsgüterwirtschaft der DDR. - Wiss. Z. Hochschule Architektur Bauwes. Weimar 14 (1967) Nr. 6. S. 581-584. - 3 Lit.

Künftig ist mit folgenden Anlagengrößen zu rechnen: Milchvieh 400...2000 Tiere, Bullenmast 1500...13000 Tiere, Jungviehaufzucht bis 4000 Tiere, Schweineaufzucht 400...800 Sauen, Schweinemast 3000...7000 Tiere, Schweine-Großmastanlagen 20000...40000 Tiere, Legehennenanlagen 50000...200000 Tiere, Broileranlagen bis 400000 Tiere. Nach Einführung der Bodennutzungsgebühr (Gesetzblatt II, Nr. 71 vom 4.8.1967) muß dem Bau kompakter oder mehrgeschossiger Viehanlagen mehr Bedeutung beigemessen werden. In der DDR gibt es 71 Geflügelschlachtstellen und 61 Tierkörperbeseitigungsanlagen. In der DDR rechnet man mit 11...15 Mill. t jährlicher Kartoffelproduktion, davon etwa 3 Mill. t Speisekartoffeln, 2...2,5 Mill. t Pflanzkartoffeln und etwa 5...8 Mill. t Futterkartoffeln. Es werden Lagerhäuser für 2000...5000 t Kartoffeln entwickelt. Trocknungsanlagen sind vielfach noch mit einem Trommeltrockner ausgestattet, der eine Leistung von 5 t/h Grüngut hat. Künftig werden Mischfutterwerke mit einer Leistung von 100000 t/Jahr keine Seltenheit mehr sein. Mineraldüngerlager können 5000 t aufnehmen und 12000 bis 18000 ha LN mit Mineraldünger versorgen. Ihren Standort haben sie in den agrochemischen Zentren. E.Mothes. 13005.

1-68/07-0404 Anonym. Bauinvestitionen zurückgegangen. - Bauen auf d. Lande 19 (1968) Nr. 2. S. 32.

Die Landwirtschaft der DBR hat 1966/67 ihre Investitionen spürbar eingeschränkt, wobei in manchen Bereichen auch eine gewisse Bedarfssättigung eine Rolle gespielt haben dürfte. Insgesamt lagen die Bruttoinvestitionen mit 3,80 Mrd. DM um 15 % unter dem allerdings recht hohen Vorjahresstand. Für neue Wirtschaftsgebäude wurden mit 1,20 Mrd. DM 5 % und für neue Maschinen mit 2,27 Mrd. DM 24 % weniger ausgegeben als im Jahr zuvor. Zur Finanzierung dieser Investitionen wurde wie bisher in großem Umfang Fremdkapital in Anspruch genommen. Dadurch erhöhte sich das Fremdkapital bis zum 1. Juli 1967 um 1,48 Mrd. DM oder 7 % auf 22,64 Mrd. DM, nachdem die Steigerungsrate im Vorjahr 11 % betragen hatte. Die derzeitige Belastung mit Fremdkapital macht etwa 21 % des Aktivkapitals aus, was im Durchschnitt als durchaus tragbar angesehen werden kann. 13005.

1-68/07-0405 Andrejev, L.V. Die Thematik des ländlichen Bauwesens im Studienprogramm der Fakultät für Wohn- und Gesellschaftsbauten des Moskauer Architektur-Instituts. - Wiss. Z. Hochschule Architektur Bauwes. Weimar 14 (1967) Nr. 5. S. 515-520. - 1 Abb., 4 Zeichn.

Die Thematik in der Ausbildung der Architekturstudenten ist ganz auf den Wohnungs-, Gesellschafts- und Dorfbau abgestimmt. Für die Projektierung von landwirtschaftlichen Produktionsbauten werden die Studenten in Moskau nicht ausgebildet. Im 3. Studienjahr haben sie folgende Aufgaben zu lösen: Ländlicher Klub mit Saal für 300 Personen, Innengestaltung des Klubs und Touristenzentrums (ländliche Hotels), ein- oder mehrgeschossiges Wohnhaus auf dem Lande, Innengestaltung einer Wohnung, Wohnsiedlung eines Sowchos für 1500 Einwohner. Im 4. Studienjahr wird ein größerer ländlicher Gesellschaftsbau bearbeitet (Achtjahrschule oder Kulturzentrum). Als Diplomarbeit wird das Projekt eines Sowchos- oder Kolchoszentrums bei unterschiedlicher Spezialisierung und Lage in verschiedenen Klimagebieten der UdSSR bearbeitet. E.Mothes. 13015.

1-68/07-0406 A n o n y m. Institut für landwirtschaftliche Bauforschung. - Forsch. im Gesch.-Ber. Bundesmin. Ernähr., Landwirtsch. u. Forsten. Jber. 1966 S. 85-97. - 6 Abb.
Die Arbeiten betrafen Untersuchungen an unterschiedlichen Aufstallungsformen für Rinder, an Siloversuchsbauten und zu stallklimatischen Problemen. Aus den Untersuchungen an Kurzständen für Milchvieh und Jungrindern entstand eine verhaltensbezogene Systematik der Kurzstandarten, wobei als wichtigstes Unterscheidungsmerkmal die jeweils funktionell zulässige Toleranz für Einstreuverwendung herangezogen wurde. Das Verhalten von Jungrindern im Boxenlaufstall wurde mit einer Lichtschrankenanlage, Zählwerken und einer automatischen Kamera beobachtet. Für Messungen des Seitendruckes in Flachsilos wurde eine Meßwand entwickelt, die mit Meßspangen ausgestattet ist. Um während der Befüllung dynamische Messungen und statische Langzeitmessungen durchführen zu können, sind die Meßspangen mit je 4 temperaturkompensierten Dehnungsmeßstreifen bestückt. Für den funktionsgerechten Entwurf von Lüftungsanlagen ist die Kenntnis der grundlegenden Zusammenhänge zwischen Stallverhältnissen, Lüftungssystem und Luftströmung im Stall Voraussetzung. Für den Betrieb von Schutzlüftungsanlagen wurden die lüftungstechnischen Voraussetzungen und stallklimatischen Forderungen untersucht. G.Müller/Bornim. 13020.

B. BAUTECHNISCHE GRUNDLAGEN

1-68/07-0407 M a e ß, Werner. Projektierungskatalog Landwirtschaftsbau. - Bauzeitung 22 (1968) Nr. 3. S. 143-145. - 4 Zeichn.
Aufgabe der Projektierung ist es, den Landwirtschaftsbetrieben auf der Grundlage von Varianten optimale Projektlösungen mit niedrigem Bauaufwand und geringsten Kosten anzubieten. Der Projektierungskatalog Landwirtschaftsbau liegt in seiner ersten Entwicklungsstufe vor. Er wird verwendet als umfassendes Arbeitsmittel für die Vorbereitung der Durchführung von Baumaßnahmen sowie als Arbeitsmittel, Lehrbuch und Sammlung projektreifer Konstruktionslösungen für den Projektanten. Das Gesamtkatalogwerk gliedert sich in den Angebotskatalog und den Projektierungskatalog. Das gesamte Katalogwerk besteht aus einer Loseblattsammlung in Schwarz-Weiß-Druck, Format A 4. Teil A enthält Projektierungsgrundlagen (Standards, Informationsgrundlagen, gesetzliche und verbindliche Anordnungen der Staatsorgane, Veröffentlichungen der DAL und des VEB Landbauprojekt, Projektierungsrichtlinien, Zulassungen des Bauwesens, Arbeitsschutz- und Brandschutzanordnungen und Rechenprogramme); Teil B die Funktionslösungen (Haltungsformen, arbeitswirtschaftlich begründete Kapazitäten, Produktionsverfahren und Technologien, erprobte Funktionslösungen sowie Bestlösungen aus der Praxis

als Entwurfsgrundlage für Anlagen, Gebäude und Bauwerke; dargestellt in Form von Beispiellageplänen, Teilgrundrissen und Gebäudequerschnitten); Teil C die Konstruktionslösungen (Details von tragenden und raumumschließenden Konstruktionen); Teil D den produktionstechnischen Ausbau (unterteilt nach Fütterung, Standausbildung, Entmistung und Ausläufen); Teil E die Bauelemente (mit Erläuterungen, Bauelementenübersicht, Konstruktionsmaßen und Materialkennwerten); Teil F Gebäudetechnik (Heizung, Lüftung, Sanitärtechnik, Elektrotechnik in Form von Tabellen, Leistungsdaten, Beschreibungen, Strang- und Verteilerschemata, Installationssystemen); Teil G Maschinen und technische Anlagen (die für die landwirtsch. Produktion benötigten mobilen Maschinen und Geräte sowie stationären Anlagen).

E.Mothes. 13110.

1-68/07-0408 A n o n y m. International buildings exhibition report. (Bericht von der internationalen Bauausstellung.) - Farm Mechanizat. & Buildings, London 20 (1968) Nr. 221. S. 17. - 6 Abb.

Anhand von Abb. werden unter Angabe der Lieferfirmen folgende für das Bauwesen neuartige Elemente vorgestellt: 1) "Vynex B", ein flexibles Plastikmaterial, das wie Dachpappe verwendet werden kann und hauptsächlich zur wetterfesten Abdichtung von Außenöffnungen auf dem Dach, beispielsweise von Lüftungsschächten, Verwendung findet. Das Material wird in Rollen von 20 m Länge und 1 m Breite geliefert. Die Verbindung erfolgt praktisch durch Verschweißen mit Hilfe eines Speziallösungsmittels. 2) Dachfenster, bzw. Oberlichter aus glasfaserverstärktem Plastikmaterial. In den Größenordnungen von 2 ft. (0,61 m) Länge und 4 ft. (1,22 m) Breite bis zu 4 x 12 ft. (1,22 x 3,66 m). Die in Form von rechteckigen Bauelementen gehaltenen Fenster haben eine Stärke von 2 oder 4 in. (5,1 oder 10,2 cm) und haben einen U-Wert von 0,45 bzw. 0,30. 3) Flexible Verbindungsstücke in Form von Muffen aus Polypropylen. Diese Muffen sind besonders für die Verbindung von Rohren aus Steingut geeignet, die einen Dmr. von 4 oder 6 in. (10,2 oder 15,2 cm) haben. 4) Rechteckige Plastikrohre aus PVC, die als Oberlicht oder Bedeckung des Gesamtdaches oder auch als Wandmaterial verwendet werden können. Sie können in Längen bis zu 40 ft. (12,19 m) geliefert werden. Sie werden mit rostfreien Stahlschrauben oder -bolzen befestigt und ergeben ein bläulich durchschimmerndes Licht. Ihr U-Wert beträgt 0,47. Von allen aufgeführten Bauelementen sind die Preise angegeben.

W.Bohrisch/Bornim. 13110b.

1-68/07-0409 O b e r, Josef. Das Baustoffangebot auf der "Bau 68" für das landwirtschaftliche Bauwesen. - Bauen auf d. Lande 19 (1968) Nr. 2. S. 30 bis 32.

Bericht über die Münchner Ausstellung 17. bis 25. Februar 1968. Gezeigt wurde eine Vielzahl von Dämmstoffen in Matten-, Platten- und Kombinationsform. Die mit der Masse steigende Wärmespeicherfähigkeit der Bauteile gleicht im Stallraum Temperaturschwankungen der Außenluft in einer Art Phasenverschiebung aus und schränkt die Temperaturamplituden ein. In Ställen mit Bauteilen aus Leichtbaustoffen verlaufen Innen- und Außentemperaturen annähernd parallel. Wärmeschutz und Wärmespeicher schließen einander nicht aus, sondern sollten sich sinnvoll in entsprechenden Baustoffkombinationen ergänzen. Zu sehen war auch ein großes Angebot von streich-, spritz- und spachtelbaren Dichtungsstoffen, von Dichtungsbahnen und Folien sowie von Wandschirmen aus klein- und großformatigen Platten. Der Sonderschau der "Arbeitsgemeinschaft Holz" war ein hervorragender Platz eingeräumt worden. Sonderschauen befaßten sich auch mit Altbausanierung und Haustechnik. Vielfältig waren die Angebote der Aluminium- und Metallbauindustrie. Interesse fand ein in mehreren Schichten aus dämmendem und verschleißfestem Zuschlagmaterial aufgebauter Stallfußboden mit guter Wärmedämmung vor allem für einstreulos zu bewirtschaftende Ställe. Chemikalienbeständige Anstriche mit entsprechender Dauerhaftigkeit an der Innenseite von Gärfutterbehältern kommen einem langgehegten Wunsch der Landwirtschaft nach. Schließlich waren auch bei den keramischen Baustoffen viele Neuentwicklungen zu sehen, die Vf. im einzelnen nennt. E.Mothes. 13110b.

1-68/07-0410 A n o n y m. Eternit auf der Bau 68. - Bauen auf d. Lande 19 (1968) Nr. 2. S. 51-52.
Mit der Entwicklung der Berliner Welle und der Dachplatte "Typ Europa" sind viele Möglichkeiten vorhanden, Dächer technisch einwandfrei und architektonisch wirkungsvoll einzudecken. Man kann Well-Eternit auch für flache Dächer ab 3° einsetzen. Hergestellt wird eine Vielzahl verschiedener Fassadenplatten in mehreren Farben, Formaten und Oberflächenstrukturen. Dafür wurden neue Befestigungssysteme entwickelt. Neu sind Eternit-Colobest-Fassadenplatten, die im Format 610/305 mm granuliert und einfarbig in mehreren Farben hergestellt werden. Eternittafeln lassen sich für einschalige, mehrschichtige Fertigteile verwenden. Das hat vor allem für den Landwirtschaftsbau große Bedeutung. Für den Tiefbau gibt es Eternit-Rohre mit einer Nennweite von 400 und von 1300 mm. E.Mothes. 13110b.

1-68/07-0411 A n o n y m. Dachbelag mit Wärmedämmschicht. - Bauzeitung 22 (1968) Nr. 4. S. 220.
Die Vedapor-Wärmedämmbahnen der Vedag AG., Vereinigte Bauchemische Werke, Frankfurt (Main), sind 5 m lange Bitumendachbahnen, die auf ihrer Unterseite mit einer Wärmedämmschicht aus Styropor versehen sind. Durch Einschnitte ist das Styropor in Lamellen aufgeteilt; so wird einerseits die Rollbarkeit der Bahn ermöglicht, andererseits erfolgt durch die Einschnitte im Styropor eine "Innere Dampfdruckentspannung". Vedapor besitzt auch eine "obere Dampfdruckausgleichmöglichkeit". Zwischen Dämmstoff und Dachbahn sind in bestimmten Abständen "Kanäle" angebracht, die in eine Längsnut einmünden. Durch dieses Dampfdruckausgleichs- und Entspannungssystem, also oberer Druckausgleich und innere Entspannung, kann die Feuchtigkeit nach außen entweichen, die evtl. bei der Verlegung in die Wärmedämmschicht gelangt ist. Die Dämmschicht braucht lediglich in der üblichen Weise über die Randbohlen nach außen entlüftet zu werden. 13110b.

1-68/07-0412 L o n g, David. Silica-asbestos building panels. (Bausteine aus Silikat-Asbest.) - Farm Mechanizat. & Buildings, London 20 (1968) Nr. 222. S. 32-33. - 4 Abb.
Für den Landwirtschaftsbau haben sich Hohlblockbausteine von unterschiedli-

cher Form und Größe sowie verschiedenem Aussehen besonders bewährt, die aus Kiesel-Asbest hergestellt werden. Die Hauptbestandteile derartiger Ziegel sind feingemahlener Asbest, Füllstoffe, synthetisches Kalzium und Aluminiumsilikat. Aus diesen Komponenten wird zuerst ein Brei hergestellt, dann werden die entsprechenden Ziegel daraus geformt, die schließlich unter Druck gebrannt werden. Unter der Hitzeeinwirkung verbindet das Aluminiumsilikat alle Komponenten zu einer homogenen festen Masse, die sich durch ihre Dichte und eine sehr feste Oberfläche auszeichnet. Mit Ausnahme von konzentrierten Säuren sind derartige Bausteine gegen Säuren resistent. Außerdem sind die Steine, die aus anorganischen Materialien hergestellt sind, gegen eine Schwammbildung sowie gegen Schädlings- und Ungezieferangriffe immun. Obwohl sie keinen Farbanstrich oder irgendwelche Wartung benötigen, können sie mit chlorhaltigen oder auch anderen Farben angestrichen werden. Gegen Temperatur- oder Feuchtigkeitsanstieg haben sie einen sehr kleinen Ausdehnungskoeffizienten. Für die Produktion von Fertigbauteilen lassen sie sich gut verwenden. Ihr Einsatz bei verschiedenen Decken- und Wandkonstruktionen bzw. -verkleidungen wird besonders hervorgehoben. Anhand von Abb. wird ihre Verwendung in der Praxis verdeutlicht.

W.Bohrisch/Bornim. 13110b.

1-68/07-0413 A n o n y m. Flugasche für Porenbeton. - Bauzeitung 22 (1968) Nr. 4. S. 220.

Ingenieure des Kraftwerkes Ost-Hannover kamen auf die Idee, leichte Steinkohlenflugasche statt schweren Sandes für bes. leichten Schaumbeton zu verwenden. Das Rezept hat sich bewährt. Die hamburgischen Elektrizitätswerke (HEW) schlossen zunächst in Alt-Garge bei Ost-Hannover und kürzlich auch im holsteinischen Wedel ihren Großkraftwerken Porenbetonfabriken an. In Wedel, wo tägl. rd. 140 t Flugasche aus dem Kraftwerk anfallen, werden jetzt tägl. 200 m^3 Porenbeton hergestellt, der so leicht ist wie Bauholz, aber trotzdem wegen seiner hohen Druckfestigkeit für tragende Bauteile verwendet werden kann. Im Werk Alt-Garge wird sogar ein Porenbeton hergestellt, der nicht einmal halb so schwer ist wie Wasser. Als Treibmittel verwendet die von den HEW gegründete Porenbeton-Gesellschaft Aluminiumpulver. Zusätzlich stabil umwandete Hohlräume schafft die Flugasche. Chemische und mikroskopische Untersuchungen haben gezeigt, daß die Asche überwiegend aus kleinen Quarz- oder Tonerdehohlkugeln besteht. Wie die Kugelformen zustande kommen, ist noch nicht ganz geklärt. Wahrscheinlich blähen in flüssige oder teigige Ascheteilchen eingebettete brennbare Partikel das Ascheteilchen auf, bis das Verbrennungsgas an der dünnsten Wandstelle entweicht.

13110b.

1-68/07-0414 B a l a d ž i j a n, Ch. Novyj stroitel'nyj material. (Arbolit, ein Leichtbeton mit Holzabfällen.) - Sel'skoe chozjajstvo Rossii, Moskva 1968 Nr. 3. S. 25-26.

Für die Herstellung eines Kubikmeters Arbolit werden 380 kg Zement, 8 kg Kalziumchlorid, 2 m^3 zerkleinerte Holzabfälle und 380 l Wasser benötigt. Aus dieser Mischung werden zwei Wandplatten von je 3,6 m^2 Fläche hergestellt. Die Technologie der Herstellung ist einfach. Nach dem Vermischen der Komponenten in einem beliebigen Betonmischer wird die Masse in Metallschalungen eingebracht, mit Rüttelwalzen verdichtet und für 20 Std. zum Erstarren in der Form belassen, nach dem Erhärten mit Hilfe eines Kranes aus der Schalung gehoben und in Stapel gelagert. Das Material ist feuerwiderstandsfähig und fäulnisbeständig, hat eine Dichte von 720...750 kg/m^3 und eine Druckfestigkeit von 42...45 kg/cm^2, läßt sich mit Schneidwerkzeugen bearbeiten und sägen. Als Wand- und Dachmaterial für Wohn- und Wirtschaftsbauten werden die Platten mit Stahlbetonkernen und Schall- und Wärmedämmung hergestellt. P.Wudel. 13110b.

1-68/07-0415 P a v l i s, G. und P ' j a t e č k i j, I. Ustanovki dlja prigotuvannja cholodnoї bitumnoї mastiki. (Anlagen für die Herstellung von Kaltbitumenmastix.) - Sil'ś ke budivnyctvo, Kyïv 1968 Nr. 2. S. 17. - 1 Zeichn.

Die Anlage besteht aus einem Schmelzkessel von 1,3 m^3 Rauminhalt, einem Mischer vom Typ "S-322", einem Dosator für das Verdünnungsmittel, einer Handpumpe, einem Behälter für Dieselkraftstoff, einer Düse und einem Kompressor vom Typ "O-38A" für die Zufuhr verdichteter Luft. Sie ist als wiederverwendbare Konstruktion ausgebildet und arbeitet mit einer Kapazität von 1,5 t pro Schicht. Die Technologie der Herstellung ist folgende: das vorgebrochene Erdölbitumen der Marke "BN-IV" wird dosiert und auf 180...200 °C vorgewärmt in den Mischer eingebracht, durch den Mischprozeß wieder auf 80...90 °C abgekühlt, der Verdünner zugegeben und weiter gemischt bis die Mischung eine homogene Form erlangt hat, worauf der Zuschlagstoff (Zement niedriger Güteklassen oder Asche) eingebracht und das Mischen weitere 20 Min. fortgesetzt wird. Der fertige Mastix wird in hermetisch abgeschlossenen Behältern auf die Baustellen geliefert. Jede aus demselben Material und nach derselben Rezeptur hergestellte Partie erhält ein Werkszeugnis.

P.Wudel. 13110b.

1-68/07-0416 O d i n c o v, O. Kukersol'no-bitumna mastika. (Kukkersitbitumenmastix.) - Sil'ś ke budivnyctvo, Kyïv 1968 Nr. 2. S. 18. - 1 Zeichn.

Im System der genossenschaftlichen Bauorganisationen der Ukrain. SSR wird für die Eindeckung von Pappdächern anstelle von reinem Bitumen Kukkersitbitumenmastix verwendet. Auch in anderen führenden Bauorganisationen Moskaus, Leningrads, Rigas, Donetzks u.a. wird reines Bitumen mit Erfolg durch Kukkersitkaltbitumenmastix ersetzt. Allein im "Donecksil'bud" sind mit diesem Mastix 10000 m^2 Dachfläche eingedeckt und dabei Einsparungen in Höhe von 10000 Karb. erzielt worden. Der Aufwand an Kukkersitbitumenmastix für 1 m^2 dreilagiger Dacheindeckung beträgt 2,5 kg, d.h. 0,9 kg reinen Bitumens anstelle von 9...11 kg, die bei gleicher Dacheindeckung mit Heißbitumen aufgewendet werden müssen. Die Einsparungen betragen 1,12 Karb./m^2, die Arbeitsproduktivität steigt um das Dreifache. Die Herstellung dieser Mastixart ist einfach und kann mit Kräften der Baubetriebe durchführt werden. Die Anlagen werden von einem Spezialbetrieb (die Anschrift ist vom Vf. angegeben) geliefert. Die Zusammensetzung des Materials ist in einer Aufstellung unter Berücksichtigung der Temperaturverhältnisse angeführt. In Abb. 1 ist das technologische Schema der Anlage skizziert.

P.Wudel. 13110b.

1-68/07-0417 K r a v e ć, V. und K r u g l j a k, B. Paneli z vidchodiv derevini. (Platten aus Holzabfällen.) - Sil'ske budivnyctvo, Kyiv 1968 Nr. 2. S. 18-19. - 1 Abb., 1 Tab., 2 Zeichn.

Aus Sägeholzabfällen mit geringem Anteil synthetischer Bindemittel (Phenolformaldehyd- und Karbamidharze) werden unter Verwendung bestimmter Zusätze zur Erhöhung der Wasser- und Fäulnisfestigkeit Dachplatten bzw. Außenwandplatten in den Abmessungen von 1,5 x 3 m und 3 x 6 bzw. 3 x 12 m hergestellt. Nach dem Pressen werden sie zur Erhöhung ihrer Feuerfestigkeit und Wetterbeständigkeit mit Perchlorvinyl-Emailfarben gestrichen. Das Material hat eine Dichte von 500 kg/m^3 und eine Wärmeleitzahl von 0,07...0,08 kcal je h m grd. Die Abmessungen 3 x 6 m und 3 x 12 m können mit leichten Bewehrungskörben und Montageösen ausgestattet werden. Die Platten stellen nach Ansicht der Vff. wegen des billigen Materials und der einfachen Herstellungstechnologie ein vorteilhaftes Bauelement für das ländliche Bauwesen dar. In einer Tab. werden Vergleichskennziffern für diese Holzplatten und Stahlbetonplatten derselben Konstruktion angeführt. P.Wudel. 13110b.

1-68/07-0418 R o h k s t, Paul. Ländliches Bauen mit Holz. - Bauen auf d. Lande 19 (1968) Nr. 2. S. 33-36. - 6 Abb.

Dem Mastenbau kommen die jüngsten Untersuchungsergebnisse über eine Art einfachster Kernimprägnierung zugute. Ähnlich wie etwa bei einem Füllhalter lassen sich eingegrabene Holzmasten mit diesem Verfahren auch nachträglich von Zeit zu Zeit mit geeigneten chemischen Holzschutzmitteln gerade dort füllen, wo sie der stärksten Beanspruchung und den stärksten Angriffen ausgesetzt sind, nämlich in dem Bereich der Oberkante des Erdreiches. Im Interesse des Holzschutzes sind bei der Holzkonstruktion mindestens 2 von den 3 Bedingungen zu erfüllen: kühl, luftig, trocken. Für Buchtentrennwände nimmt man am besten Fichte oder Kiefer, für die Pfosten und Bohlentrennwände sowie Buchtentüren Eiche und für Spaltenböden Bongossi. Nach Untersuchungen der landwirtsch. Universität Hohenheim ziehen Ferkel bei freier Wahl Holz als Fußboden allen anderen Baustoffen vor. Tanne hat sich dabei am besten bewährt. Für die Abluftführung stehen vorgefertigte Sperrholzrohre zur Verfügung. Holz wird auch für Koppeln, Zäune, Tore, Fahrsilos, Wohnhäuser, Weideschutzhütten, Feldscheunen, ländliche Kühl- und Lagerhäuser, Speichergebäude, Werkstätten sowie für Wochenend- und Ferienhäuser verwendet. E.Mothes. 13110d.

1-68/07-0419 M ö n c k, Werner. Internationaler Stand und Entwicklungstendenzen im konstruktiven Holzbau. - Bauzeitung 22 (1968) Nr. 3. S. 146-150. - 9 Abb.

Holz ist dort einzusetzen, wo ein anderer Baustoff unwirtschaftlich ist, kurze Bauzeiten einzuhalten sind, das Bauwerk nur eine begrenzte Zeit stehen wird, geringe Lasten aufzunehmen sind und besondere architektonische Forderungen erfüllt werden müssen. Neuartige Nägel mit gehärtetem, schraubenförmig gerilltem oder gewindeartig gedrehtem Schaft haben eine größere Tragkraft, so daß man weniger Nägel braucht. Nagelmaschinen, welche die benötigte Länge aus einer Drahtrolle abschneiden, die Nägel eintreiben, versenken und die zu verbindenden Teile zusammenpressen, erhöhen die Arbeitsproduktivität bedeutend. Die Holz-Klebetechnik gewinnt zunehmend an Bedeutung.

auch im Landwirtschaftsbau. Am meisten wird der Hetzerträger angewendet. Neben den standardisierten Dachbindern haben vor allem die hyperbolischen parabolischen Holzschalen große Bedeutung, die als Flächentragwerk raumabschließendes und tragendes Element zugleich sind. Die Tendenz geht dahin, die Schalen vorzufertigen und auf der Baustelle zu montieren. Faltwerke wurden in England und in der DBR ausgeführt. Tragende Holzwerke aus Vollhölzern mit genagelten und geklebten Knotenplatten aus Furnierholz bieten erhebliche, im einzelnen genannte Vorteile. Abschließend geht Vf. auf die geklebten Holzfachwerkkonstruktionen, die Verbundbauweisen und die T-Träger ein. E.Mothes. 13110d.

1-68/07-0420 L o n g, David. The Stockbuildings system of timber prefabrication. (Das System der Firma "Stockbuildings" hinsichtlich der Vorfertigung von Holzbauelementen.) - Farm Mechanizat. & Buildings, London 20 (1968) Nr. 223. S. 37-40. 42. - 12 Abb., 7 Zeichn.

Vf. gibt einen Überblick über die verschiedenen Arten von Ställen aus vorgefertigten Bauelementen, die von der Firma "Stockbuildings" angeboten werden. Die Entwicklung begann mit dem Bau von Geflügelhäusern und umfaßt z.Z. ebenfalls Ställe zum Abferkeln, zur Aufzucht sowie zur Mast von Schweinen und Rindern. Die einzelnen vorgefertigten Bauelemente sind weitgehend standardisiert, so daß ein Austausch untereinander möglich ist, wobei eine Berücksichtigung der lokalen Gegebenheiten oder der individuellen Wünsche erfolgen kann. Neben den vorgefertigten Bauelementen sind auch die Fenster, Türen, Be- und Entlüftungsanlagen, Roste, Dungkanäle u.a.m. vorgefertigt und standardisiert, so daß auch diese Bauteile je nach dem Zweck des Gebäudes installiert werden können. Wände und Decken sind doppelwandig und enthalten eine 1...2 in. (25,4...50,8 mm) starke Dämmschicht aus Glaswolle. Bemerkenswert bei allen Gebäuden ist die kurvenförmige Ausbildung des Daches. Der Radius der Krümmung beträgt etwa 40 ft. (12,19 m). Das außen mit Wellblech bedeckte Dach weist Öffnungen zum Einbau der Lüftungsanlage auf. Zum Schutz gegen die Feuchtigkeitseinflüsse sind die Innenflächen des Daches und der Wände mit einer Kunststoff-Folienschicht überzogen. Je nach dem Verwendungszweck des Gebäudes ruhen die Wände auf einer 18 in. (45,7 cm) bis 3 ft. (91,4 cm) hohen Betonwandung, die als Gründung dient. Im Inneren tragen 2 Stützenreihen das Dach des in Weitspannbauweise errichteten Gebäudes. Detaillierte Angaben über die geometrischen Abmessungen der einzelnen Bauelemente, der Stallbreiten sowie den Stützen- und Pfostenabstand vervollkommnen die Übersicht. W.Bohrisch/Bornim. 13110d.

1-68/07-0421 F r i d m a n, V. und S o l o d u c h a, N. Pal'ovim fundamentam - široku dorogu! (Pfahlgründungen.) - Sil's'ke budivnyctvo, Kyïv 1968 Nr. 2. S. 11-12. - 4 Zeichn.

Vff. bringen Vergleiche zwischen Fundamenten auf Pfählen und den für die Bettenhäuser eines Pionierlagers in Chaščevo im Dnepropetrovsker Gebiet projektierten Streifenfundamenten aus Bruchsteinbeton. Bei den Pfahlgründungen handelt es sich um mit Pfahlrüttlern eingetriebene Bruchsteinbetonpfähle, die mit vorgefertigter Stahlbetonplatte zu einem Pfahlrost ausgebildet sind. Die Pfähle werden mit einem Dmr. von 500 mm aus Bruchsteinbeton der Güteklasse 150 als Ortpfähle auf der Baustelle hergestellt. Während die projektierten Streifenfundamente mit 20 % des Kostenplanes eingeplant waren, betragen die Herstellungskosten der Pfahlgründung lediglich 14 % des Kostenplanes, was einem Nutzeffekt von 3900.- Karb. entspricht. Vff. erläutern die Technologie der Herstellung und bringen Berechnungsformeln für die Durchführung von Vergleichsanalysen auf der Grundlage der Kostenplanung, des Arbeitsaufwandes für die Erdarbeiten, der Arbeitslöhne usw.

P.Wudel. 13110d.

1-68/07-0422 G j e r d e, Ivar. Byggekostnadsinkeks for driftsbygninger i jordbruket. (Baukostenindex für Wirtschaftsbauten in der Landwirtschaft.) - Meld. Norges Landbrukshøgskole 46 (1967) Nr. 14. S. 1-122. - 12 Abb., 71 Tab., 21 Lit.

Technisch-ökonomische Übersicht der Norwegischen Landwirtschaftshochschule (Berechnungsgrundlage 1963): Zweck und Aufbau des Index (Bereiche, Zielsetzung und Untersuchungen; Indexperiode und Preise, Definitionen); Untersuchungen und Voraussetzungen für die Berechnungsgrundlage; Betriebs- und Gebäudegrößen, Viehbesatz und Gebäudetypen; Flach- und Geschoßbauten; Innenausstattung; Konstruktion und Materialwahl; Arbeitsaufwand, Materialpreise und Transportkosten; Arbeits- und Maschinenkosten, indirekte Kosten; Indexbauten, Kosten und Indexzahl; Beschreibung der Indexbauten, Massewerte für Konstruktionen und Materialien; Baukosten, Indexberechnungen und Preisentwicklung.

E.Kahn. 13110e.

1-68/07-0423 W a h l s, Robert. Holzschutz im landwirtschaftlichen Bauen. - Bauen auf d. Lande 19 (1968) Nr. 2. S. 37-39. 42-43. - 10 Abb., 14 Lit.

In der DBR gilt DIN 68800 (Holzschutz im Hochbau). Als fäulnisverursachender Pilz wird der Echte Hausschwamm (Merulius lacrimans), als tierische Holzschädlinge werden der Hausbock (Hylotrupes bajulus) und der Gewöhnliche Nagekäfer (Anobium punctatum) näher geschildert. Für die Schutzbehandlung neuer Dachstühle und aufgehender Holzkonstruktionen in Scheunen kommen ölige, geruchsschwache Mittel dann in Frage, wenn eine genügend lange (2...3 Wochen) Auslüftungszeit zur Verfügung steht. Die einfachen Randschutzverfahren (Sprühen, Kurztauchen, Streichen) gewährleisten die Einbringung der vorgeschriebenen Menge. Sollen jedoch unmittelbar nach der vorbeugenden Behandlung des Holzes ungesacktes Getreide oder Futtermittel gelagert werden, dann sind Salze auf Borbasis zu verwenden. Bei der Imprägnierung von Holz in Groß- und Kleinviehställen haben sich Holzschutzöle hervorragend bewährt. Die entsprechenden Einbringungsmengen betragen 200...300 g/m^2 saugfähige Holzfläche. Die Außenbehandlung von Gärfuttersilos aus Holz erfolgt zweckmäßig mit geruchsschwachen Holzschutzölen, während eine Innenbehandlung entfällt. Bei der Außenbehandlung von Getreidesilos hat sich die Imprägnierung mit holzschützenden Farblasuren und der vorbeugende Schutz der Innenhölzer mit geruchlosen Borsalzen besonders bewährt. In den letzten Jahren setzte sich die Verwendung von farbigen Holzschutzmitteln an bewetterten Hölzern durch. Wegen der in den Holzschutzmitteln enthaltenen Insektizide entfällt eine Behandlung von Bienenhäusern, Bienenkästen, Pikier- und Mistbeetkästen sowie von Holz, das in Gewächshäusern zum Einsatz kommen soll. Dafür sind nur Spezialgartenbausalze geeignet, die phytophyl sind und keine Gasphase entwickeln.

E.Mothes. 13115f.

1-68/07-0424 P o h l, E. und K ü s t n e r, H. Bauphysikalische Schutzmaßnahmen - Schallschutz (TGL 10687) (Teil 2). - Bauzeitung 22 (1968) Nr. 3. S. 132-135. - 2 Diagr., 4 Tab.

Der Schallpegelmesser mißt den Effektivwert des Wechseldruckes eines Schalles - also eine rein physikalische Größe - und zeigt ihn als Schallpegel in Dezibel an. Die dem physiologischen Empfinden des menschlichen Ohres entsprechende Größe, die von der Frequenz abhängige Lautstärke, wird von dem Gerät nicht wiedergegeben. Um die Frequenzabhängigkeit des Gehöres annähernd nachzubilden, eicht man den Schallpegelmesser unter Berücksichtigung der Kurven gleicher Lautstärke nach verschiedenen Bewertungskurven, auf die im einzelnen eingegangen wird. Die Dynamik des menschlichen Ohres wird dadurch nachgebildet, daß der Schallpegelmesser verschiedene Bewertungsfunktionen auszuwählen gestattet. Diese passen den Schallpegel dem menschlichen Schallempfinden hinsichtlich des zeitlichen Verlaufs der Schalleinwirkung an. Die Verteilung der Schallstärke in der Umgebung einer Schallquelle hängt von der Wellenlänge und von der Form und Ausdehnung des Schallgebers ab. Die von Flächenstrahlern ausgehenden Schallwellen überlagern sich. Es kommt zu einer Interferenz (Fresnel-Huygensches Prinzip). Die Fähigkeit, Schallenergie abzustrahlen, hängt von der Größe und Form der Schallquelle ab. Eine Dämpfung der Schallenergie erfolgt bereits durch innere Reibung der Luft bei der Ausbildung der Luftverdichtungen und -verdünnungen. Man schreibt der Luft einen Dämpfungsfaktor zu. Dieser nimmt mit der Frequenz des Schalles sowie mit der Lufttemperatur zu, dagegen mit der Luftfeuchtigkeit ab. Poröse Stoffe sind gute Schallabsorber, weil die in den Poren eingeschlossene Luft von der Schallwelle zu Resonanzschwingungen angeregt und die Energie der schwingenden Luftteilchen durch Reibung in Wärme umgesetzt wird. Abschließend gehen Vff. auf Nachhall und Nachhallzeit ein.

E.Mothes. 13120.

1-68/07-0425 K o l l m a r, A. Die wärmephysiologische Bewertung der zulässigen Kühlstärke der Luft (Katawert) 1. Teil. - Gesundheits-Ing. 89 (1968) Nr. 1. S. 1-4. - 2 Diagr.

Es besteht ein Unterschied zwischen der Raumkühlung mit örtlichen, statischen Kühlflächen und der Raumkühlung mit mechanisch bewegter Luft, die in- oder außerhalb des Raumes an einer konventionellen Kühlfläche abgekühlt wird. In Räumen ist eine erhöhte Wärmeabgabe des Menschen (oder der Tiere) durch Konvektion zum Ausgleich der verminderten Wärmeabgabe durch Strahlung zulässig. Bei der Behaglichkeitstemperatur t_B = 20 °C kann die Lufttemperatur t_L niedriger sein als die Wandtemperatur t_W, denn es gilt $t_B = (t_L + t_W) / 2 = 20$ °C. Die Wärmeübergangszahl α hängt von der Luftgeschwindigkeit ab, was in 2 Diagr. ($<$ 1 m/s und $>$ 1 m/s) dargestellt ist. Bei Luftgeschwindigkeiten $<$ 1 m/s liegen sie im Bereich 1...21, bei $>$ 1 m/s im Bereich 14 bis 40 kcal/m^{2}h grd. Ein Kopf mit 0,052 m^2 gibt bei t_L = 26 °C, w = 2 m/s und α = 28 kcal/m^{2}h grd 8 kcal/h ab.

E.Mothes. 13120b.

1-68/07-0426 A n o n y m. Stallfenster aus Polyester. - Bauen auf d. Lande 19 (1968) Nr. 2. S. 50.

Die Stallfenster aus glasfaserverstärktem Polyester werden von dem Hersteller M. Meisinger KG, Aichach, neben der schon jahrelang bekannten einfachverglasten Ausführung jetzt in neuer Konstruktion doppeltverglast angeboten: mit Kippflügel - ganze Fensterfläche zum Öffnen (für starre Verglasung nicht zum Öffnen). Doppeltverglaste Stallfenster werden immer häufiger verwendet, z.B. für Zuchtställe oder für sonstige Ställe mit ungünstigem Wärmehaushalt. Sie finden auch Verwendung für gewerbliche Räume, Garagen und Kellerräume. Die Ausführung mit Kippflügel wird in Ställen mit der herkömmlichen Be- und Entlüftung eingebaut, dort, wo vor allem das Fenster diese Funktion zu erfüllen hat. Fenster mit starrer Verglasung sind für Ställe mit Zwangsbe- und -entlüftung gedacht. Ebenso ist die starre Verglasung - schon des günstigeren Preises wegen - auch in solchen Stallungen verwendbar, die nur von einer Seite belüftet werden, um Zugluft zu vermeiden. Als besonderer Vorteil der doppeltverglasten Fenster ist hervorzuheben, daß hierzu ein Normalfensterglas, 2,8 mm stark, verwendet werden kann. Schon bei der Erstanschaffung des Glases und bei evtl. späterem Glasbruch sind die Kosten weit geringer als bei Isolierglas. Laut Berechnung ist der Wärmeverlust bei Doppelverglasung ca. 53 % geringer. Durch die Verbesserung des Stall-Wärmehaushaltes amortisieren sich doppeltverglaste Kunststoff-Fenster in kurzer Zeit. 13120c.

1-68/07-0427 A n o n y m. Peripheral circulation... New home-heating concept. (Umluftheizung für Wohnungen.) - Agric. Res. 16 (1968) Nr. 7. S. 4. - 2 Zeichn.

Für eingeschossige Wohnhäuser hat der Ingenieur für Landtechnik Newmann ein neues Heizungssystem entwickelt, das die Nachteile der bisher üblichen Heizungssysteme, die schlechte Wärmeverteilung, vermeidet und Zugfreiheit ermöglicht. Das neue System ist für alle Brennstoffarten geeignet. Mittels Ventilatoren wird warme und kalte Luft von allen Teilen des Hauses in einen zentralen Schacht geblasen. Die somit gleichmäßig angewärmte Mischluft gelangt in einen Fußbodenkanal und von dort nahe der Außenwand in die zu temperierenden Räume. Diese Umwälzung besorgen ebenfalls wieder Elektroventilatoren. Erste Untersuchungen bewiesen die Vorzüge dieses Systems, das auch in mehrgeschossigen Bauten und in unterkellerten Häusern erprobt werden soll. E.Mothes. 13120f.

1-68/07-0428 D o s u ž i j, V. und S k l j a r e v i č, L. Bezkanal'ni prokladki teplotras. (Kanallose Verlegung von Fernheizungsleitungen.) - Sil'ske budivnyctvo, Kyïv 1968 Nr. 2. S. 12-13. - 3 Abb., 1 Tab.

Vff. vertreten die Ansicht, daß das ländliche Bauwesen die besten Voraussetzungen für eine Abkehr von den traditionellen Methoden beim Verlegen von Fernheizungsleitungen bietet und empfehlen das vom Kiever Forschungsinstitut für Baustoffe ausgearbeitete Verfahren der Sperrung mit Bitumenperlit. Das Verfahren beruht im wesentlichen darauf, daß die Rohre in stationären Produktionsbedingungen mit einer monolithischen Wärmedämmschicht aus Bitumenperlit und zwei Wassersperrschichten versehen werden, mit dieser Sperrung in die ausgehobenen Gräben verlegt, und nach Verschweißung der Stoßverbindungen und Durchführung der Druckprobe zugeschüttet werden. Der Bau von kostenaufwendigen Kanälen für die Rohranlagen und die meist manuell durchgeführten Korrosionsschutzmaßnahmen, Wärmedämmung usw. fallen weg.

Es werden detaillierte Angaben über die Technologie der Herstellung des Bitumenperlits und der Auftragung der Sperrschichten gemacht sowie in einer Tab. Vergleichskennziffern der beiden Verfahren angeführt.

P.Wudel. 13120f.

C. DORF- UND GRÜNPLANUNG

1-68/07-0429 A n d r e j e v, L.V. Zur Projektierung von Siedlungen landwirtschaftlicher Großbetriebe in der UdSSR. - Wiss. Z. Hochschule Architektur Bauwes. Weimar 14 (1967) Nr. 6. S. 599-602. - 3 Tab., 6 Lit.

Im laufenden Fünfjahrplan sind für die Entwicklung der Landwirtschaft 71 Mrd. Rubel, davon 21 Mrd. für Bauarbeiten vorgesehen. Als optimale Größen der Siedlungen werden Einheiten für 800...1200 Einwohner betrachtet. 4...5geschossige Wohnhäuser wurden bisher vor allem in stadtnahen Sowchosen gebaut. Sonst sind für Sowchosen zweigeschossige Wohnblöcke, für Kolchosen Ein- und Zweifamilienhäuser für den Eigenbau und zweigeschossige Wohnblöcke für den Bau aus Kolchosmitteln üblich. Große Bedeutung für die Verbesserung der Planung und des Bauens von Wirtschaftsanlagen hat die neue Baunorm SNIP II-N 1-62 "Lagepläne für landwirtschaftliche Wirtschaftsanlagen". Die größte Zahl der Dörfer ist an das Elektroenergieverbundnetz angeschlossen. Die Zahl der Dörfer mit Wasserleitung vergrößert sich ständig. Kanalisation ist bis jetzt in den Dörfern nur selten anzutreffen. E.Mothes. 13210.

1-68/07-0430 P ü s c h e l, Konrad und W e n z e l, Hartmut. Der ländliche Siedlungsschwerpunkt Berlstedt. - Wiss. Z. Hochschule Architektur Bauwes. Weimar 14 (1967) Nr. 5. S. 473-478. - 1 Abb., 6 Zeichn.

Berlstedt ist ein Haufendorf, dessen baulicher Charakter und dessen Mischung von ehemaligen Mittel- und Kleinbauerngehöften dem Typ des Bauerndorfes am Rande des Thüringer Beckens entspricht. Die steigende Bedeutung Berlstedts als einer der ländlichen Siedlungsschwerpunkte im Norden des Kreises Weimar läßt ein stetiges Anwachsen der Bevölkerung von gegenwärtig 800 auf über 1000 Einwohner im Jahre 1980 erwarten. Die planmäßige Konzentration der landwirtsch. Produktion und ihre Einordnung in das gesamte Kooperationssystem enthebt zahlreiche bäuerliche Ställe und Scheunen ihrer bisherigen Nutzung. Somit entsteht ein Überfluß an Produktions- und ein Mangel an Wohnbauten. 87 % der Wohnbauten sind sehr gut erhalten, 58 % der Wirtschaftsgebäude zeigen starke Verfallserscheinungen. Die Ordnung der Ortslage geht von einer konsequenten Entflechtung der Wohnfunktionen von den noch im Ort vorhandenen landwirtsch. Wirtschaftsfunktionen aus. Es wird Wert darauf gelegt, alle Bauanforderungen auf die bebaute Ortslage zu beschränken, keine Neuerschließung zu gestatten und alle durch notwendige Abbrüche gewonnenen Baulücken innerhalb des Dorfes für die Neubebauung anzubieten. Im Bebauungsplan sind auch mehrgeschossiger Wohnungsbau und ein Kulturzentrum vorgesehen.

E.Mothes. 13210.

1-68/07-0431 Č i b o v, O. Vodozabori z miscevich vidkritich vododěrel. - (Wasserfassungen aus örtlichen offenen Quellen.) - Sil'ške budivnyctvo, Kyiv 1968 Nr. 2. S. 14-15. - 1 Tab., 6 Zeichn.

Es werden Hinweise und Ratschläge für Anlagen zur Wassergewinnung für Trink- und Brauchwasserzwecke aus örtlichen offenen Quellen (kleinere Flüsse, Kanäle, Seen) für landwirtschaftliche Bedürfnisse gegeben. In Abb. 1 wird die Anlage eines Einlaufs mit Rechen erläutert. Das Kopfstück empfiehlt Vf. aus Stahlrohren und Stahlblech vorzufertigen. Der Rechen wird aus Stahlstäben von 6...10 mm Dicke mit Maschenweiten von 20...40 mm hergestellt. Für Wasserfassungen aus Flüssen mit verschlammter Sohle wird der in Abb. 2 beschriebene Einlauf auf Pfählen mit Eisabweiser empfohlen. Wo das Wasser flachen Flußläufen entnommen wird, empfiehlt Vf. den in Abb. 3 gezeigten Einlauf einer Wasserfassung anzuwenden, die als Ufereinbuchtung unter dem Niveau der Flußsohle angeordnet ist. In Abb. 4 wird eine auf der Infiltration des Grundwassers aufgebaute Wasserfassung erläutert. Abb. 5 zeigt die Anordnung der Sammelstollen und Abb. 6 das System der Wasserverteilung der aus dem Sari-Kul-See in der Kasachischen SSR entnommenen Wassermengen.

P.Wudel. 13220b.

1-68/07-0432 C y f r a c k i, L. Prefabrykacja w budowie urzadzeń zaopatrzenia rolnictwa i wsi w wode (możliwości, stan obecny, zamierzenia). (Wasserversorgungsstationen für die polnische Landwirtschaft.) - Biul. Branżowy Zaopatrzenia Rolnictwa w Wodę, Warszawa 1967 Nr. 5/6. S. 36-42.
Als Ergebnis von Untersuchungen hat das Studien- und Projektierungsbüro für Musterprojekte zur Wasserversorgung der Landwirtschaft "Wodrol-Projekt", Musterprojekte für Wasserversorgungsstationen ausgearbeitet. Die Projekte wurden als elastisches, variantenreiches System (2 Technologien, 3 Größen, 2 Spülsysteme) in Verbindung mit den Rastermaßen der Stationsgebäude der Typen "Warszawa", "Gdansk" und "Zielona Gora" ausgearbeitet. Die technische Lösung und die 3 oben erwähnten Gebäudetypen sind beschrieben und charakterisiert. Die oben erwähnten Arbeiten werden in den Jahren 1968 und 1969 fortgesetzt (Ausarbeitung von Typenprojekten für die Wasserversorgungsstationen). Weiterhin wird das Programm und der Arbeitsumfang sowie die endgültigen Bedingungen für den Einsatz von vorgefertigten Elementen als Ausdruck des technischen Fortschritts auf dem Gebiet der Technologie dargelegt, die durch "Wodról" realisiert werden muß.

PRL/CBR. 13220b.

D. WOHN-, KULTUR-, GEMEINSCHAFTS- UND VERWALTUNGSBAUTEN

1-68/07-0433 G ü n z e l, Walter. Bautechnische Untersuchungen zur Projektierung von Tierkörperbeseitigungsanstalten in der DDR. Teil 1. - Wiss. Z. Hochschule Architektur Bauwes. Weimar 14 (1967) Nr. 6. S. 585-598. - 1 Abb., 2 Diagr., 9 Tab., 6 Zeichn., 46 Lit.
Die Durchschnittsgröße des Einzugsbereiches einer Tierkörperbeseitigungsanstalt (TKBA) mit Direktabholung beträgt bis zu 3500 km^2, die meisten TKBA sind für ein Gebiet von 1000...2000 km^2 zuständig. Die in der DDR vorhandenen TKBA entstanden in 4 Bauetappen (1890...1939; 1939...1945; 1945...1960; nach 1960). Dafür werden einzelne Beispiele aufgeführt und eingehend erläutert. Der Tierkörperanfall lag im Mittel bei 10,25 kg/GV bzw. bei 2,18 % der Gesamtschlachtungen. Während der Konfiskatanfall 1906 noch bei 35...40 kg je 100 Einwohner und Jahr lag, wurden 1962/3 schon 211 kg/100 Einwohner festgestellt. Erläutert werden technologische Raumfolge und Produktionsablauf in den untersuchten TKBA. Es werden Schlußfolgerungen für die zweckmäßig-

ste Größe des Apparateraumes, des Entlade- und Schlachtraumes, der Lagerräume für Tierkörpermehl, Häute, Felle und Salz, der Sektions-, Labor- und Tierarzträume sowie der Verwaltungs- und Sozialräume gezogen.

E.Mothes. 13330.

G. BAUTEN FÜR DIE TIERHALTUNG

1-68/07-0434 H a r d t m u t h, R. Stalltür-Konstruktion. - Bauen auf d. Lande 19 (1968) Nr.2. Beil. Arb.-Bl. landwirtsch. Bauwes. 4 S. - 13 Zeichn.
Stalltüren werden als bewegliche Bauteile, die der Sicherheit und dem Wetterschutz dienen, im praktischen Betrieb stark beansprucht. Zu den mechanischen Beanspruchungen kommt der Einfluß der Feuchtigkeit auf die Baustoffe. Weil Stalltüren in der Regel aus Holz hergestellt werden, müssen Konstruktion und Schutzmaßnahmen diesen Beanspruchungen entgegenwirken oder ihnen vorbeugen. Die Maßänderungen der Holzteile erfordern genügend "Luft" in den Fugen mit ausreichenden Falzüberdeckungen und Verkleidungen aus nicht zu breiten Stabbrettern, die durch Nut und Feder oder Falze an den Kanten das notwendige Quell- und Schwindmaß, ohne undicht zu werden, aufnehmen. Stalltüren sollen nicht zu schwer werden. Sie sollten außerdem einen Wärmeschutz aufweisen, der eine übermäßige Tauwasserbildung an der Stallseite verhindert. Zweckmäßiger als Vollholztüren sind Rahmentüren, deren Füllungen aus hochwertigen Dämmstoffplatten bestehen. Der Dämmstoff muß, um seinen Wärmeschutz voll zu erhalten, gegen das Einwandern von Feuchtigkeit von der Stallseite her mit einer Sperrschicht abgesichert sein. In den Abb. sind die konstruktiven Details näher erläutert worden. E.Mothes. 13605.

1-68/07-0435 M i t t a g, H. Bautechnische und stallklimatische Probleme der Milchviehhaltung in großflächigen und kompakten Produktionsanlagen. - Inform. Landwirtsch. u. Nahrungsgüterwirtsch. Bez. Schwerin 1967 Nr. 4. Sonderbeil. S. 33-36. - nach Zus.
Das landwirtschaftliche Bauwesen ist heute bereits in der Lage, Stallgebäude für die Milchviehanbindehaltung zu errichten, die eine Konzentration von mindestens 200 Tieren je Stalleinheit und 400 Tieren je Anlage erlauben. Größere Tierkonzentrationen lassen sich durch Weiterentwicklung der bisher eingesetzten Gebäudekonstruktionen zu großflächigeren und kompakten Stallgebäuden erreichen. Dabei werden technologische, bautechnische und ökonomische Probleme zu lösen sein, die eine qualitativ hochwertige Projektierungsarbeit von Landwirt, Landtechniker und Baufachmann erfordern. Neue Lösungen deuten sich beim Einsatz stationärer Mechanisierungseinrichtungen an. Die tierhygienischen und stallklimatischen Fragen bedürfen vor einer verbreiteten Anwendung von Kompaktbauten für die Großviehhaltung noch einer sorgfältigen, wissenschaftlichen Klärung. 13615.

1-68/07-0436 K u l p e, Ernst. Bau von Milchviehställen unter Berücksichtigung der kritischen Temperaturen. - Bauzeitung 22 (1968) Nr. 3. S. 151-154. - 3 Diagr., 1 Tab., 20 Lit.
Bei einer auf Grund eines eingehenden Literaturstudiums angestellten Betrachtung der kritischen Temperaturen wird festgestellt, daß nicht die allg. geforderte "Behaglichkeitstemperatur" von +10 °C...+14 °C, sondern eine solche von +6 °C...+12 °C den leistungsphysiologischen Forderungen der Milch-

kühe entspricht. Im Vergleich dazu liegen die Temperaturen in den Monaten Mai bis September mit teilweise +25 °C...+30 °C zu hoch, was Milchrückgänge bis zu etwa 25 % zur Folge hat. Daher wird die Abkühlungsgröße als stallklimatischer Maßstab vorgeschlagen; sie beträgt bei der geforderten Temperatur 8...12 mcal/cm^2·s. Das bedeutet bei den o.a. Sommertemperaturen Windgeschwindigkeiten von 1,4...14,5 m/s. Da die üblichen Lüftungssysteme ab +5 °C die zusätzliche Fensterlüftung erforderlich machen, wird vorgeschlagen, für die Sommermonate durch herausnehmbare Verbundfenster, die etwa 1/6 der Stallgrundfläche entsprechen, die Geschlossen-Ställe auch im Sommer produktionswirksam zu halten. E.Mothes. 13615.

1-68/07-0437 K o š i č, Ju. Na moločnich fermach Čechoslovaččini. (Auf den Milchviehfarmen der ČSSR.) - Sil'ške budivniyctvo, Kyïv 1968 Nr. 2. S. 22 bis 23. - 1 Abb., 2 Zeichn.

Vf. hat im September 1967 Einrichtungen der tschechoslowakischen Rinderzucht und -haltung besichtigt. Er geht auf Probleme der Mechanisierung, im besonderen der arbeitsaufwendigen Prozesse, wie Melken, Tränken, Futterverteilung und Entmisten sowie auf Fragen der Spezialisierung der Betriebe und Konzentration der Produktion, auf Haltungsformen (Anbinde- und Laufstallhaltung), Fütterungsmethoden und Futterbereitung, Futterlagerräume u.a. ein. Besondere Aufmerksamkeit widmet Vf. der in der ČSSR in letzter Zeit angewendeten Kompaktbauweise, z.B. die Vereinigung von zwei Vierreihenrinderställen für 320 Tiere mit dem Melkblock und den Räumen für die Futterverteilung sowie der experimentellen Projektierung und dem Versuchsbauwesen in der Landwirtschaft. P.Wudel. 13615.

1-68/07-0438 K o n e č n ý, V. Riešenia objektov pre bezpodstielkovú prevádzku. (Kuhhaltung in einstreulosen Anhängeställen.) - Mechanizace Zemědělství 18 (1968) Nr. 1. S. 10-13. - 10 Abb.

Die Länge des Kuhstandes ist so zu bemessen, daß die Kühe mit ihren Hinterbeinen noch auf dem Stand stehen, während der Kot durch den Rost fällt. Für die Fütterung werden Futterverteilungswagen, Schnecken und Gummibänder eingesetzt. Die Stände sind mit profilierten Gummimatten zu dämmen. Die Anbindevorrichtungen sollen den Tieren keine allzugroße Bewegungsfreiheit gewähren. Die Roste sollen korrosionsbeständig und dauerhaft sein und den Kot leicht durchfallen lassen . Dafür eignen sich Profilstahl, perforierter Grauguß und PVC-Stäbe. Das Kot-Harn-Gemisch wird aus dem Kotkanal mechanisch oder durch Spülung entfernt. In den Sammelgruben ist der Inhalt durch Umrühren pumpfähig zu halten. ČSSR/ÚVTI. 13615b.

1-68/07-0439 V o i g t, Vollrath. Schwerpunkt: Schweinemast, Schweinezucht. - Landtechn. Z., München 19 (1968) Nr. 4. S. 221-222. - 2 Abb., 1 Zeichn.

In einem 46 ha großen Betrieb werden 80 Zuchtsauen und 420 Mastschweine gehalten. Von den nicht für die eigene Mastschweinehaltung benötigten Tieren gelangen etwa 300 Ferkel und Jungsauen zum Verkauf. Die Gebäude wurden in vorgefertigter Holzleichtbauweise erstellt. Dächer und Wände sind mit Mineralwollplatten gedämmt und mit Aluminium verkleidet. Der Zuchtstall, mit Ventilatoren belüftet, über Warmluftgebläse heizbar, ist mit infrarotbeheizten Ferkelnestern ausgestattet. Die Futtergänge liegen an der Außenseite.

Entmistet wird mit dem Frontlader auf dem Mittelgang. Der Maststall ist als Dunkelstall ausgebildet mit vollautomatischer trogloser Fütterung und Teilspaltenboden. Für die zugfreie Be- und Entlüftung sorgen 13 Ventilatoren unter der Stalldecke und 13 Ventilatoren über dem Fußboden. Der Liegeplatz für ein Mastschwein kostet einschließlich der anteiligen Kosten für das Jauchesilo 290 DM. G.Wünsche. 13625.

1-68/07-0440 A n o n y m. Grundbedingung: Wärme für die Schweinezucht. - Schlepper u. Landmaschine 19 (1968) Nr. 3. S. 80-82. 88-89. - 6 Abb.
Anhand von 2 Beispielen wird dargelegt, wie man sich mit relativ niedrigen Kosten, durch sinnvolle Nutzung von Altgebäuden, auf die Schweinezucht umstellen kann. Der Wärmeabfluß durch die raumumschließenden Bauteile und die Wärmeverluste durch die Entlüftung, abzüglich der von den Tieren erzeugten Wärmemenge, ergibt den über die Heizung zuzuführenden Wärmebedarf. Die Beheizung der Ferkelbuchten ist mit einer fertig in den Boden verlegten Fußbodenheizung möglich. Die Einhaltung einer bestimmten Bodentemperatur erfolgt automatisch über Thermostate. Die Anlagekosten dieser Heizung betrugen einschließlich Schutzschalter und Ventilation 60 DM je Sauenplatz. Es können aber auch Gummiheizmatten, ebenfalls über Thermostate geschaltet, mit einer Leistungsaufnahme von 175 W für die Fußbodenheizung verwendet werden. Diese Einrichtung belastete den Sauenplatz mit 75 DM.
G.Wünsche. 13625.

1-68/07-0441 A n o n y m. Doppelte Lüftungsanlage für Schweineställe. - Bauzeitung 22 (1968) Nr. 4. S. 200.
Versuche an der Univ. des US-Staates Illinois haben ergeben, daß Schweineställe, in denen das ganze Jahr über Ferkel aufgezogen werden, möglichst über zwei Lüftungsanlagen verfügen sollen. Im Sommer muß die Abkühlung in den Ställen sechs- bis zehnmal größer sein als im Winter. Beim Einbau eines Lüftungssystems ist zu beachten, daß die Optimaltemperatur bei Schweinen zwischen 12,7...15,5 °C und bei Ferkeln bei 29,6 °C liegt. In den USA werden Lüftungssysteme verwendet, die von automatisch öffnenden Seitentüren bis zu Röhrensystemen, durch die abgekühlte Luft in die Abferkelboxen geblasen wird, reichen. Die Versuche zeigten, daß Sauen beim Säugen 5,89 kp weniger an Masse verlieren, wenn die Ställe ausreichend mit Luft gekühlt werden. 13625a.

1-68/07-0442 D u b e n, Zd. Biologické hodnocení vlivu prostředí haly BIOS-MH-KZN-2. (Stallklima einer fensterlosen Geflügelaufzuchthalle in der ČSSR.) - Drůbežnictví, Praha 16 (1968) Nr. 2. S. 26-28. - 2 Abb., 1 graph. Darst., 4 Tab.
Die Untersuchungen führten zu dem Ergebnis, daß die vom Betrieb Bios in Sedlčany hergestellte und im Geflügelzuchtbetrieb Červený Hrádek für mehr als 5000 Junghennen (weiße Plymouth) gebaute Halle sowohl im Sommer als auch im Winter ein ungünstiges Klima hatte, weil das Lohmannsche Lüftungsprinzip völlig unbefriedigend war und weil die Heizung fehlte.
ČSSR/ÚVTI. 13635a.

H. BAUTEN FÜR DIE VORRATSHALTUNG UND KONSERVIERUNG

1-68/07-0443 A n o n y m. Der Mangel an Kühllagerhallen für Obst drückt die Erzeugerpreise. - Bauen auf d. Lande 19 (1968) Nr. 3. S. 65.

Rund 90 % der deutschen Obsternte müssen im Herbst verkauft werden, weil es an geeigneten, temperierbaren Obstkühllagerhallen fehlt, wie sich im Herbst 1967 wieder gezeigt hat. Dabei lassen sich für Tafelobst aber gerade in den anderen Jahreszeiten bedeutend bessere Preise erzielen - vorausgesetzt, man bietet erntefrische Qualität. Diese Überlegungen führten dazu, spezielle Lagerhallen zu bauen, die eine Frischhaltung ermöglichen. Als bes. gut geeignet haben sich dabei die Aluminium-Bauelemente Well-agr-al und Band-agr-al erwiesen. Zusammen mit geeigneten Wärmedämmstoffen zwischen den Außen- und Innenwänden und mit Hilfe von Klimaanlagen läßt sich in diesen Hallen - mit Dach und Außenwänden und mit Innenverkleidungen aus Aluminium-Elementen - eine gleichbleibende Temperatur von +2 °C und eine rel. Luftfeuchtigkeit von 90 % halten. Die Hallen können je nach Wunsch nicht nur dampfdicht, sondern auch gasdicht ausgeführt werden. Es ist vor allem die Eigenschaft der Wärmestrahlenreflexion des Aluminiums, die die Anwendung der genannten Bauelemente hier so vorteilhaft macht und die Wirtschaftlichkeit im Betrieb wesentlich begünstigt. In derartigen Kühllagerhallen, die heute für insgesamt rd. 70 DM/m^3 umbauten Raumes erstellbar sind, wird es dem Obstbauern ermöglicht, sein qualitativ hochwertiges Obst über Monate gesund und frisch zu halten, um es dann zu beliebiger Zeit zu günstigen Preisen zu verkaufen.
13720.

Redaktionsschluß: 04. 06. 1968

NAMENVERZEICHNIS

1–68/07–0001–0449

Ab Jahrgang 1964 beziehen sich die hinter dem Autorennamen angegebenen Zahlen auf die Signatur des Dokumentationsmaterials

Signatur in [Klammern] bedeutet Bibliographie, mit Stern bedeutet Buchbesprechung

Herausgeber: Deutsche Demokratische Republik · Deutsche Akademie der Landwirtschaftswissenschaften zu Berlin, Institut für Landwirtschaftliche Information und Dokumentation, 108 Berlin, Krausenstraße 38/39; Fernsprecher: 225161. Chefredakteur: Dr. Werner Kleeberg, 108 Berlin, Krausenstraße 38/39; Fernsprecher: 225161. Redaktion der Abteilung I — Landtechnik: Dr. Joachim Güssefeldt. Verlag: Akademie-Verlag GmbH, 108 Berlin, Leipziger Straße 3—4; Fernsprecher: 220441, Telex-Nr. 112020, Postscheckkonto: Berlin 35021. Bestellnummer dieses Heftes: 1030 I—XIV/7. Das Landwirtschaftliche Zentralblatt, Abt. Landtechnik, erscheint jährlich in 9 Heften. Einzelheft 25,— M; einseitig bedruckte Ausgabe 29,— M. Jahresbezugspreis 225,— M; einseitig bedruckte Ausgabe 261,— M. Sonderpreise für die DDR: Einzelheft 20,— M; einseitig bedruckte Ausgabe 24,— M. Jahresbezugspreis 180,— M; einseitig bedruckte Ausgabe 216,— M. Preise einschließlich Register, zuzüglich Porto und Versandkosten. Offsetdruck und buchbinderische Weiterverarbeitung: VEB Druckerei „Thomas Müntzer", 582 Bad Langensalza. Veröffentlicht unter der Lizenznummer 1289 des Presseamtes beim Vorsitzenden des Ministerrates der Deutschen Demokratischen Republik

LITERATURSTUDIEN ZUR ERMITTLUNG DES WISSENSCHAFTLICH-TECHNISCHEN HÖCHSTSTANDES

Folgende Literaturstudien wurden bisher veröffentlicht und werden laufend überarbeitet:

1. **Literaturstudie zur Ermittlung des wiss.-techn. Höchststandes im Kartoffelbau**
2. **Literaturstudie zur Ermittlung des wiss.-techn. Höchststandes im Zuckerrübenanbau**
3. **Literaturstudie zur Ermittlung des wiss.-techn. Höchststandes in der Schweinefleischproduktion**
4. **Literaturstudie zur Ermittlung des wiss.-techn. Höchststandes in der Rinderproduktion**
5. **Literaturstudie zur Ermittlung des wiss.-techn. Höchststandes in der Getreideproduktion**

Die Literaturstudien werden nur direkt vom Institut für Landwirtschaftliche Information und Dokumentation der Deutschen Akademie der Landwirtschaftswissenschaften zu Berlin gegen einen Unkostenbeitrag von 5,— M je Heft versandt.

Bestellungen erbeten an das

Institut für
Landwirtschaftliche Information und Dokumentation
(ILID)
108 Berlin
Krausenstr. 38/39

INHALTSVERZEICHNIS

Anmerkung: Die System-Nr. ist rechts unten am Schluß jeder Informationseinheit, die Signatur links oben angegeben.

Umrechnung
von ausländischen Einheiten in metrische Einheiten

(Stand 1. 1. 1966)

Länge

1 in.	25,4 mm
1 ft.	30,5 cm
1 yd.	91,4 cm
1 mile (stat.)	1609,3 m

Geschwindigkeit

1 ft.p.m.	0,051 cm/s
1 m.p.h.	4,47 cm/s
	1,609 km/h

Fläche

1 sq. in.	6,452 cm^2
1 sq. ft.	929,03 cm^2
1 sq. yd.	0,836 m^2
1 acre	0,405 ha
1 sq. mile	2,59 km^2
1 feddan (Ägypten, Sudan)	0,42 ha
1 Katastraljoch (VR Ungarn)	0,575 ha

Raum und Volumen

1 cu. in.	16,39 cm^3
1 cu. ft.	28,32 l
1 cu. yd.	764,6 dm^3
1 acrefoot	1233,48 m^3
1 reg. ton	2,83 m^3
1 gal. (Brit.)	4,546 l
1 gal. (USA)	3,785 l
1 bu. (Brit.)	36,368 l
1 bu. (USA)	35,242 l
1 qt. (Brit.)	1,36 l
1 qt. dry (USA)	1,102 l
1 qt. liquid (USA)	0,946 l
1 pt. (Brit.)	0,568 l
1 pt. dry (USA)	0,551 l
1 pt. liquid (USA)	0,473 l

Masse

1 oz. (Brit.) (USA)	28,35 g
(1 lb. Brit.) (USA)	0,4536 kg
1 cwt. (Brit.)	50,80 kg
(USA)	45,36 kg
1 long ton (USA)	1,016 t
ton (Brit.)	1,016 t
1 short ton (USA)	0,907 t
1 bag (Süd-Afrika) = 150 lb.	68,04 kg

Menge/Fläche

1 lb./acre	1,12 kg/ha

Kraft

1 lb. force (Brit.) (USA)	0,4536 kp
1 long ton force (USA)	1,016 Mp
1 ton force (Brit.)	1,016 Mp
1 short ton force (USA)	0,907 Mp

Druck

1 lb.force/sq.in.	$7{,}031 \cdot 10^{-2}$ at
	51,715 Torr
1 lb.force/sq.ft.	$4{,}883 \cdot 10^{-4}$ at
	0,3591 Torr
1 lb.force/sq.yd	$0{,}543 \cdot 10^{-4}$ at
	$3{,}990 \cdot 10^{-2}$ Torr

Dichte

1 lb./cu.in.	27,68 g/cm^3
1 lb./cu.ft.	16,019 kg/m^3
1 lb./cu.yd.	0,593 kg/m^3
1 lb./gal.(Brit.)	0,0998 kg/dm^3
1 lb./gal.(USA)	0,1198 kg/dm^3
1 cwt./gal.(Brit.)	0,1766 kg/dm^3

Leistung

1 ft. lb./s	0,1382 kpm/s
1 h.p.	76,04 kpm/s
	1,014 PS
	745,7 W

Arbeit, Energie

1 lb. in.	$1{,}15 \cdot 10^{-2}$ kpm
1 lb. ft.	0,1383 kpm
1 h. p. h.	1,0139 PSh
	0,74548 kW
	641,10 kcal
	$2{,}7375 \cdot 10^{5}$ kpm

Temperatur

1 °F = 5/9 °C oder °K

Temp. °F = 5/9 (Temp. °F − 32) °C

Temp. °F = 5/9 (Temp. °F − 32) + 273 °K

Wärmemenge

1 BTU	0,2522 kcal
1 BTU/sq.in.	390,8 $kcal/m^2$
1 BTU/sq.ft.	2,713 $kcal/m^2$

Wärmeleitzahl

1 BTU/in. hr. °F	20,77 W/m grd
	17,858 kcal/m h grd
1 BTU/ft. hr. °F	1,731 W/m grd
	1,488 kcal/m h grd

Wärmeübergangs- und Wärmedurchgangszahl

1 BTU/sq. ft. hr. °F	5,681 W/m^2 grd
	4,886 $kcal/m^2$ h grd

Beleuchtungsstärke

1 foot candle (Brit.)	10,76 lx

Vorsätze zur Bildung von Vielfachen und Teilen von metrischen Einheiten

(Vorsätze, die in Klammern stehen, sind in der DDR nicht gebräuchlich)

Vorsatz	Kurzzeichen	Bedeutung
Tera	T	10^{12}
Giga	G	10^{9}
Mega	M	10^{6}
(Myria	ma	10^{4})
Kilo	k	10^{3}
Hekto	h	10^{2}
Deka	da	10^{1}
Dezi	d	10^{-1}
Zenti	c	10^{-2}
Milli	m	10^{-3}
(Dimi	dm	10^{-4})
Mikro	µ	10^{-6}
Nano	n	10^{-9}
Piko	p	10^{-12}
(Femto	f	10^{-15})
(Atto	a	10^{-18})

LANDWIRTSCHAFTLICHES ZENTRALBLATT

ABTEILUNG I
LANDTECHNIK

SACHREGISTER

1968

Heft Nr. 7

Bearbeitet von Dr. Margot Lüpnitz

Versuchsarbeit

V o r w o r t

Das beiliegende Sachregister der Abteilung Landtechnik für das Heft Nr. 7 des Jahrganges 1968 wurde mit Hilfe alphanumerischer Lochkartenmaschinen (System BULL) erarbeitet. Die Heftsachregister sollen dem Benutzer des LZ. zusätzlich zum "System" als Hilfsmittel beim Auffinden der Referate im laufenden Heft dienen. Während das "System" nach Stoffgebieten gegliedert ist, gibt das Sachregister Schlagwörter (mit ergänzendem Kontext) in alphabetischer Reihenfolge wieder. Nach Abschluß des Jahrganges 1968 werden die Heft-Sachregister zu einem Jahressachregister zusammengestellt, mit dessen Erscheinen Anfang des Jahres 1969 zu rechnen ist.

Die Herstellung von Sachregistern für die gleichzeitige Herausgabe mit dem Heft ist nur durch einschneidende Rationalisierungsmaßnahmen und Einsatz der maschinellen Datenverarbeitung möglich. Es werden daher Veränderungen herausgestellt, die sich gegenüber der konventionellen Form von Sachregistern ergeben:

Beschränkung des Textes auf die 80 Stellen der Maschinenlochkarte, daher wurden längere Texte in zwei oder mehr Sachverhaltseinheiten zerlegt.

Die Eigenart der Tabelliermaschine bedingt die zeilenweise Einheit von Schlagwort und Kontext, Einschränkung von Durchschuß auf volle Zeilenhöhe bzw. Typenbreite und Beschränkung auf den Punkt als einziges Satzzeichen.

Im Interesse der Lesbarkeit wurden die Referatenummern v o r den Text gestellt und bei Schlagwortgruppen das erste Wort oder der erste Teil nicht wiederholt.

Es wurden im erhöhten Maße Abkürzungen angewendet. Zur Erhaltung der Verständlichkeit wurden nur solche Abkürzungen benutzt, die auch sonst häufig im Gebrauch sind. Bei Gefahr der Mehrdeutigkeit wurde nicht gekürzt, insbesondere wurden Artikel nicht gekürzt, teilweise wurde nach dem Abkürzungspunkt ohne Zwischenraum weitergeschrieben.

Einführung in das Sachregister

Das Sachregister für das Heft Nr. 7 des Jahrganges 1968 besteht aus einem alphabetisch angeordneten Schlagwortverzeichnis. Die Schlagwörter wurden den Referaten, Titeln, Übersetzungsnachweisen, Buchbesprechungen und den bibliographischen Angaben entnommen. Sachlich zusammengehörende Schlagwörter wurden zusammengefaßt (Beispiel: HOCHSILO und FAHRSILO zu 'SILO'). Umfangreiche Schlagwortkomplexe wurden durch Zwischenüberschriften gegliedert, außerdem wurde das sich wiederholende Schlagwort fortgelassen.

Die laufende Nummer von Referat, Titel, Übersetzungsnachweis, Buchbesprechung oder bibliographischer Angabe steht v o r dem Schlagwort. (Beispiel:

128 FLUGZEUG AUSBRINGEN HERBIZIDER MIKROGRANULATE

bedeutet, daß im Heft 7 unter der lfd. Nummer 128 ein Referat mit dieser Thematik zu finden ist).

Abkürzungen entsprechen den üblichen Schreibgepflogenheiten. Häufig angewendet wurden:

V. = von, vom
S. = siehe
U. = und

Die Schlagwörter sind untereinander weitgehend durch Hinweise verbunden. Hierfür wurden verschiedene Formen verwendet.

S. (= siehe) weist auf ein Synonym, unter dem der Begriff abgehandelt ist (Beispiel: SCHLEPPER S. TRAKTOR).

S. UNTER und S. DORT bedeuten, daß der Begriff unter dem Hinweis im Sachzusammenhang erfaßt oder mit ihm sachlich verbunden ist (Beispiel: BODENBEARBEITUNG PFLUEGEN S. DORT).

S. AUCH besagt, daß unter dem Hinweis eine eng verwandte oder ähnliche Sachverhaltseinheit abgehandelt ist (Beispiel: SAMMELRODER S. AUCH KARTOFFEL..ERNTE).

Ein Doppelpunkt wurde durch zwei Punkte (..) ausgedrückt.

Notizen

Notizen

FSC
www.fsc.org
MIX
Papier | Fördert
gute Waldnutzung
FSC® C083411

Zeitfracht Medien GmbH
Ferdinand-Jühlke-Straße 7
99095 Erfurt, Deutschland
produktsicherheit@kolibri360.de